EXAMEN

DU

COURS D'ÉQUITATION

DE M. D'AURE,

ÉCUYER EN CHEF DE L'ÉCOLE DE CAVALERIE,

(SAUMUR 1852.)

PAR

C. RAABE,

Capitaine au 6ᵉ de Dragons.

MARSEILLE,

TYPOGRAPHIE ET LITHOGRAPHIE Vᵉ MARIUS OLIVE, RUE MAZADE, 28.

1854.

EXAMEN

DU

COURS D'ÉQUITATION

DE M. D'AURE.

ÉCUYER EN CHEF DE L'ÉCOLE DE CAVALERIE,

(SAUMUR 1852,)

PAR

C. RAABE,

Capitaine au 6⁰ de Dragons.

EXAMEN

DU

COURS D'ÉQUITATION

DE M. D'AURE,

ÉCUYER EN CHEF DE L'ÉCOLE DE CAVALERIE,

(SAUMUR 1852)

PAR

C. RAABE,

Capitaine au 6ᵐᵉ de Dragons.

MARSEILLE,

TYPOGRAPHIE ET LITHOGRAPHIE Vᵉ MARIUS OLIVE, RUE MAZADE, 28.

1854.

AVANT-PROPOS.

L'ouvrage que nous publions, n'est pas, nous le déclarons hautement, inspiré par un esprit de parti, pas plus que par un vulgaire motif de rivalité; c'est le résultat de convictions sincères et de mûres réflexions.

A l'époque de la polémique entre MM. Baucher et d'Aure, alors que la question était brûlante et révolutionnait le monde hippique, nous aurions pu, apôtre fanatique de l'un des deux systèmes, entrer en lice et combattre d'une façon plutôt emportée et prévenue que calme et impartiale.

Mais aujourd'hui que ces temps ne sont plus, que, plein de confiance dans la supériorité de notre méthode, nous la laissons s'impatroniser par influence, par sa force seule, comme tout ce qui est grand et vrai; si nous livrons quelques pages à la publicité, c'est pour le motif suivant :

Tant que le livre de M. d'Aure n'a été que l'œuvre d'un simple particulier, qu'il était loisible à chacun d'avoir sur un rayon de bibliothèque, respectant le droit des gens, nous avons gardé le silence; mais ce livre étant devenu un ouvrage classique, qui, dorénavant, sera destiné à faire foi, comme toute œuvre autorisée par le Conseil d'Instruction, nous avons cru de notre conscience d'en relever les nombreuses erreurs.

Nous pensons faire quelque chose d'utile pour la science équestre,
pour la Cavalerie surtout, en signalant les inqualifiables anomalies d'un ouvrage qui, destiné à combattre la méthode de
M. Baucher, va peut-être lui prêter un puissant concours et devenir
son plus ferme appui.

Ce travail, nous le répétons, nous l'avons fait avec conscience,
sans arrière-pensée aucune. Peut-être sommes-nous resté au-dessous
de notre tâche ; mais nous aurons au moins, dans cette recherche de
la vérité, aplani la voie, indiqué le but. . . . D'autres mieux inspirés
feront le reste.

Nous nous estimerons heureux si nos efforts ont fait faire un pas
à cet art si en honneur autrefois, si délaissé pendant ces derniers
temps ; mais pour lequel nous croyons entrevoir aujourd'hui un
commencement de réaction.

On lit dans le *Moniteur de l'Armée* 26 janvier 1853 :

« Le Ministre de la Guerre a décidé, les 9 avril et 7 juin derniers, que le Cours d'Équi-
« tation de M. d'Aure, écuyer en chef à l'École de Cavalerie, et le Cours d'Hippologie
« de M. de Saint-Ange, écuyer au même établissement, seraient compris au nombre des
« livres classiques à l'usage de l'arme de la cavalerie

« Le Ministre a, en outre, autorisé l'impression d'un *Abrégé du Cours d'Hippo-
« logie*, qui devra être mis entre les mains de tous les sous-officiers et brigadiers des
« régiments de cavalerie, ainsi que des élèves instructeurs de l'École de cette arme.

« Les généraux commandant les divisions territoriales tiendront la main à l'exécution
« de cette dernière disposition, et ils veilleront à ce que le prix de ce dernier ouvrage
« soit, comme celui des autres livres classiques à l'usage de la troupe, imputé sur les
« fonds de la masse générale d'entretien. »

INTRODUCTION.

Notre travail se divise en trois parties :

Dans la première, nous réfutons le système de dressage du jeune cheval, exposé dans le Cours d'Équitation de M. d'Aure. Cette critique, où nous ne faisons en quelque sorte que signaler les erreurs, nous amène naturellement à la deuxième partie de notre livre, partie qui est de beaucoup la plus importante, et dans laquelle nous analysons les deux écoles de MM. Baucher et d'Aure.

Dans la troisième partie, enfin, nous traitons de l'Équitation militaire et donnons un moyen d'arriver à l'uniformité.

Sans autre préambule, le texte de M. d'Aure en main, nous entrons en matière.

TABLE DES MATIÈRES.

PAGES

Avant-Propos.. 3

Introduction... 5

SOMMAIRE.

PREMIÈRE PARTIE.

Éducation et dressage du jeune cheval, à l'aide du caveçon.— Réfutation et critique. Travail en cercle — Jockey anglais ou homme de bois.— Le ramener et les attaques sont admis. — Pourquoi le cheval refuse les pas de côté. — La chambrière. — Trois personnes pour un cheval.— La cravache. — Le maître d'école.— Deux mors de bride. — Cinquième jambe. — Acculement. — Les piliers. — La martingale. — Durée du dressage.— Récapitulation des instruments nécessaires pour le dressage. — Distinction entre le dresseur et le monteur.— M. d'Aure sait monter, mais ne dresse pas. — MM. les Capitaines-instructeurs sont chargés du dressage................................... 7

DEUXIÈME PARTIE.

Analyse des Écoles de MM. d'Aure et Baucher.

Métaphysique. — Deux moyens de dominer le cheval.— La douleur. La force. — Supériorité de l'éperon. — Erreur de M. le vicomte d'Aure, sur les moyens d'action de la nouvelle École.. 23

Centre de gravité. — Ancienne théorie erronée admise par M. d'Aure................. 24

Aplomb. — Distinction entre l'aplomb régulier et l'aplomb irrégulier.................... 26

Théorie des Forces. — Forces musculaires. — Force d'inertie. — Forces instinctives. — Forces soumises. — Forces concentrées.— Le Cavalier fait usage de plusieurs forces.— Force mouvante. — Force de pression. — Force d'impulsion. — Force accélératrice. — Force régulatrice.— Force résultante.. ib.

Impulsion. — Consisterait dans la raideur de l'encolure, selon M. d'Aure. — Détente des jarrets. — Beaux jarrets.. 28

Point d'Appui. — Fixe et léger dans l'École de M. Baucher. — Variable et puissant dans l'École de M. d'Aure. — L'aplomb du cheval est faussé. — Peut être comparé à une brouette... 29

Mécanique Animale. — Rôle des forces à la montée et à la descente.— Singulière théorie de M. d'Aure. — Lorsque le cheval est fatigué, son poids l'aiderait à marcher.—Chevaux de diligence. — Supériorité de la force musculaire du cheval, sur la force de pesanteur. — Mécanique animale par M. Mignon. — Le cavalier modifie l'équilibre. — Le cheval rétablit la régularité de l'aplomb. — Machine imitant le cheval. — Production du mouvement. — Position extrême donnée au centre de gravité, par M. d'Aure................. 35

PAGES

RALENTISSEMENT ET ARRÊT. — Dangereux principes de M. d'Auré. — Principes de la nouvelle école. — Principes variés du Cours d'Équitation. — Comparaison de l'arrêt de l'homme avec celui du cheval.   42

RECULER. — Reculer ou acculer le cheval. — Principes variés du Cours d'Équitation. — Pas en arrière de l'homme.   45

DES ASSOUPLISSEMENTS. — Appréciation des assouplissements, par M. de Saint-Ange. . . .   47

DE LA MASSE. — Action déterminante de la masse, par M. de Saint-Ange.   48

ASSOUPLISSEMENT DE L'ENCOLURE. — Utilité de cet assouplissement. — Contradiction dans les principes de M. d'Aure. — Souplesse de l'encolure; moyen facile à chercher. — Systèmes divers d'enrènement. — Variété de mors. — Le mors dit Régulateur. — Éducation des chevaux par M. Magne. — Le ramener de Xénophon. — M. Rousselet. — Du cheval de troupe. — Véritable martyr. — Différence entre le cheval souple et le cheval dit assoupli . . . .   ib.

ASSOUPLISSEMENT DES HANCHES, DES ÉPAULES ET DES REINS. — Pirouettes ou demi-tours. — Travail de la croupe. — Assouplissement général. — Chevaux de luxe d'attelage. — Cheval abusant du point d'appui. — Cheval perçant   54

ATTAQUES. — Attaques de M. d'Aure. — Manière de faire usage des éperons. — L'éperon est un châtiment. — Doit rester aux flancs. — Critique par un élève de M. d'AUVERGNE. — Attaques de M. Baucher. — L'éperon est une aide. — Emploi raisonné de l'éperon. — Progression. — Recherches sur l'effet physiologique produit par l'éperon. — Point fixe offert par la poitrine. — Diaphragme. — Expériences faites par M. Duchesne (de Boulogne). — Nouveaux éléments de physiologie par M. le chevalier Richerand. — Deux positions bien distinctes où doivent se faire sentir les éperons. — Cavaliers Arabes. — Le Chabir. — Abd-el-Kader. — Les Arabes sont des barbares en équitation, selon M. le vicomte d'Aure. — Lettre de M. d'Aure à M. le général Daumas. — M. d'Aure trouve l'équitation arabe très-bonne. — Doit devenir celle de l'École de Cavalerie. — Cavalier Arabe apprenant la haute École. — Effets divers produits par les éperons. — Cheval qui se défend. — Le secret. — Roueries équestres. — L'éperon empêchant le cheval de tirer la langue, de corner. — Attaques comme moyen d'assouplir le cheval. — Ramener. — Récompenses de la main. — Extension et abaissement de l'encolure. — Progression de l'École du cavalier à pied servant à l'éducation du cheval. — Attaques comme moyen de modifier l'instinct du cheval. — Attaques comme moyen de conserver la régularité de l'aplomb. — Vitesse naturelle. — Vitesse factice. — Ce qui distingue l'homme de cheval de l'écuyer. — Position naturelle de la tête. — Bouche dure. — Le ramener des Arabes. — Mise en main. — Marche de l'homme. — Attaques comme moyen de rassembler le cheval. — Effets diagonaux. — Être dans la main et dans les talons selon M. de Laguérinière. — Phœnix.   56

RASSEMBLER. — Rassembler de M. d'Aure. — *Idem* en place, au pas, au trot et au galop. — Le cheval s'asseoit. — Flux et reflux de la masse. — Rassembler de M. Baucher. — Travail préparatoire au rassembler. — Exécution du rassembler. — Le cheval ne s'asseoit pas. — L'homme à la perche. — Le danseur de corde. — Instabilité de l'équilibre. — Régularité de l'aplomb. — Rassembler de M. de Laguérinière. — Le cheval assis.   80

CONDUITE. — Conduite d'après les principes de M. d'Aure. — Théorie des contre-poids. — Comment les femmes se servent de deux éperons. — Conduite d'après les principes de M. Baucher. — Effets d'ensemble. — Rêne directe. — Rêne contraire. — Mécanisme des aides. — Sentiment de la main. — Déplacement du centre de gravité. — Oppositions simples ou composées. — Main savante.   85

DE LA CRAVACHE. — Manière de la tenir. — Son utilité. — La cravache baguette magique. — Travail nouveau. — Le cheval est mis au piaffer en 25 leçons.   90

DU TOURNER. — Théorie de M. d'Aure. — La cause efficiente et déterminante. — Réfutation. — La masse détermine. — Doubler. — Plusieurs sortes.   93

Du Galop. — Mécanisme de l'allure. — Galop à quatre temps. — *Idem* à trois temps. — Erreur du dessinateur des planches du Cours d'Hippologie. — Galop gaillard. — Galop à deux temps dit de Course. — Position extrême donnée au centre de gravité par M. de Saint-Ange. — Mécanisme de la course. — Gerboise et Coati. — La course ne serait pas une allure particulière, dit M. de Saint-Ange. — Ce n'est pas l'opinion de M. Lecoq. — Saut régulier. — Des courses. — Opinion d'Abd-el-Kader sur le training. — Quand faut-il stimuler le cheval pour le faire courir? — Action raisonnée des aides pour l'allure du galop. — Principes opposés des auteurs. — Départ au galop d'après le Cours d'Équitation militaire de 1830. — *Idem* d'après M. d'Aure. — *Idem* d'après M. Baucher. — Les principes ou actions varient pour provoquer le départ. — La position statique, le *Placer* ne varie pas. — MM. de Laguerinière, Rousselet et Baucher. — Finesse de tact. — Chevaux dressés à l'allure du pas. — Ce que c'est que le tact. — MM. Coupé, Gervais, Jardin, d'Aure et Baucher. — La connaissance de l'ordre du lever dans le galop est inutile d'après M. de Saint-Ange. — Équitation ancienne. — *Idem* perçante. — *Idem* raisonnée. — Positions données au cheval par ces systèmes divers, imitées par l'homme. — Pirouette d'un danseur. — Les appuis du cheval imités par *les pieds de* l'homme 96

Quelques Remarques sur la vitesse des Allures. — Base de sustentation servant d'unité de mesure. — Longueur d'un pas aux différentes allures. — Relation entre l'étendue du pas de l'homme et celui du cheval. — Vitesse de la course. — Tableau indicatif des vitesses exigées par les Règlements. — Prix impérial de 1853. — Cheval vendu 45,000 francs. — Grand Prix impérial de 1853. — Une curieuse lutte de vitesse et de fond entre une jument et une locomotive. — Vitesse des allures dans la cavalerie française. — *Idem* dans la cavalerie suédoise. — Nouvelles longueurs du pas et du galop justifiées. — Vitesse comparée entre la cavalerie française et la cavalerie suédoise. — — Vitesse des allures d'après Girard. — Vitesse de la marche de l'homme. — Marche et course de l'homme comparées à celles du cheval. — Temps employé par l'homme et le cheval pour parcourir la lieue. — Comparaison entre la vitesse et le mécanisme de l'homme et la vitesse et le mécanisme du cheval. 116

Quelques observations sur l'Allure du Pas. — Mécanisme de l'allure du pas. — Nouvelle théorie, en contradiction avec MM. Goiffon, Vincent et Lecoq. — Mécanisme de l'allure du pas d'après M. Lecoq, — Borelli, — Dugès. — Marche de deux hommes imitant celle du cheval. — Grande question équestre à propos d'une petite différence de mécanisme. — Comment l'on dresse les chevaux à l'allure du Pas. — Mécanisme de l'allure du pas d'après M. de Saint-Ange. — Erreur du dessinateur des planches du Cours d'Hippologie. — Pas détraqué. — Les balancements de l'encolure et les balancements des bras de l'homme. — Chevaux attelés. 127

Du Trot. — Ce qui différencie les trots divers. — Le grand trot. — Traquenard. — Critique d'un élève de M. d'Auvergne. — Petit cheval grand trotteur. — Du trot de manège. — M. Flandrin. — Le Dada de M. d'Aure selon M. Flandrin. — Comparaison erronée. — Marine à propos d'Équitation. — Curieuse théorie des centres de gravité de l'homme et du cheval par M. Flandrin. 139

Haute École. — Rassembler. — Cheval bien dressé d'après M. Richard. — L'équilibriste. — Effets diagonaux. — Passage. — Piaffer. — *Idem* en arrière. — *Idem* lent. — *Idem* précipité. — Décomposition des effets diagonaux. — Travail préparatoire à la Haute École. — Comment l'éperon excite et calme le cheval. — Curieuse manière de tenir le cheval monté au repos. — Bourgelat. — Distinction entre l'écuyer professeur et l'écuyer. — Moyen de connaître sur quel pied le cheval galope. — Jambette. — Pas et trot espagnol. — Gratter le sol. — Ronds de jambes. — Théorie des effets diagonaux par M. Baucher. — Changement de pied d'après M. Baucher. — *Turban*. — *Partisan*. — Changement de pied du tact-au-tact. — *Idem* aux deux temps. — *Idem* au temps. — Changement de pied d'après M. d'Aure. — *Idem* en l'air. — Chevaux qui changent plus souvent qu'on ne le désire. — Changement de pied d'après M. Guerin. — Cinq foulées sans quitter le sol. — Cheval sautant à cloche pied. — Changement de pas de l'homme. 159

Relation entre le pied de l'homme et les quatre pieds du cheval. — La semelle d'un soulier à propos d'Équitation.—Mécanisme du pied de l'homme servant de méthode d'Équitation. — Le pied de l'homme comparé à un petit cheval.—Opinion de M. Baucher sur le changement de pied, d'après les principes de M. Guerin. — MM. de Saint-Ange et Rousselet.—Courbette.—Galop en arrière.—Pirouettes au galop.—Passade. —Passage balancé.— Le renvers des Allemands.— Les chevaliers de la Table-Ronde.— Ronds et moulinets du cirque. — Variation de la base de sustentation. — Pas de basque. — Balancé des hanches. — Pirouettes sur trois jambes. — Cheval campé. — Rassembler complet. — Mobilité d'un bipède diagonal. — Action progressive des aides, pour le travail de la haute école. — Lettre de M. Baucher.................................. 159

TROISIÈME PARTIE.

Équitation Militaire.

MANIÈRE D'ARRIVER A L'UNIFORMITÉ. — Gymnastique.— Premiers principes d'Équitation enseignés au cavalier *à pied*; tels que :

A cheval. — Position du cavalier à cheval. — Maniement des rênes du bridon. — Aperçu du mécanisme des aides. — Mouvements préparatoires à la main de la bride. — Assouplissement du poignet gauche. — Position de la main de la bride. — Des mouvements principaux de la main de la bride. — Mécanisme du maniement de la bride. — Théorie pratique du mors de bride. — Manière d'accrocher la gourmette. —Mécanisme des aides.— Bride anglaise. — Progression à suivre dans l'instruction du cavalier..... 171

Des deux systêmes d'Équitation.

M. le chevalier Chatelain. — Les détracteurs de la nouvelle École. — Critique de M. le vicomte d'Aure. — L'Empereur Nicolas honore et encourage l'Équitation. — Quelques observations à M. Flandrin. — Petits Chevaux se battant contre les ours. — Hygiène. — Ressources alimentaires — Les planches, les madriers réduits en copeaux et la terre glaise. — Le prétendu maître et le soi-disant adjoint. — Cri d'alarme de M. Flandrin. — La nouvelle école fait aimer le cheval. — Opinion de M. le général de Létang à ce sujet. — Primes. — Carrousels. — Prix d'Équitation. — Avantages de la nouvelle École.—L'École de Cavalerie.— Lettre de M. d'Aure.—*Partisan.*— Honorable récompense décernée à M. Baucher par S. M. I. Napoléon III. — Le Cours d'Équitation de M. d'Aure.— Jugement du *Moniteur de l'Armée* sur le livre de M. d'Aure.— Brochure de M. d'Aure.—Une École Militaire doit-elle se créer des professeurs civils ?— L'École de M. d'Aure représente-t-elle les principes de l'École de Versailles?—Opinion de M. Aubert à ce sujet.—Le mors extraordinaire inventé par M. Casimir Noël, de Meaux.—Rapport à ce sujet par M. de Montigny. — Le mors régulateur perfectionné par cet écuyer, à l'aide de la muserolle. — Les chevaux assez bien mis et tout-à-fait mis.—Méthode d'Équitation de M. Casimir Noël, de Meaux, aussi extraordinaire que son mors de bride.—Les systèmes de MM. d'Aure et Baucher en présence. — Hommage à M. Baucher.................. 187

POST-FACE DE L'AUTEUR.. 206

PLANCHE Nº 1. — Base de sustentation et marche de l'homme. — Relation entre les pieds de l'homme et les pieds du cheval. — Aplomb régulier. — Aplomb irrégulier. — Le cheval en position statique.— *Idem* en position dynamique.—Aides.—Direction de leurs forces. — Départ au galop à droite du cheval non rassemblé. — *Idem* du cheval rassemblé.... 210

PLANCHE Nº 2. — Mécanisme du départ au galop à droite. — Du changement de pied. — Action de la masse et des aides pour disposer le cheval au départ. — Changement de pied de M. Guerin. — Cinq foulées sans quitter le sol. — Autre changement de pied, la troisième foulée marquée par un pied postérieur................................. 211

PLANCHE Nº 3. — Variation de la base de sustentation, dans toutes les allures, haute école, course, saut, etc.—Mécanisme de l'allure du pas d'après le dessin du Cours d'Hippologie. 212

PREMIÈRE PARTIE.

EDUCATION ET DRESSAGE DU JEUNE CHEVAL.

INSTRUCTION PRÉPARATOIRE.

Résumé de l'éducation et du dressage du jeune cheval.

(COURS D'ÉQUITATION).

« PAGE 234. Avant de faire monter le
« le cheval, on doit le familiariser dans
« l'écurie à l'approche de l'homme, à se
« laisser brider et à souffrir la pression
« des sangles.

« On le promène ensuite avec la cave-
« cine, puis avec le caveçon à grande
« longe, sans le monter.

Réfutation et critique.

L'instruction préparatoire comporte
bien d'autres détails dont le cours n'a pas
fait mention.

Dressage en cercle avec l'aide du caveçon et d'une grande longe sans enrènement, le cheval nu.

(Un Instructeur et un Cavalier par cheval; un pour tenir la longe, l'autre la chambrière.)

« PAGE 235. Le travail en cercle à la
« longe est le point de départ de l'éduca-
« tion du jeune cheval, etc.

PAGE 236. Les premières leçons doi-
« vent toujours être données par deux
« personnes : l'une tient la longe, l'autre
« la chambrière.

« PAGE 237. On arrivera ainsi par un
« travail progressif à mettre un cheval au
« pas, au trot et au galop et à régler ses
« allures »

Quelques tours sont bons pour calmer
la fougue, l'ardeur du cheval ; mais en
prolongeant ce genre de travail on le fatigue inutilement sans l'assouplir.

Continuation du dressage en cercle avec l'homme de bois et un enrènement progressif avec le bridon.

» PAGE 237. L'enrènement se fait avec « l'homme de bois ou avec un surfaix « d'écurie à boucles sur les côtés.

« PAGE 238. A mesure que le cheval, « en marche, prend confiance sur cet « appui, on l'augmente progressivement « en racourcissant les rênes.

« Avec l'aide du caveçon et d'un en- « rènement, bien entendu, on régularise « les mouvements et la position du che- « val, tout en le familiarisant et en l'ha- « bituant à la domination.

« PAGE 239. Lorsque le cheval aura « été exercé assez de temps, pour qu'aux « moindres indications de la *voix, de la* « *chambrière et du caveçon*, il marche « régulièrement et sagement aux trois « allures. On le sellera. »

Le cours nous enseigne que le cheval doit être ramené. Il paraît que l'enrène- ment avec l'homme de bois ne donne pas des résultats certains, car nous lisons :

Ce même travail avec l'enrènement a un inconvénient de plus ; il tare le cheval ; l'action incessante des rênes fatigue l'ar- rière-main. Est-il nécessaire d'un instru- ment de supplice semblable pour ramener les chevaux, car, enfin, le ramener est admis ! Il est vrai qu'un enrènement éner- gique tient forcément la tête au ramener, mais il fait arc-bouter les membres posté- rieurs ; puis, lorsque cet enrènement a disparu, le cheval qui portait un peu le nez au vent l'y porte davantage.

Le jockey anglais ou *homme de bois* ne présente qu'une force brutale et inin- telligente.

La force permanente du bridon dans la bouche du cheval est une gêne et non pas un avis ; elle lui apprend à revenir sur lui-même en s'acculant pour éviter la sujétion, pour se soustraire aux effets de de la main du cavalier.

XXIX. — Bride Anglaise.

« La martingale à anneaux sert à fixer « la tête du cheval, *à la maintenir* dans « la position normale. On l'emploie par- « ticulièrement à la chasse, etc.

« Cette martingale le ramène à la po- » sition normale. C'est un instrument de » grande ressource, mais dont il faut sa- « voir user avec discernement.

« PAGE 140. Pour que la bouche du « cheval cède avec précision aux divers « effets du mors, il faut que la tête se « rapproche de la verticale. Le bout du

Le cours d'Équitation de M. d'Aure, en prescrivant le ramener (*moins la mise en main, laquelle empêche le point d'ap- pui et donne la légèreté à la main*) se trouve en désaccord avec l'ancien Cours d'Équitation militaire, lequel voulait que la tête du cheval *monté* fut placée obli- quement d'arrière en avant, de telle sorte qu'elle formât un angle de 45° avec la verticale, parce que, dit-il, « la situation « verticale de la tête est contre le vœu de « la nature, etc., etc. »

« nez restant toutefois un peu plus en
« avant qu'en arrière de cette ligne, etc.
« **Page 143.** C'est en raison de la façon
« d'être du cheval, de la conformation de
« sa bouche que l'on choisit un mors plus
« ou moins dur, plus ou moins long de
« branches, afin qu'à l'aide de cet instru-
« ment et des autres moyens équestres que
« possède le cavalier, on arrive à lui placer
« la tête et la maintenir dans la position
« normale dont nous avons parlé; puisque
« c'est celle-là qui assure les moyens de
« conduite les plus certains, et qui place
« le cheval dans les meilleures conditions
« à l'exécution de ses mouvements. »

M. d'Aure fait, selon nous, progresser l'Équitation en prescrivant le *ramener*,
mais les moyens qu'il enseigne pour l'obtenir, sont impuissants quoique très-dou-
loureux.

M. Baucher professe des principes plus
faciles et plus sûrs. Cet écuyer complète
et parfait le ramener, par la *mise en main*.

Continuation du dressage en cercle, le cheval sellé, les étriers tombants, avec enrènement au pommeau de la selle des rênes du bridon.

« **Page 239.** Les étriers tombants, on
« fait répéter le travail précédent, les rè-
« nes du bridon sont fixées au pommeau
« de la selle, jusqu'à ce que le cheval ne
« soit plus effrayé des étriers.

Supposons que le cheval s'effraie des
étriers qui lui battent aux flancs, le voilà
donc parti sur le cercle et caveçonné jusqu'à ce qu'il soit épuisé, essoufflé!...
Singulier prélude d'éducation.

LEÇON DU MONTOIR.

Continuation du dressage en cercle, le cheval monté, le cavalier sans éperons, muni d'une cravache.

(Un instructeur et deux cavaliers par cheval.)

Défense de faire agir les jambes.

« **Page 240.** On répète le travail qu'on
« a fait précédemment avec l'homme de
« bois.
« Le cavalier, *sans faire agir les*
« *jambes*, doit se contenter alors de ca-
« resser le cheval sur l'encolure, de le
« flatter *de la voix* lorsqu'il le monte;

Les règlements de la cavalerie française
ne tolèrent pas de cravache, même aux
sous-officiers. Il faudra donc en avoir une
certaine quantité affectée particulièrement
au travail des jeunes chevaux. Les cavaliers employés à leur dressage devront
aussi retirer leurs éperons. Trois person-

« quand il veut descendre ou lorsqu'étant
« en mouvement il le sent en confiance. »

nes sont employées au dressage d'un jeune cheval. Tout cela est possible, sans doute, mais n'est pas simple.

Le cavalier doit jouer ici le rôle de jockey anglais, ou homme de bois : il lui est défendu de faire agir ses jambes, mais en revanche, il a la faculté de la parole.

M. de Bohan a supprimé les appels de langue que tolérait M. de la Guérinière, parce que, dit-il, les cavaliers en prendraient l'habitude. Les principes du premier passent pour plus militaires que ceux du second.

Emploi des jambes.

« PAGE 240. Le cheval n'étant *plus*
« *effrayé*, on commencera à faire agir
« les jambes pour le pousser en avant ;
« on pourra joindre à cette action les
« *appels de langue*, l'aide légère de la
« cravache.

« Quand le cavalier voudra arrêter,
« *il relâchera les jambes* et portera la
« main en arrière.

« PAGE 241. Le cheval se portant en
« avant, tournant à droite et à gauche
« par l'effet des jambes et des mains du
« cavalier, on lui ôtera le caveçon.

D'où vient que le cheval est souvent effrayé ? Sa frayeur disparaîtrait-elle au moment où la fatigue arrive ? Toujours est-il qu'au moment où le cheval n'est plus effrayé on tolère les jambes.

Nous pensions que dans les arrêts, l'important était de maintenir les jambes de derrière du cheval sous sa masse. Pour cela le cavalier était obligé de fermer les siennes, mais il paraît que nous étions dans l'erreur.

Suppression du caveçon, du travail en cercle, mais adjonction d'un cheval fait (maître d'école) au cheval en dressage pour le précéder.

(Travail sur les lignes droites.)

« PAGE 242. L'exercice sur les lignes
« droites se fera ainsi au pas, au trot et
« et au galop, jusqu'à ce que le cheval,
« obéissant à l'action des jambes et même
« des *coups de talons* non armés d'épe-
« rons, prenne sur les bridons un appui
« assez marqué.

On devra cesser les coups de talons, quand le point d'appui sur les bridons sera bien marqué ; et ce point d'appui viendra sans que le cheval s'en doute. Mais s'il ne vient pas, si le cheval se doute, comment fera donc le cavalier ? Il ne pourra pas cependant s'en prendre au maître d'école.

« Ce résultat ne sera pas long à obtenir
« si , dans toutes les allures on a soin de
« le faire précéder par le cheval qui doit
« lui servir de maître d'école.

« L'action naturelle qu'il emploiera
« pour le suivre , se maintenir à sa hau-
« teur, le fera s'appuyer sur la main,
« *sans qu'il s'en doute.*

« Du moment où cet appui sera bien
« établi , le cavalier deviendra maître de
« la conduite. »

Supposons que le cheval pèse à la main,
ce qui est peu agréable pour le cavalier ,
il a inutilement surchargé l'avant-main ,
il a détruit l'aplomb régulier; la sécurité
de la marche y gagne-t-elle ? La main ne
doit pas servir comme ferait une cinquième jambe, et c'est cependant ce résultat
que M. d'Aure veut obtenir de cette surcharge de l'avant-main

Dictionnaire raisonné d'Équitation ,
par F. Baucher, édition 1851, page 53 :

« Chercher sa cinquième jambe se dit
« du cheval qui se porte sur la main et y
« prend un point d'appui. C'est en se
« servant énergiquement des jambes , et
« par suite des éperons, qu'on ramènera
« les jambes de derrière près du centre
« de gravité (rassembler) , qu'on pourra
« reporter le poids du devant sur le der-
« rière et rendre le cheval léger à la
« main. »

SUPPRESSION DU MAITRE D'ÉCOLE.

Continuation du travail sur les lignes droites, le cheval en bridon, le cavalier sans éperons.

« PAGE 242. C'est alors que le cava-
« lier mènera le cheval seul en se conten-
« tant de lui faire parcourir des lignes
« droites et en le poussant toujours sur
« la main par l'action des jambes.

Toujours pousser le cheval sur la main,
toujours le placer irrégulièrement doit
nécessairement provoquer sa sensibilité et
abuser de ses forces. Il ne serait pas étonnant que le repos lui soit nécessaire. Mais
avec un dressage où le cheval est libre de
prendre la position qui couvient au mouvement, son instinct le guidera pour rester toujours dans la rectitude de l'aplomb.
Ce dressage, loin de le fatiguer, le for-
tifie.

Travail sur le cercle.

« PAGE 242. Après avoir trotté et ga-
« loppé sur des lignes droites, on termi-

Nous l'avions bien prédit, que le repos
serait nécessaire, et c'est probablement

« nera par un travail au pas en cercle ,
« en changeant souvent de main.

« En raison de la susceptibilité de la
« force du cheval , on commencera ce
« travail tous les jours ou tous les deux
« jours.

« Quand le cheval répondra sagement
« à ces diverses demandes , et qu'il aura
« pris assez de force et de confiance , on
« lui mettra la bride. »

celui-ci qui rétablira les forces du cheval.
Enfin on va le brider.

LE CHEVAL EN BRIDE

Avec un mors provisoire, lequel devra être doux et avoir une gourmette lâche.

« PAGE 243. On doit employer un
« mors doux et tenir la gourmette lâche,
« afin qu'il prenne facilement son appui
« sur le mors.

XXX. — De l'Embouchure.

« Emboucher un cheval , est appro-
« prier son mors à la conformation et aux
« qualités de la bouche *(puis suivent*
« *toutes les suppositions qui peuvent*
« *rendre une bouche sensible ou peu*
« *sensible ; de là une variante extraor-*
« *dinaire de mors.)*

« XXXI. L'examen de la conformation
« du cheval peut aussi régler les qualités
« du mors que l'on voudra employer. »

Le cheval devant être embouché suivant
sa conformation , ainsi que celle de sa
bouche , ce mors doux n'est donc qu'un
mors provisoire qui a pour but de faciliter au cheval l'appui qu'il doit prendre
sur la main; il faudra l'emboucher d'une
manière définitive plus tard.

*Nous avons vainement cherché dans
le Cours le moment qu'il aurait dû
prescrire.*

Selon nous, le même mors convient à
tous les chevaux (largeur exceptée).

Si vous voulez réellement emboucher
les chevaux selon leur sensibilité , soyez
donc conséquent. Changez de mors à mesure que la sensibilité change.

« La sensibilité et la contractibilité
« présentent une foule de différences dont
« les principales dépendent de l'âge , du
« sexe , du régime, du climat, de la sai-
« son , de l'état de sommeil ou de veille ,
« de santé ou de maladie, du développe-
« ment actif des systèmes lymphatiques,
« cellulaire ou graisseux , et des propor-
« tions qui existent entre le système ner-
« veux et le système musculaire. »

*(Nouveaux éléments de physiologie par
M. le baron de Richerand.)*

XVI. Manière d'ajuster un arçon et une selle.

« Chaque régiment est pourvu de six
« arçons de pointure. Lorsqu'il s'agit
« d'ajuster une selle à un cheval, on re-
« cherche, au moyen de ces six arçons ,
« quel est le numéro le plus en rapport
« avec la structure du cheval, et l'on
« prend ensuite dans le magasin du corps
« une selle correspondant à ce numéro.
« (Toutes les structures sont donc classées
« en six groupes différents.) »

Puis vient le détail de l'opération pour
ajuster cet arçon, et l'indication des diverses structures auxquelles conviennent les
différents numéros de pointure.

Pour rendre facile dans les régiments
l'opération d'emboucher les chevaux d'a-
près votre système , il aurait aussi fallu
classer les diverses structures de bouche,
de conformation de chevaux , suivant leur
race, etc., en un certain nombre de numéros, correspondant à une quantité égale
de mors différents. Habituellement c'est
le jugement du capitaine-instructeur ou
de tout autre en son absence, quelquefois
même de l'éperonnier qui décidera ; et
comme le jugement varie en raison de
l'opinion de chacun , la théorie telle que
l'entend et l'enseigne le Cours est une
chose tout-à-fait impossible.

Un mors doux suffit pour tous les chevaux, d'après les principes de la nouvelle
école.

Pourquoi?

Parce que, quelle que soit la sensibilité
de la bouche des chevaux, ils sont tous
également mobiles, facilement mobiles
dans leur avant-main et leur arrière-main
lorsqu'ils sont placés sur une base de sus-
tention rendue petite à volonté.

L'instabilité de ce genre d'équilibre ,
particulier à la méthode de M. Baucher,
ne peut se donner que lorsque l'encolure
a été rendue souple , liante , flexible par
l'éducation.

CONDUITE PAR LES QUATRE RÊNES , BRIDE ET FILET A LA FOIS.

Continuation du travail sur la ligne droite, le cavalier sans éperons.

« PAGE 243. On répétera le travail
« qu'on a fait en bridon. Quand le che-
« val aura été confirmé dans son appui
« sur le mors en travaillant sur des lignes
« droites, on le fera tourner à gauche ou
« à droite par l'ouverture et l'appui des
« rênes, etc.

Il s'agit de faire connaître le mors au
cheval ; et au lieu de le faire en place d'a-
bord , puis en marchant, par un travail
gradué d'assouplissement, il va apprendre les effets du mors de prime abord en
marchant , grâce aux rênes filet sans
doute.

« On peut, dans le principe, associer « à ces effets ceux du filet, qui agit com- « me le bridon.

« L'action d'avant en arrière du mors « doit rester ignorée du cheval, jusqu'à « ce qu'il comprenne bien les effets qui « ont pour but de le tourner ou de l'ar- « rêter.

« C'est pourquoi il faut, comme nous « l'avons dit, employer un mors doux et « la gourmette lâche pour ne pas affecter « trop durement la bouche et ne pas met- « tre le cheval dans le cas de se jeter dans « un mouvement rétrograde, mouvement « qui serait toujours désordonné s'il était « provoqué par une embouchure trop « dure. »

L'éducation de la bouche ne peut ainsi qu'être faussée.

Singulier principe que l'action d'avant en arrière du mors, lequel a été choisi doux pour que le cheval puisse prendre facilement le point d'appui, doive lui res- ter ignorée ! Et cela jusqu'à ce qu'il com- prenne bien les effets qui ont pour but de le tourner et de l'*arrêter*.

Mais quand donc sentira-t-il le mors ? Comment pourra-t-il prendre le point d'appui sans le sentir? Sans affecter trop durement la bouche, que le cheval prenne l'appui en tendant le col ou que la main fasse agir le mors, c'est toujours une pression sur les barres d'avant en arrière. Si donc celle-ci est défendue, ce n'était pas la peine de brider le cheval.

L'école de M. Baucher fait aussi usage du filet dans le dressage du jeune cheval, mais elle l'emploie d'une manière diffé- rente. Le jeune cheval est de suite conduit en bride par la rêne directe ; lorsque son instruction est suffisamment avancée, lousqu'il est temps de le conduire les deux rênes dans une main, par la rêne con- traire enfin; c'est le moment d'utiliser intelligemment le filet. Le cheval, d'abord incertain sur le nouvel effet du mors, auquel il doit obéir, est guidé par l'action de la rêne directe du filet qui vient l'é- clairer, et bientôt celui-ci devient inutile.

Reprendre de nouveau le maître d'école, utilité du caveçon et de la chambrière.

(Le Cavalier avec des éperons.)

« Page 244. Avant de demander le « mouvement rétrograde, il faut, pour « confirmer la franchise, faire connaître « l'éperon au cheval, et lui apprendre à « se porter en avant à ses attaques.

« L'emploi de l'éperon sur un cheval

L'action de surprendre le cheval en lui appliquant brusquement les deux éperons aux flancs pour l'obliger à accélérer l'allu- re, présente deux graves inconvénients.

Pourquoi apprendre au cheval à con- naître les éperons en agissant par surpri-

« qui ne le connaît pas , peut souvent, en
« raison de la sensation douloureuse qu'il
« éprouve, et de la manière dont la masse
« est engagée au moment de l'attaque, le
« faire s'arrêter, reculer ou bondir ; c'est
« pourquoi il ne faut commencer à lui
« faire connaître l'éperon que, lorsque
« par avance , il aura été placé dans les
« meilleures conditions du mouvement
« en avant , de manière qu'étant surpris
« par cette attaque il ne puisse faire rien
« autre chose qu'accélérer l'allure.

« PAGE 245. Ainsi , lorsqu'un jeune
« cheval suit *par impulsion* et dans une
« allure allongée le cheval qui le précède,
« tout son poids s'étant porté sur l'avant-
« main , c'est le moment le plus oppor-
« tun pour lui rapprocher les éperons.

« Si , placé dans des conditions aussi
« favorables pour se porter en avant, le
« cheval que l'on attaque s'arrête, se
« jette de côté ou recule , on devra lui
« mettre *la longe* ; on le poussera alors
« en avant avec le gras des jambes ,
« puis on lui fera sentir l'éperon en mê-
« me temps *que la personne qui tient la*
« *chambrière* , frappera vigoureusement
« le cheval pour le pousser en avant.

« Si l'on n'a pas le secours d'une longe
« et d'une chambrière, le cavalier doit
« se servir de la cravache , qu'il applique
« par *coups redoublés* sur les flancs du
« cheval pour le chasser devant lui.

« Le jeune cheval qui répond franche-
« ment *aux attaques de l'éperon* peut
« être considéré comme très-avancé dans
« son dressage ; rendu ainsi plus fidèle à
« l'action des jambes , et confirmé dans
« *son appui* sur la main , il est suscepti-
« ble d'être soumis à un travail plus ren-
« fermé : c'est alors qu'on pourra lui

se? Ne serait-il pas plus rationnel de les
lui faire sentir avec progression? d'agir
avec un éperon d'abord , puis avec les
deux , en commençant en place , doucement; de cette manière on ne serait pas
obligé d'avoir recours au caveçon pour
tirer le cheval en avant, à la chambrière
pour le frapper, pendant que le cavalier en
selle doit l'étreindre les éperons aux flancs.

Ensuite, comment le cheval pourrait-il
faire pour accélérer l'allure; il est précédé
par le maître d'école; si celui-ci n'augmente pas sa vitesse , le jeune cheval ne
pourra augmenter la sienne , et s'il se re-
tient, il sera caveçonné , frappé et piqué.

Si tout le poids du cheval qui suit par
impulsion et dans une allure allongée ,
celui qui le précède est porté sur l'avant-
main , où donc s'agit-il de le mettre encore? La surcharge en avant n'est-elle
pas suffisante? Combien faudra-t-il que
ce cheval s'appuye sur la main? Sera--ce
proportionné à la force musculaire du cavalier? Nous avons dit que la main ne
doit pas servir de cinquième jambe?

C'est cependant ce que le Cours appelle
confirmer l'appui du cheval sur la main.

Les attaques sont admises : Constatons
ce progrès. Ce n'est plus qu'une progression à améliorer , à graduer et à rendre
admissible au simple cavalier.

Nous avons vainement cherché dans le
Cours qu'elle doit être la construction , la
forme, la force de l'éperon. Nous devons
supposer que celui qui est prescrit par
l'ancien Cours est encore en usage :

« La molette est armée de cinq à six
« pointes pour piquer ou pincer le cheval.
« La forme de la botte du cavalier déter-
« mine la longueur du collet. »

L'éperon d'un cavalier militaire doit

« faire exécuter le travail de la reprise
« simple de manège.

« **Page 133.** *Manière de faire usage*
« *des éperons :*

« Plier les jarrets *avec force* de façon
« que les gras de jambes se rapprochent
« par *à coups* du cheval, et que les épe-
« rons viennent porter derrière les san-
« gles; *étreindre ainsi le cheval jusqu'à*
« *ce que le mouvement en avant se soit*
« *produit;* relâcher les jambes, et régula-
« riser avec la main l'effet qu'aura amené
« cette attaque.

« Puisque l'éperon doit être considéré
« *comme châtiment, il faut s'en servir*
« *vigoureusement.* »

avoir la molette garnie de dix à quinze
pointes très-peu saillantes. Le collet a de
27 à 40 millimètres de longueur.

D'après M. Baucher, la molette doit
être ronde, garnie de légères entailles tout
autour, de façon qu'elle soit aussi inof-
fensive que possible, l'aiguillon nul. La
douceur des aides (mors et éperons) n'est
pas en faveur de l'École d'Équitation de
M. d'Aure.

En prescrivant les attaques, M. d'Aure
se met complètement en opposition avec
les principes prescrits par l'ordonnance
de la cavalerie, lesquels considèrent l'éperon, non comme une aide, mais comme
un châtiment, *dont on ne doit se servir*
que rarement et à l'instant même où le
cheval commet la faute.

Nous venons de voir que les attaques de
M. d'Aure, *qui sont admises,* sont autrement puissantes que celles enseignées par
M. Baucher, cependant ces dernières sont
condamnées......

SUPPRESSION DU MAITRE D'ÉCOLE.

Travail en reprise simple.

« **Page 245.** Le travail de la reprise
« simple assouplira l'arrière-main, allé-
« gera l'avant-main, et apprendra au che-
« val à exécuter les mouvements de côté.

« **Page 120.** La reprise simple du ma-
« nège consiste en :

« Un tour de manège sur le large à
« main droite au pas ;

« Changer de main ;

« Un tour à main gauche à la même
« allure;

« Changer de main ;

« Trois tours de manège au petit trot à
« main droite ;

« Doubler successivement dans la lon-

Cette reprise simple de manège ressemble assez à une promenade où les chevaux
se suivent constamment. Ce genre de
mouvements ne peut pas assouplir le cheval, lui ramener la tête, le préparer au
rassembler, le placer parce que ceux-ci
ne comportent pas d'assouplissement, de
ramener, de reculer, ni de pirouettes sur
les épaules et sur les hanches.

Ces mouvements exécutés avec une progression que nous avons graduée pour
l'aptitude équestre des cavaliers de régiment, donnent des résultats remarquables
et rapides et conduisent sans effort au
travail de deux pistes.

« gueur ou dans la largeur du manège ;

« Changer de main pour exécuter le
« même travail à main gauche, revenir
« à main droite ;

« Départ au galop à droite, exécuter
« aux deux mains le même travail qu'au
« trot ;

« Marche au pas en cercle ;

« Changer de main dans le cercle, ter-
« miner à main droite ;

« Marcher large, marcher la tête au
« mur, appuyer de gauche à droite et de
« droite à gauche ; marcher large.

« Doubler individuellement, arrêter,
« mettre pied à terre.

TRAVAIL DE DEUX PISTES.

Utilité du caveçon et de la chambrière. Le cheval non monté.

« PAGE 246. Pour amener le cheval à
« exécuter tous les mouvements obliques
« ou par côtés, il est bon de le faire mar-
« cher le long des murs en demandant le
« travail de la demi-hanche ou de l'épaule
« en dehors.

« Si le jeune cheval se refuse à exécu-
« ter ces mouvements de demi-hanche,
« on peut alors s'aider du *caveçon* et de
« la *chambrière*.

« Par exemple, s'il ne répond pas à
« l'action de la jambe gauche, pour diri-
« ger les hanches à droite, ou à l'effet
« d'appui de la rêne droite, pour *enga-
« ger* l'avant-main à gauche. Ou bien
« encore à l'ouverture de la rêne gauche,
« toujours pour engager l'avant-main à
« gauche, *on mettra pied à terre* pour
« lui mettre le caveçon.

« On le maintiendra ensuite en face
« du mur, et, avec la *chambrière* ou la
« cravache, on lui donnera de petits

Si l'on avait mobilisé toutes les diverses parties du cheval, isolément d'abord,
la croupe autour des épaules, celles-ci
autour de la croupe, les reins par le reculer et surtout si l'on commençait le travail de deux pistes sur le changement de
main diagonal pour, petit à petit, le faire
par le travers ; le mouvement deviendrait
facile, et il ne serait pas nécessaire de
mettre pied à terre ni d'avoir recours au
caveçon, ainsi qu'à la chambrière.

C'est retarder, compliquer inutilement
l'éducation.

« coups sur le flanc gauche pour faire
« échapper l'arrière-main de gauche à
« droite.

« On ne laissera les épaules aller à
« droite qu'en raison de la manière dont
« l'arrière-main s'engagera de ce côté.

« Si l'avant-main se porte trop à gau-
« che, il faudra cesser de tirer sur la
« *longe*, pour prendre le cheval *par la*
« *bride* et pousser la tête du côté où l'on
« veut faire appuyer l'avant-main.

« Très-souvent le cheval se refuse à
« marcher sur les pas de côté, parce que
« c'est un mouvement qui *lui est incon-*
« *nu*; en l'exerçant comme nous venons
« de l'indiquer, il apprend à croiser les
« jambes. »

Quelle simplicité dans l'action des aides !

D'où il résulte que le cheval se refuse à faire quelque chose qui lui est inconnu. Cette conclusion dispense de commentaires.

Même travail, le cheval monté avec le secours du caveçon et de la chambrière.

« PAGE 247. Lorsqu'il est familiarisé
« avec cette manière de chevaucher, on
« le monte pour lui faire exécuter ce
« mouvement avec le secours des aides,
« auxquelles on associe pour quelque
« temps l'emploi de la longe et de la
« chambrière. »

Combien de temps faudra-t-il associer la longe et la chambrière aux aides ? Et si, de prime-abord le cheval exécutait bien ce mouvement, cette association serait-elle, quand même, nécessaire ?

Même travail sans caveçon.

Que de temps perdu pour une chose si simple !

MOUVEMENT RÉTROGRADE
Avec le caveçon, sans faire agir le mors ni les jambes.

« PAGE 247. Lorsque le cheval obéit
« avec confiance à ces diverses exigences,
« on lui demandera le mouvement rétro-
« grade, auquel il répondra d'autant
« plus facilement qu'il aura acquis une
« connaissance plus grande des aides.

« Si pour reculer le cheval ne cédait
« pas à l'action du mors et arc-boutait
« ses membres de derrière, on se servi-

Cette manière de provoquer le mouvement rétrograde, ébranle la masse d'avant en arrière avant que les appuis n'aient été rendus mobiles; le mouvement est irrégulier ; le cheval est acculé ; il rapproche les membres antérieurs du centre de gravité, fléchit le rachis, raccourcit son corps et rassemble ainsi les forces dont il doit faire usage.

« rait alors du *caveçon*, que l'on ferait
« agir par *saccades successives* et dont
« on *augmenterait la force* jusqu'à ce
« qu'il se porte arrière. »

Par cette position, la masse se trouve rejetée sur les membres postérieurs, qui sont d'autant plus surchargés qu'ils sont plus engagés sous le tronc.

L'animal éprouve une grande difficulté à fléchir les jarrets et à plier les reins.

Toutes les fois que ces deux régions sont faibles ou mal conformées, avec la raideur qu'entraîne une semblable position, l'action de reculer devient pénible, souvent impraticable.

Au lieu de le faire sur une ligne droite, le mouvement ne peut s'opérer que de côté et avec plus ou moins d'incertitude.

Même travail, toujours avec le caveçon, mais en faisant agir le mors et même les jambes.

« PAGE 247. On combinera ensuite
« l'action du mors et *même celle des*
« *jambes* avec l'action du caveçon pour
« arriver à ne plus agir qu'avec les
« aides. »

Lorsque les jambes du cavalier provoquent la mobilité des membres postérieurs du cheval avant que la main n'ébranle la masse d'avant en arrière, le reculer a lieu facilement ; les extrémités se lèvent et posent par paires en diagonale ; le membre postérieur à l'appui se trouve engagé suffisamment sous le ventre pour donner l'impulsion rétrograde et pousser la masse sur le membre opposé, lequel a achevé son extension en arrière.

Celui-ci supporte le poids à son tour, et facilite le lever du membre resté en avant.

Les deux jambes de devant ne font pour ainsi dire que porter. Ce sont celles de derrière qui, principalement donnent l'impulsion successivement, de même que dans la marche en avant, mais dans le sens opposé.

Même travail avec les aides seules.

GÉNÉRALITÉS.

« PAGE 238. Dans le résumé des prin-
« cipes de l'ancienne équitation, on verra
« que le travail préparatoire se faisait
« autour d'un pilier et même entre deux
« piliers. Nous croyons préférable, dans
« l'intérêt du cheval, de l'exécuter com-
« me on vient de l'indiquer.

« Le cheval est d'abord moins restreint,
« et l'homme, en contact constant avec
« lui, peut mieux sentir la nécessité
« d'augmenter ou de modifier les effets
« du caveçon :

« Les piliers peuvent aussi avoir quel-
« quefois leur utilité avec des chevaux
« violents, difficiles à maîtriser ;

« Leur emploi est bon aussi pour
« apprendre à un cheval à ranger les
« hanches et à prendre du tride dans les
« mouvements. »

Le cheval de troupe doit savoir ranger les hanches, soit pour serrer les rangs, appuyer, converser.

La conversion à pivot fixe obligeant les cavaliers du deuxième rang près du pivot à appuyer sur le cercle. Si donc, les piliers sont nécessaires pour donner au cheval cette instruction, comment fera-t-on dans la cavalerie ?

Avec des chevaux violents, difficiles à maîtriser, la nouvelle école emploie le caveçon ;

Pour apprendre au cheval à ranger les hanches et à se cadencer, il n'est pas besoin d'autre aide que celle que nous avons indiquée.

RENSEIGNEMENTS.

« PAGE 248. Le dressage d'un jeune
« cheval, comme la conduite d'un cheval
« fait, doit être une étude continuelle
« d'observations. Il n'est pas possible de
« donner au cheval des qualités qu'il ne
« possède pas ; on ne peut que lui venir
« en aide en le plaçant dans les condi-
« tions les meilleures pour qu'il marche
« et travaille selon la nature de ses
« moyens ; c'est-à-dire qu'il faut le met-
« tre dans le cas de faire ce qu'il peut,
« l'aider pour cela et non pas lui deman-
« der *par la rigueur des moyens de*
« *domination* ce qu'il ne peut faire.

« Si l'on outrepasse la mesure des exi-
« gences, on court le risque de provoquer
« les défenses. Si elles se manifestent, on
« doit s'empresser de revenir au travail
« simple, au mouvement en avant.

On ne peut demander aux cavaliers dans les régiments que l'exécution des mouvements commandés ; exiger de chacun d'eux qu'ils fassent une étude continuelle d'observations est impossible.

M. d'Aure ne veut pas *de moyens de rigueur de domination* ; mais sont-ce des aides bien douces que celles dont nous avons énuméré le nombre et la variété, et toutes prescrites par les cours.

Avec le temps, l'homme patient et habile arrive à dresser tous les chevaux. Nos hommes n'ont pas généralement ces qualités précieuses, et le mode de dressage du Cours n'indique guère la douceur.

Notre Règlement militaire fixe le nombre de leçons nécessaires à l'instruction des hommes : *avec le temps* cela ne suffit pas. Il doit en être de même pour l'ins-

« Page 249. L'homme patient et ha-
« bile arrivera *avec le temps* à dresser
« toute espèce de chevaux ; celui, au
« contraire, qui veut aller trop vite, qui
« compte sur sa puissance d'action éques-
« tre pour les dompter, les ruine et ne
« les dresse pas. »

truction des jeunes chevaux, sauf quelques exceptions très-rares.

RÉCAPITULATION

Des instruments de correction et aides utiles et nécessaires pour dresser le jeune cheval d'après les principes du Cours.

1° *La cavecine*, pour promener le cheval ;

2° *Le caveçon* est une grande longe, nécessaire à cinq époques différentes, pour apprendre au jeune
cheval :

   1° A marcher, trotter et galopper
sur le cercle ;

   2° A recevoir l'application des attaques ;

   3° A faire le travail de deux pistes
sans être monté ;

   4° A faire le travail de deux pistes
étant monté ;

   5° A reculer, sans employer le mors,
puis simultanément avec le mors
et même l'action des jambes ;

3° *La chambrière*, presque toujours utilisée ;

4° *Le bridon*, sans indication de la durée
de son emploi ;

5° *Le jockey anglais* ou *homme de bois*,
sans indication de la durée de son
emploi pour, à l'aide d'un enrènement progressif régulariser les
mouvements et la position du
cheval.

6° *La selle*. Trois personnes : un instructeur et deux cavaliers par cheval,
celui à cheval sans éperons ;

7° *La cravache* ;

8° *Le maître d'école*, cheval fait, servant
de moniteur, sans indication de
la durée de son utilité, est néces-

De l'éducation acquise au jeune cheval dressé d'après les principes du Cours.

Le cheval n'est pas encore embouché ;
il n'a pas appris :

1° Assouplissement général ;

2° Légèreté convenable ;

3° Position gracieuse ;

4° Trot cadencé ;

5° Reculer facile ;

6° Changement de pied au galop ;

7° Travail facile et régulier sur les hanches aux trois allures, y compris les
pirouettes au trot ;

8° Saut du fossé et de la barrière ;

9° Habitude *aux bruits* de guerre ;

10° Commencement de rassembler.

Le dressage du jeune cheval, d'après
la nouvelle école, est de deux mois de
durée.

Le cheval est sellé et bridé dès la première leçon.

Le cavalier a des éperons. Il n'est pas
besoin d'autre instrument.

L'instruction acquise par le cheval
comprend quelques mouvements de haute
école ; le travail de deux pistes se fait
aux trois allures.

Dresser le cheval pour la selle, c'est le
soumettre, l'approprier à un genre particulier de service.

Monter et conduire un cheval *dressé*,
c'est autre chose, c'est la science que l'on
enseigne dans les manèges ; MM. les offi-

saire à deux époques différentes, pour apprendre au jeune cheval :

1° A prendre un point d'appui assez marqué sur les bridons en l'y forçant à coups de talons ;

2° A recevoir l'application des attaques pour confirmer son appui sur la main ;

9° Premier *mors de bride*, qui est provisoire, il doit être doux, la gourmette lâche, sans indication de la durée de son emploi, pour faciliter le cheval à prendre son appui sur le mors ;

Le cavalier avec des éperons.

10° Deuxième *mors de bride* qui doit être d'une forme appropriée à la structure de la bouche et la conformation du cheval;

11° *Les piliers* pour apprendre au cheval à ranger ses hanches et à prendre du tride.

12° *La martingale* pour fixer la tête du cheval et la màintenir dans la *position normale* (*ramener*); elle s'emploie particulièrement pour la *chasse à courre*.

ciers sortant de l'École de Cavalerie n'ont acquis généralement que celle-là.

Le cheval *non dressé* n'agit que d'après sa volonté ; il n'est pas soumis, il est ignorant, et quelquefois rétif.

Le cheval *dressé* ou *mis* est obéissant ; il se soumet à la puissance, à la volonté du cavalier ; ses mouvements sont subordonnés aux actions de celui qui les provoque ; ses forces sont soumises, elles ne fonctionnent qu'en raison de ce que demande le cavalier, de la position qu'il donne au cheval, et du stimulant des aides qu'il emploie.

Le *dressage* est d'autant plus parfait qu'il est méthodique, rationel, progressif et surtout en harmonie avec la *mécanique animale* dont la base est la *physiologie*, la *statique* et la *dynamique*.

La *conduite* est le fait du *tact* du cavalier, de son habileté, de la précision, de l'apropos, de l'accord de ses actions.

Un habile dresseur sait conduire.

Un habile monteur ne sait pas toujours dresser.

En voici la preuve :

« Ma prétention, du reste, n'a jamais
« été d'être un *dresseur de chevaux* (1);
« j'ai celle seulement, de savoir juger
« ceux qui sont plus ou moins bien *mis* ;
« mes antécédents, mes goûts, et je puis
« dire ma longue expérience me donnent
« ce droit. »

(*Observations sur la nouvelle méthode d'équitation*, par M. le vicomte d'Aure. Paris, 1842. Pages 24 et 25.)

Ceci nous dispense de nous étendre davantage sur le mode de dressage que nous venons d'analyser.

La *conduite* du cheval sera examinée dans la deuxième partie.

____

(1) Dans les régiments de cavalerie, MM. les capitaines instructeurs sont spécialement chargés du dressage des jeunes chevaux.

DEUXIÈME PARTIE.

ANALYSE DES ÉCOLES DE MM. D'AURE ET BAUCHER.

MÉTAPHYSIQUE.

L'homme debout, en place ou en marchant, qui serre les dents et raidit le col, se fatigue; mais ses forces musculaires ainsi employées, pour ces contractions, sont iuutiles à la station ou au mouvement.

Le cheval qui contracte ses machoires et son encolure se trouve dans la même situation.

Ces deux exemples nous mettent en présence de la raison et de l'instinct : de l'homme et de l'animal.

Avec le premier, le raisonnement;

Avec le second, la domination.

L'équitation n'emploie que deux moyens de domination :

La douleur,

La force.

La douleur, qui est causée par l'éperon, dont l'emploi exige peu de force. Celle d'un enfant suffit.

La force ayant pour instrument les rênes, qui causent une douleur relative bien moindre, exigent de la part de celui qui les emploie, souvent une très-grande puissance. Des poignets solides ne suffisent pas toujours.

L'avantage de ces deux systèmes de domination est en faveur de l'éperon.

Comment agit la douleur? Sur le physique, mais principalement sur l'instinct.

Comment agit la force? Moins sur l'instinct que sur le physique.

C'est donc par les *talents de l'esprit* et non par la force que l'homme doit subjuguer le cheval.

Subjuguer et asservir le cheval lui ôte sa liberté; l'assujétir et le soumettre lui ôte son indépendance.

Pour subjuguer et asservir le cheval, il faut rendre tous ses mouvements subordonnés à la volonté du cavalier qui les provoque, ce qui ne lui laisse aucune liberté.

Pour l'assujétir et le soumettre, il faut annuler sa volonté, changer son instinct, qui le rend indépendant, pour lui inculquer la docilité, la soumission.

Le cheval auquel on a ôté la liberté et l'indépendance, est *discipliné*.

La discipline ne réduit pas le cheval à cette sorte d'ilotisme dont il est question dans la brochure de M. le vicomte d'Aure (1842) :

« On ne serre pas la gourmette outre mesure, on ne brise pas l'encolure. — Comment brise-t-on une encolure? On ne tient pas la bouche dans un étau. »

Le caractère honorable de l'auteur de ces allégations nous est un sûr garant qu'il était dans l'ignorance des faits : l'erreur, l'intérêt ou la mauvaise foi des personnes qui l'ont renseigné, ont pu seuls fausser son jugement à cet égard.

CENTRE DE GRAVITÉ.

On lit dans le *Cours d'équitation militaire de* 1830 :

« Tome 1er. — Emploi à la selle, page 231. — Il resterait à parler du rapport « que le centre de gravité du cavalier doit avoir avec celui du cheval ; mais cette « théorie, adoptée par tous les auteurs de la troisième époque (Dupaty de Clam, « Montfaucon, d'Auvergne, de Bohan, du Croc de Chabanne, etc.), et qui est d'une » application rigoureuse sur des corps inertes, devient susceptible de modifications » si compliquées, lorsqu'il s'agit de deux êtres animés, *qu'il paraît inutile de s'y* « *arrêter..* » — C'est plus commode !

Le nouveau Cours d'équitation traite ainsi cette question :

Page 51. — « On doit établir comme axiôme en équitation que le centre de « gravité de l'homme et celui du cheval doivent se confondre sur une même ligne « verticale.

« Cette identité des deux centres de gravité est la condition indispensable qui « assure aussi l'identité de l'homme et du cheval.

« Faute de ce rapport entre les deux centres de gravité, la tenue du cavalier ne « saurait être assurée.

« Dans la position du cavalier à cheval, la ligne de gravitation de son corps « passe par les ischions ; tandis que dans la position pédestre, elle passe par les cavités « cotyloïdes. »

Nous ne saurions admettre cette théorie ; nous ne sommes d'accord que pour la ligne de gravitation donnée au cavalier.

Le centre de gravité du cheval, beaucoup plus bas que celui de l'homme, est sur une ligne parallèle et antérieure à celle du cavalier. — L'expérience et le raisonnement faits à ce sujet par MM. Morris et Baucher ne laissent aucun doute à cet égard. (*Journal des Haras*, tome 15, juin 1835, page 155.) — Il s'établit un centre commun de gravité à l'homme et au cheval, et c'est celui-là seul qui doit nous occuper. Il se trouve constamment sur la résultante des forces parallèles de la pesanteur.

Dans l'état de station, sa position est entre les deux lignes de gravitation particulières à l'homme et au cheval, un peu plus haut que celui du cheval, un peu plus bas que celui de l'homme.

Dans la course, la position prise par le cheval a porté son centre de gravité très-en avant. Celui du cavalier resterait à sa place habituelle si celui-ci ne s'inclinait pas.

Les deux lignes de gravitation particulières à l'homme et au cheval se sont alors écartées plus ou moins. Le centre commun de gravité est attiré plus en avant. — Il n'existe qu'une position où les trois centres de gravité se trouvent et se confondent à peu près sur la même ligne : c'est au moment où le cheval se soutient un instant sur ses pieds de derrière en faisant la courbette.

Les positions affectées aux centres de gravité de l'homme et du cheval par le cours d'équitation sont les mêmes que celles enseignées par M. d'Auvergne, lieutenant-colonel de cavalerie, qui a commandé l'équitation de l'Ecole royale militaire.

Ces principes sont reproduits presque par tous les auteurs, y compris M. le chevalier Châtelain, officier supérieur de cavalerie, auquel nous devons le *Guide des officiers de cavalerie*.

Voici la démonstration que donne M. d'Auvergne, de la meilleure position de l'homme sur le cheval :

« Le centre de gravité de l'homme est dans une verticale, qui prend du sommet
« de la tête et se termine à l'*os pubis*.

« Le centre de gravité du cheval est dans une ligne verticale, qui prend au milieu
« du dos de l'animal, et se termine à la pointe du *sternum*. Il faut que l'homme
« soit placé à cheval de manière que la ligne verticale qui prend au milieu du dos,
« dans laquelle se rencontre son centre de gravité, se trouve directement opposée à
« la ligne verticale du cheval, dans laquelle se rencontre aussi son centre de gravité,
« et qu'elles ne forment plus qu'une seule et même ligne droite ; les deux corps seront
« par conséquent en équilibre. »

Aujourd'hui il n'est douteux pour personne que la résultante des forces parallèles du poids de l'homme, tombe seule au milieu du dos du cheval ; quant à celle du poids du cheval, elle est toujours plus en avant que celle particulière à l'homme.

Comment le cours enseigne-t-il encore de semblables principes ?

APLOMB.

Dans les corps inanimés, la ligne d'aplomb se confond avec la résultante des forces parallèles de la pesanteur.

Si dans un corps inerte et par conséquent privé de toute force étrangère à la pesanteur, la verticale du centre de gravité ne passe pas par le point d'appui, il y a mouvement.

Dans les corps animés l'aplomb peut être régulier ou irrégulier.

L'aplomb régulier est la position du corps en équilibre, position qui ne nécessite que la somme de forces nécessaires à tenir le corps en station ou en mouvement.

L'aplomb irrégulier est l'ensemble des diverses positions que les êtres animés peuvent prendre, quoique la résultante des forces parallèles de la pesanteur ait atteint l'extrême limite de la base de sustentation; ce qui, dans ce cas, les oblige à employer une somme de forces musculaires plus considérable que lorsque cette résultante est plus centrale. Lorsque l'aplomb est irrégulier, ce surcroît de forces, motivé par cette position, est inutile à la station ou au mouvement; il ne se produit qu'au détriment de la conservation. (*Planche 1, — fig. 1, 3, 4.*)

THÉORIE DES FORCES.

En équitation on fait usage de différents noms pour désigner le travail et le jeu des forces; les forces musculaires du cheval qui marquent la vigueur, la faculté naturelle d'agir se nomment :

Force d'inertie, lorsqu'elles représentent une résistance passive qui consiste principalement dans le refus d'obéir.

Ce cas se présente dans le dressage, surtout lors des assouplissements de la mâchoire et de l'encolure.

Forces instinctives, lorsqu'elles indiquent certain sentiment ou mouvement naturel qui dirige l'animal.

C'est lorsque le cheval emploie ainsi ses forces, ses contractions musculaires, que le cavalier doit annuler leur tendance par l'éperon, en s'en servant comme d'une aide intelligente : c'est-à-dire, à propos, à chaque contraction, cessant aussitôt que la contraction cesse, et non l'employer rarement et vigoureusement, ainsi que le font les cavaliers qui le considèrent comme un châtiment.

On arrive ainsi à transformer à sa guise l'instinct du cheval ; on substitue la *docilité* qui permet de diriger aisément à la *résistance*, force par laquelle l'animal cherche à détruire ou à diminuer l'effet des aides.

Forces soumises, lorsqu'elles sont soumises à la volonté du cavalier, lorsqu'il peut faire prendre au cheval toutes les attitudes ; lorsqu'il peut lui donner la *position* nécessaire au mouvement qu'il a résolu, le cheval est alors *mis*.

Forces concentrées, lorsqu'elles sont réunies sur un seul point : le centre de gravité. — C'est le rassembler, résultat très-difficile à obtenir, parce qu'il demande beaucoup de *tact* de la part du cavalier. C'est le talent du véritable *écuyer*.

Les forces se détendent lorsqu'elles s'éloignent du centre de gravité, lorsque le cheval cesse d'être rassemblé.

Les forces se rassemblent par les effets d'ensemble, par les oppositions des jambes et de la main pratiquées sur un cheval assoupli.

Les forces se concentrent par les attaques, qui sont l'action des jambes employées à leur maximum de puissance. — Si le cheval n'est pas assoupli, s'il est raide, contracté, si en un mot il est tel que l'indique le dressage enseigné par le Cours, il se défendra.

On dit que le cheval *fait les forces* quand, lui faisant sentir la main de la bride, il ouvre beaucoup la bouche et résiste de la mâchoire au lieu *de se ramener*. — Le cavalier pour le dressage et pour la conduite du cheval fait aussi usage de différentes forces.

On les nomme :

Force motrice ou mouvante, cause qui meut le corps du cheval ; elle est donnée par les jambes du cavalier, lorsque ces jambes opèrent la *force de pression*, qui doit agir sans choc pour inciter, provoquer la *force d'impulsion* qui vient de l'arrière-main du cheval. L'augmentation de la force de pression donne la *force accélératrice*, puissance qui, par des impulsions réitérées, augmente la vitesse. — La *force motrice* est réglée par la *force régulatrice* qui régit la première.

C'est l'accord des aides.

La force résultante est la réunion de plusieurs forces ou de plusieurs aides employées simultanément pour concourir à un même but.

Le corps du cheval n'est pas une *force inerte*, comme le dit le Cours, mais bien une *masse inerte* qui forme la *force de pesanteur*, force en vertu de laquelle tous les corps que nous connaissons tombent et tendent à se rapprocher du centre de la terre, lorsqu'ils ne sont pas soutenus.

IMPULSION.

(Cours d'équitation.) Page 146. — « Lorsque par l'étude l'expérience sera venue,
« on saura que ces fameux assouplissements de l'encolure, proposés comme une
« *panacée* universelle, ne servent qu'à retirer au cheval sa puissance d'action pour
« se porter en avant, et qu'en outre, on annihile le moyen de le diriger.

« Aussi de pareils systèmes, *faux à tous égards*, n'ont pu paraître avoir de la
« valeur que lorsqu'on en fesait l'application dans un cirque ou un manège, là où
« le cheval, renfermé de toutes parts, suit de routine les pistes qui lui sont tracées. »

La puissance d'action d'un cheval, pour se porter en avant, ne réside pas dans
la raideur de son encolure, mais bien dans la position de celle-ci, de celle des
membres postérieurs et de l'énergie du cheval. Les jarrets agissent comme la détente
d'un ressort fortement bandé ; l'ouverture trop grande ou trop petite de l'angle
formé postérieurement par l'os de la jambe avec celui du canon (1) fait varier la direction de la force d'impulsion ; si l'angle est trop ouvert, la puissance favorise les
mouvements ascensionnels ; s'il est trop fermé, elle agit davantage dans le sens de la
progression.

Pour être dans les meilleures conditions, le jarret doit présenter un angle de
45 degrés environ, le cheval étant placé d'aplomb sur un plan horizontal.

Pendant la course poussée à son maximum de vitesse, l'encolure et la tête allongées, tendues, attirent le centre commun de gravité en avant : plus celui-ci est amené
sur les épaules, plus la direction tangentielle des extrémités postérieures se rappro-
chera de l'horizontalité.

Le cours d'équitation ne veut pas des assouplissements de l'encolure, il les flétrit,
les rejette, parce que ce système est faux à tous égards, etc., et ne peut paraître
avoir de la valeur que pour le cirque, etc.

Le Cours d'Équitation est en contradition avec lui-même, puisqu'il préconise
ailleurs ces mêmes assouplissements *(Voir assouplissement de l'encolure)* ; pourquoi
donc cette singulière sortie, à quoi bon discréditer, dénigrer ainsi, ce que l'on
reconnaît être bon, utile, et de plus, ce que l'on enseigne soi-même ! ! !

(1) Calcanéum.

POINT D'APPUI.

(*Cours d'équitation.*) Page 109. — « Il faut bien se pénétrer que le rapport
« entre la bouche du cheval et la main du cavalier ne s'établit pas par une action
« *d'avant en arrière* de la main du cavalier, car, en agissant ainsi, on porterait le
« cheval à un mouvement rétrograde ; *que ce n'est pas l'homme qui impose l'appui,*
« *mais bien le cheval qui, sollicité par les jambes,* vient prendre de lui-même
« cet appui en se portant en avant ; — qu'il se fixe sur la main avec plus ou moins
« de franchise et qu'il doit se porter en avant en venant prendre cet appui qui lui est
« nécessaire pour guider sa marche. »

M. d'Aure nous dit que ce n'est pas l'homme qui impose l'appui, mais bien les
jambes qui sollicitent le cheval à le prendre. A qui donc appartiennent ces jambes ?

Dans le dressage du jeune cheval, page 245, on trouve le mode de sollicitation
des jambes. Nous le reproduisons :

« Le cheval ne voulant pas suivre son maître d'école, on lui tire la tête en avant avec
« une longe attachée à un caveçon ; le cavalier en selle lui fait sentir les éperons ; la
« personne qui tient la chambrière frappe vigoureusement : c'est la recette pour faire
« avancer le cheval qui refuse les attaques. »

Mais si la personne qui tient la chambrière n'est pas vigoureuse, si elle n'est qu'intelligente, elle ne pourra donc rien ; le mérite de l'écuyer, dans ce cas, dépend alors
de la vigueur de son bras.

Page 156. — « Les jambes s'étant fermées pour porter le cheval en avant, le
« déplacement de l'avant-main fait que l'encolure tend à s'alonger et le bout du nez
« à venir en avant, ce qui augmente l'appui du mors sur les barres, si la main du
« cavalier est restée fixe. C'est cet appui qui établit la correspondance continuelle
« qui doit exister entre la bouche du cheval et la main du cavalier pour indiquer la
« direction et régulariser la vitesse. — Si, contrairement, à la volonté du cavalier,
« un trop grand déplacement de masse avait été provoqué par les jambes, la main,
« ayant senti cet effet, devrait faire refluer, par une résistance plus marquée d'avant
« en arrière, l'excédant du poids qui s'engage en avant.

« Comme c'est toujours en raison du déplacement de la masse en avant que le
« cheval prend sur la main un appui proportionnellement plus grand, si, dans ce
« cas, la main, au lieu de rejeter en arrière le poids qui lui arrive, se contentait de
« le recevoir ou de le supporter, cet appui que le cheval prendrait alors sur la main
« concourrait à augmenter la vitesse, toujours en raison du soutien que la main
« donnerait à la masse.

« Ainsi, c'est par le soutien que l'on offre à la bouche du cheval que l'on aug-

« mente la rapidité du cheval de course. C'est encore cet appui qu'un cavalier inex-
« périmenté provoque ou laisse prendre, qui fait que le cheval s'emporte. »

Le cheval prend le point d'appui plus ou moins grand : 1° par suite d'une habitude que le dressage n'a pas corrigée (raideur des mâchoires et de l'encolure);
2° parce qu'il lui est réellement nécessaire (la fatigue); 3° enfin, parce que l'aplomb
n'est plus régulier. — Le cavalier habile sait bien vite distinguer quel est celui de ces
motifs qui fait agir le cheval.

Si c'est le fait d'une contraction de l'encolure, d'une habitude tolérée, il doit
retrouver la légèreté par l'action de ses jambes, des éperons au besoin, secondés de
la main.

Si c'est la lassitude qui fait appuyer le cheval sur le mors, il doit laisser prendre
le point d'appui d'une manière convenable et toujours se tenir sur ses gardes, car
déjà la marche a perdu de sa sécurité.

Enfin, lorsqu'il est motivé par une vitesse forcée à ses dernières limites, ce qui a
rendu l'aplomb irrégulier, il faut aussi agir des aides, surtout celles inférieures, jusqu'à ce que la légèreté à la main soit venue, ce qui est l'indice que l'aplomb s'est
rétabli dans sa régularité.

Quel que soit le motif qui fait peser le cheval à la main, on sent que l'harmonie
des mouvements est altérée : la respiration devient plus bruyante, plus pénible,
l'animal fait plus d'efforts. Aussitôt que le point d'appui a disparu par l'effet des
aides du cavalier, le calme se rétablit, la respiration devient régulière ; il en résulte
une légèreté sensible dans la marche; la sécurité renaît.

La disparution du point d'appui ralentit la vitesse s'il est motivé : 1° par une
exigence trop grande et irréfléchie du cavalier, en un mot, quand le cheval est à
bout de ses forces ;

2° Lorsqu'il est provoqué par la surcharge de l'avant-main, position qui favorise
la vitesse maximum, mais au détriment de la sécurité et de la conservation.

Voici une théorie nouvelle du cours qui le met en contradiction avec lui-même :

Page 289. — « Il doit en être de même dans une vitesse ou dans une allure plus
« ralentie ; il s'agit d'accorder les mouvements de l'avant-main et de l'arrière-main.
« Lorsque l'allure est d'aplomb, l'appui sur la main est *fixe et léger*.
« L'appui ne doit augmenter qu'en cas de force majeure ; c'est-à-dire lorsque le
« cavalier recherche tous les moyens pour obtenir, en quelque sorte, du cheval plus
« qu'il ne peut faire. »

Ce passage du cours est le plus rationel ; il résume très-bien notre manière de
voir et surtout de faire. — Écrit après le corps de l'ouvrage, il a pour but, sans
doute, d'atténuer les préceptes erronés qu'il contient. Du reste les chevaux dressés
par ce système prouvent bien que l'appui ne peut être léger à la main.

Dans l'école de M. Baucher le point d'appui est toujours fixe et léger, parce que
le cavalier ne permet pas au cheval de le prendre autrement. C'est à l'aide des éperons secondés d'un très-léger effet de main qu'il l'en empêche. Ce point d'appui reste

toujours le même, quelle que soit la vitesse de l'allure, la conformation du cheval, la forme de la bride ou du bridon ; ce dernier est employé quelquefois pour élever l'encolure et la faire fléchir à droite et à gauche.

M. d'Aure vient de nous enseigner que c'est toujours en raison du déplacement de la masse en avant que le cheval prend sur la main un appui proportionnellement plus grand.

Le point d'appui n'est donc pas le même dans ces deux Écoles.

Lorsque l'allure est *d'aplomb*, dit **M. d'Aure**, l'appui sur la main est *fixe et léger*. — Voici les moyens enseignés par le Cours d'Equitation pour arriver à ce résultat.

Le Cheval en Bridon.

Page 84. — « L'action graduée des jambes doit augmenter jusqu'à ce que le « mouvement du trot soit bien déterminé ; alors les mains qui dans le commence- « cement n'ont prêté qu'un soutien très-léger à la bouche du cheval, sentiront ce « soutien s'augmenter à mesure que l'allure du trot se développera ; le cheval s'y « livrera avec d'autant plus de franchise que les mains lui offriront un appui qui « règlera sa direction et soutiendra son mouvement progressif. »

Le point d'appui varie aussi en raison de la vitesse. Cette conclusion est confirmée par le passage suivant :

Page 88. — « Généralement, le rapport des mains avec la bouche du cheval doit « devenir presque insensible et même cesser totalement, du moment où l'on n'a plus « rien à lui demander, de même qu'il doit varier à l'infini, agir par soutien, par « résistance, cesser totalement pour être pris avec plus de force en raison de la vitesse « qu'on veut obtenir. »

Nous avons dit que pour maintenir l'appui fixe et léger, c'était l'affaire des épe- rons bien plutôt que de la main, qui n'a pas à produire un effet de force pour seconder l'action des jambes. Il n'en est pas de même dans l'École de M. d'Aure.

Page 86. — « Ainsi, par exemple, lorsqu'on a provoqué le mouvement pro- « gressif, le cheval, comme nous l'avons dit, en portant sa masse en avant, vient « chercher l'appui que les mains lui présentent pour le guider et le soutenir ; mais « si ce mouvement est plus accéléré que celui qu'on a voulu provoquer, le cheval « viendra nécessairement prendre sur la main un appui d'autant plus marqué, que « la vitesse sera plus grande. Or, si, en cette circonstance, les mains ne font que « donner l'appui que le cheval vient prendre, elles serviront à accélérer le mouve- « ment au lieu de l'arrêter. Pour éviter cet effet, on doit, par un arrêt prononcé « d'avant en arrière, et non pas par un soutien continu de la main, reporter sur « l'arrière-main l'excédant du poids de l'avant-main qui accélèrerait trop le mouve- « ment, etc. »

Le point d'appui léger est facile à reconnaître. Il sera léger quand le cheval ne pèsera pas sur la main ; quand il n'existera en quelque sorte que le rapport nécessaire pour établir un sentiment réciproque entre l'homme et le cheval.

Dans l'école de **M. d'Aure**, le point d'appui étant variable, l'appréciation de l'élève, souvent sujette à erreur, est seule juge de celui convenable.

Page 87. — « Ce ne sera qu'avec le temps et lorsque les élèves auront une bonne
« tenue, qu'ils sauront faire un juste emploi de leurs aides et distinguer la différence
« qui existe entre l'appui qu'on doit offrir au cheval pour assurer sa franchise et la
« vitesse des allures et la résistance de la main qui sert au contraire à arrêter ou
« ralentir le mouvement.

« Dans le commencement, ces deux effets se confondent et semblent avoir la même
« valeur. Il n'y a qu'un travail pratique bien dirigé qui puisse amener les élèves à
« juger ces différences. »

Ce passage nous apprend qu'il existe un appui qu'on doit offrir au cheval pour assurer sa franchise et la vitesse de ses allures.

Précédemment, M. d'Aure nous enseignait que l'appui doit être *fixe et léger* et ne doit augmenter qu'en cas de force majeure, lorsque le cavalier veut obtenir du cheval *plus qu'il ne peut faire.*

Il y a là contradiction évidente, et les principes suivants extraits du Cours d'Equitation n'indiquent guère de fixité et de légèreté.

Le Cheval en Bride.

Page 158. — « Dans l'état normal, le rapport entre les mains du cavalier et la
« bouche du cheval doit être continu, léger, plus ou moins marqué toutefois en raison
« du déplacement de la masse que l'on veut obtenir. »

« Plus ou moins marqué » ne précise rien ; toujours est-il que l'appui augmente en raison de la vitesse de l'allure et que le Cours ne voit pas d'inconvénient à l'avoir plutôt trop grand que moindre.

Page 163. — « Comme la première de toutes les conditions est d'indiquer au
« cheval d'une manière positive la direction qu'il doit suivre, et cette direction ne
« pouvant être obtenue que par la main, il vaut mieux que le cheval soit un peu
« plus porté sur la main, que de rester, si nous pouvons nous exprimer ainsi, en
« arrière de la main, ce qui arrive toutes les fois que la force inerte n'est pas engagée
« dans le sens de la progression. »

Nous allons voir que dans les allures rapides, le point d'appui devient si puissant qu'il exige un grand emploi de forces de la part du cavalier.

Page 203. — « Quand on pousse un cheval à toute vitesse, soit au trot, soit
« au galop, l'appui que l'on offre pour aider son développement doit être donné sur
« le bridon ; l'action du mors doit être réservée pour arrêter le cheval, le diriger et
« régler ses déplacements. »

« Si, contrairement à ce principe, on laissait prendre au cheval sur le mors de
bride le *fort appui* dont il a besoin, les barres s'échaufferaient et ne sentiraient
« plus les effets qu'on aurait besoin de produire pour l'arrêter. »

Si donc pour régler les déplacements du cheval et l'arrêter, il faut l'emploi des deux mains ; l'une pour le bridon, l'autre pour la bride, ces principes ne sont plus applicables à l'équitation militaire, la main du sabre devant toujours être libre.

Quelle que soit la conformation du cheval ; lorsqu'il est mis en main, il est léger : la tête est plus ou moins élevée, et l'encolure plus ou moins rouée, suivant le rapport qui existe entre l'avant-main et l'arrière-main. Le cavalier n'a pas à s'occuper du degré d'élévation de la tête : c'est le cheval qui, de lui-même, place sa tête de manière à rester dans l'aplomb régulier.

D'après le Cours, il existe des moyens de conduite qui varient en raison des tares ou de la conformation.

Page 192. — « Le cavalier doit faire l'examen de son cheval avant de le monter
« et s'assurer si quelque tare, quelque défaut de conformation, ne nécessite pas qu'il
« emploie des moyens particuliers de conduite. Ce premier examen se complètera
« par le tact qu'il exercera sur lui en le montant ; il cherchera à se rendre compte
« de son obéissance aux effets des mains et des jambes, et de la manière dont il pla-
« cera son encolure.

« C'est d'après ces indices que le cavalier calculera l'action de ses aides, de telle
« sorte qu'en donnant aux unes plus de soutien ou plus de puissance, et aux autres
« plus de légèreté, il arrivera à régulariser la position et le mouvement d'un cheval
« défectueux.

« C'est encore d'après ces indices qu'il jugera s'il doit vaincre ses résistances par
« des actions positives ou énergiques, ou s'il doit, dans l'intérêt de sa conservation,
« lui faire quelques concessions. »

On nous explique ensuite que pour le cheval bas du devant, à encolure pesante dont les épaules sont droites et chargées, le cavalier doit relever l'encolure et la tête pour reporter du poids sur l'arrière-main.

Il faut des poignets vigoureux pour obtenir de semblables résultats. La tête et l'encolure étant ainsi relevées, les arrêts légers suivis d'abandon de la main, les empêcheront-ils de reprendre leur position primitive ?

Avec le cheval bas du derrière, surchargé dans cette partie, on nous dit que la main de la bride sera bassé pour engager l'encolure à se baisser et la bouche à prendre un appui sur le mors, que les jambes se fermeront pour pousser le cheval en avant et sur la main. Dans ce nouveau cas, c'est encore un effet de force de main ; précé-demment c'était pour relever la partie antérieure ; cette fois c'est pour la soutenir.

Nous appelons l'attention du lecteur sur la différence marquée des *points d'appui* des deux écoles dont nous faisons l'analyse.

Dans l'école de M. Baucher, le cavalier ne cherche qu'à rendre le cheval *léger à la main*, sans s'occuper aucunement de sa conformation, etc.

Dans l'école de M. d'Aure, l'appui à la main est modifié en raison de la manière d'être de l'animal. — Sa conformation, ses tares, la vitesse de l'allure, font *varier à tout instant* le point d'appui.

Page 202. — « Quelle que soit l'allure qu'on veuille développer, le soutien des
« mains est indispensable.

« Ainsi le trot ne peut, pas plus que le galop, obtenir son dernier degré de vitesse,
« si les mains n'offrent pas un *fort soutien* à l'avant-main.

« Le trot allongé est plus difficile à obtenir que le galop, parce qu'indépendam-
« ment de l'appui indispensable que les mains doivent offrir, etc........ »

Où donc est l'appui *fixe et léger?*

(*Cours d'équitation.*) — **Des Courses.**

« Quelles que soient l'espèce, la légèreté d'un cheval, s'il manque de proportions
« régulières, il faudra quelquefois un an pour exécuter au manège un travail que
« l'on obtiendrait au bout de quinze jours avec un cheval de course. »

Nous ignorons quelles sont les difficultés qui composent le travail demandé au
cheval de course au bout de quinze jours de manége, mais ce que nous savons parfaitement bien, c'est qu'avec un cheval de troupe ordinaire, en trois mois de temps,
on peut lui faire exécuter la haute-école.

« Malheureusement, beaucoup de gens jugent un cheval propre au manége,
« comme d'autres jugent bon pour la course celui qui manque d'accord dans sa
« constitution, et dont tout le poids se porte sur l'avant-main. Un cheval semblable
« qui, nécessairement, aura *la bouche dure*, pourra quelquefois emporter un cava-
« lier ignorant; il sera considéré alors par celui-ci comme propre à la course, puis-
« qu'il est toujours disposé à aller plus vite qu'on ne désire.

« Toutes ces fausses idées doivent disparaître avec l'étude raisonnée de l'anatomie,
« de la mécanique animale et de la connaissance du cheval. »

L'anatomie nous démontre que le cheval n'a pas la bouche dure, mais bien
toujours sensible, seulement le cheval peut être lourd ou dur à la main, parce qu'il s'y
appuie. Cet inconvénient disparait avec une éducation raisonnée.

La mécanique animale nous prouve que le cheval ne doit se mouvoir qu'avec ses
quatre points d'appui naturels et que, lorsqu'il en prend un cinquième artificiel, il
sort de la régularité de son aplomb, ce qui rend ses mouvements moins grâcieux et
exige un emploi inutile d'une partie de ses forces (*Pl. 1, fig. 3 et 4*). Comme on ne
peut prendre un point d'appui qu'avec une verge solide, le cheval est obligé de
contracter son encolure; il suffira de rendre celle-ci souple, flexible et liante pour
empêcher l'appui.

La connaissance du cheval établit bien, que suivant leurs différentes conformations,
les chevaux sont plutôt aptes à tel service qu'à tel autre; cependant tous peuvent être
employés au même travail, mais dans des conditions plus ou moins favorables; une
fois mis en main, on trouve chez les plus médiocres des qualités ignorées jusqu'alors.

Tous les hommes sont aptes à danser et à courir, mais quoique dans des conditions
égales d'éducation, ils n'acquièrent pas tous la même grâce et la même vitesse.

« Dans ces exercices (des courses) le cavalier doit s'attacher à pousser plus que
« jamais le cheval sur la main; plus le cheval prend confiance dans cet appui, mieux
« il se place pour assurer sa vitesse, la masse étant ainsi engagée dans les conditions

« les plus efficaces du mouvement en avant. On aide à ce résultat en embouchant le
« cheval avec un mors doux, un gros filet par exemple. »

Cette position irrégulière, hors de l'aplomb, donnée au cheval, ne peut se justifier
que par l'intérêt des personnes qui le font courir, lesquelles veulent gagner le prix,
quand même; peu importe que le cheval soit placé dans des conditions défavorables
à sa conservation : gagner un prix est le plus souvent une question d'amour-propre
ou d'argent.

Mais comment admettre l'utilité d'un semblable point d'appui pour le cheval de
cavalerie; cependant nous avons vu à l'article : *Education et dressage du jeune
cheval*, qu'il fallait aussi *le pousser sur la main, même avec les éperons*, et qu'il
devait être bridé avec un mors doux et une gourmette lâche, afin qu'il pût prendre
facilement *cet appui sur le mors*.

D'après ce qui précède, on voit que l'appui *fixe et léger*, prescrit par M. d'Aure,
dans son appendice, est complètement en opposition avec celui qui est indiqué dans
plusieurs endroits du Cours.

Forcer ainsi le cheval à sortir de la régularité de l'aplomb (*Pl 1, fig. 3 et 4*), surcharger son avant-main, c'est contraindre son encolure à se raidir, à devenir
une sorte de timon. Lorsque la souplesse de l'encolure est donnée par les jambes,
par l'éperon au besoin, elle n'est plus qu'un corps flexible sur lequel le cheval, ne
pouvant s'appuyer, est forcément tenu de rester dans la rectitude de l'aplomb.

Le cheval en liberté n'a pas de point d'appui, et pourtant il se meut très-vite.

La position forcée, dont nous venons de parler, fait du cheval une espèce de
brouette dont la charge serait trop près de l'essieu. Ainsi, pour expliquer notre image,
les jambes de devant qui supportent la masse, seraient la roue; le poids serait l'ensemble du cavalier et du cheval, lequel forcé de s'incliner en avant, au-delà de la
limite nécessaire, amène ainsi la résultante des forces parallèles de la pesanteur d'autant plus en avant, qu'il trouve un appui favorable de ce côté.

L'arrière-main enfin serait l'homme dans les brancards de la brouette, qui, chargé
de pousser la masse en avant, ferait en sorte de porter le moins possible.

<hr>

MÉCANIQUE ANIMALE.

*La mécanique se divise en dynamique et statique; celle-ci fixe les conditions
d'équilibre et les formule; celle-là étudie le mouvement et en précise les lois.*

(*Cours d'équitation.*) Page 134. — « Dans le mouvement du cheval il y a deux
« forces à considérer : *la force musculaire et la force inerte.* Elles se trouvent
« combinées dans chaque individu dans des proportions différentes.

« La force musculaire est essentiellement productrice du mouvement : c'est elle
« qui provoque le déplacement.

« Une fois le déplacement obtenu, la force inerte lui vient en aide en raison de
« la direction suivant laquelle la machine est engagée. Ainsi dans la montée ou dans
« la descente ces deux forces jouent alternativement le rôle principal.

« Elles jouent aussi un rôle plus ou moins efficace, suivant la nature des chevaux,
« leur emploi et les conditions particulières dans lesquelles ils se trouvent. Ainsi un
« cheval léger, abandonné à l'énergie de ses moyens naturels, se meut principale-
« ment par sa force musculaire ; mais lorsqu'elle est épuisée par la fatigue, la force
« inerte devient l'agent le plus actif du mouvement. »

Dans la montée ou dans la descente, le rôle principal des forces n'est pas alternatif ; celui de la pesanteur est toujours le même ; il faut vaincre la résistance dans
le premier cas, et lui céder dans le second. Ainsi dans la montée, les efforts du cheval
seront principalement concentrés sur les jarrets pour pousser le poids, et sur les
genoux pour étendre les membres.

Dans la descente, ce sont les reins qui déploieront le plus d'énergie pour le retenir.

Il en est de même chez l'homme : pour monter, ce sont les mollets et les genoux
qui fatiguent, — pour descendre, ce sont les lombes et les reins.

S'il était vrai que la force de la pesanteur devint l'agent le plus actif du mouvement lorsque la force musculaire est épuisée par la fatigue, il suffirait pour augmenter
cette force, pour la rendre plus active, de charger l'animal fatigué ; et certes l'on
ne peut soutenir cela ; mais ce n'est pas ainsi que nous entendons cette démonstration.

M. d'Aure veut dire que lorsqu'un cheval a l'habitude de s'incliner en avant, il est
plus disposer à marcher, à courir, — et nous ajoutons à tomber.

Les chevaux de diligence trottent plus vite avec 500 kilos sur les traits, qu'attelés
exceptionnellement à une voiture legère. Ils ont l'habitude du collier, s'y confient, se
penchent dessus. La résultante des forces parallèles de la pesanteur attirée ainsi plus
en avant, a altéré la régularité de l'aplomb, ce qui les prédispose à la chute, qui
aurait lieu si le poids, la masse inerte, ne se trouvait ainsi en partie soutenue.

C'est bien ce que M. d'Aure veut que l'on obtienne du cheval, seulement le collier
se trouve remplacé par la main de la bride, ce qui n'est ni agréable, ni sûr.

Page 134. — « Dans un cheval lourd, un cheval de trait, par exemple, c'est la
« force inerte qui prédomine. »

Dans un cheval de trait, si la somme de forces de la masse inerte, que nous supposons être de 600 kilos, est supérieure à la force musculaire ; en d'autres termes si
le cheval est plus lourd qu'il n'est fort, l'ensemble de ces deux forces présente une
puissance d'un peu moins de 1200 kilos.

Comment alors expliquer le déplacement par ce même cheval d'un poids de 5000
kilos en plaine, non compris la résistance du frottement, si ce n'est par l'emploi de
l'énergie de ses forces musculaires, preuve évidente que ce sont celles-ci qui prédo-

minent. La masse inerte, le poids du cheval n'est qu'un auxiliaire. C'est le contraire en tous points de ce que nous enseigne le Cours. Il n'existe pas de cheval lourd ou de trait, qui ne traîne plus d'un poids double à son propre poids. Ce que nous avançons est confirmé par le passage suivant :

(Quelques réflexions sur la mécanique animale, appliquée au cheval, par M. J. Mignon, chef de service d'anatomie à l'école royale vétérinaire d'Alfort, — 1841, page 41.) — « Dans les chevaux à allure rapide, l'appui en talons est une nécessité « même de la vitesse de cette allure. Comparons du reste entre elles la progression « lente des chevaux du tirage et celle des chevaux de course ; nous jugerons mieux « par les contraires en présence, que le mode d'appui est commandé par la vitesse « de progression.

« Dans un animal allant doucement et traînant un fardeau, le poser sur la pince « est favorable au tirage, les membres arc-boutés au sol par leur détente, et le centre « de gravité par son déplacement, marient singulièrement leurs forces pour vaincre « la résistance ; si les membres antérieurs étaient disposés comme pour embrasser « beaucoup de terrain, ils s'épuiseraient en efforts inutiles, ils arc-bouteraient contre « la résistance à traîner, le centre de gravité serait une gêne et non un *auxiliaire* « Le poser en pince est donc une conséquence de la progression lente, de la résis- « tance à traîner. Avec un tel poser le membre s'incline en avant par sa partie supé- « rieure, et chasse le corps dans cette direction. Il rend la chute du tronc inévi- « table si le poitrail ne trouve un appui solide sur le collier ou la bricolle. »

(*Cours d'équitation.*) Page 135. — « Dans la combinaison des allures de chan- « gements de direction et les divers degrés de vitesse, l'équitation enseigne le moyen « de gouverner ces forces, de manière à mettre le cheval dans la nécessité d'exécuter « ce que lui demande le cavalier. »

L'enseignement donné par le Cours consiste à *pousser toujours le cheval sur la main*, ce qui *fausse l'aplomb*, puis à porter celle-là dans la direction de la marche, pour mettre le cheval dans la nécessité d'exécuter ce que lui demande le cavalier. Les forces ainsi gouvernées rendent le mouvement plus perçant, plus rapide, mais toujours au détriment de la sécurité ; l'inclinaison trop grande que le cheval est forcé de prendre, le fatigue inutilement.

L'école de M. Baucher ne pousse pas le cheval sur la main, elle défend le point d'appui ; il en reste toujours assez. Le cavalier doit, à l'aide de ses jambes, le rendre le plus léger possible ; et pour gouverner les forces, elle rend la masse plus mobile avant de chercher à l'ébranler.

Il en résulte que toutes les actions du cavalier, quel que soit le mouvement résolu, ont pour point de départ : agir d'abord sur la base de sustentation pour diminuer son étendue ; puis incliner doucement la masse dans la direction qu'elle doit parcourir, tout en laissant le cheval libre de prendre l'attitude qui lui est nécessaire pour con- server la régularité de l'aplomb.

Dans l'école de M. d'Aure, au contraire, on cherche à imprimer le mouvement par des actions sur le haut de l'édifice, ce qui le fera naître, mais en *altérant* d'abord plus ou moins *l'aplomb régulier*.

L'école de M. Baucher, pour ébranler la plus grande pyramide d'Egypte, rappetissera beaucoup la base de sustentation, et si on ne lui imprime aucun mouvement elle restera dans l'aplomb.

De là, nécessité de l'action des jambes, *avant tout*, et légèreté, douceur dans l'action de la main ; les forces du cheval seront économisées ; et qui dit économie des forces du cheval dit économie des finances de l'Etat.

L'école de M. d'Aure, pour ébranler ce même monument, secouera en vain le sommet de l'édifice ; il restera immobile. Admettons toutefois par la pensée que d'après son système elle parvienne à remuer cette masse, il y aura *flux et reflux* ; mais la *régularité de l'aplomb sera détruite ; — de là la force dans la main*, et les jambes plus souvent au repos, mais nécessité de donner un point d'appui au haut de l'édifice, plus ou moins puissant, pour provoquer le déplacement ; et toujours très-énergique pour régler celui-ci, quand il se sera produit trop largement.

Page 289. — « Puisque du moment où le cheval se porte en avant, l'équilibre « est rompu, il faut bien, pour que les allures se produisent régulièrement et « d'aplomb, qu'il existe un régulateur de cette rupture d'équilibre : ce régulateur « c'est la main. »

Du moment où le cheval se porte en avant, l'équilibre n'est pas rompu : il n'est que changé.

Si l'on veut on peut admettre la rupture de l'équilibre, lorsque la résultante des forces parallèles de la pesanteur, déplacée outre mesure, ne peut plus être soutenue par sa base de sustentation.

A part ce cas extrême, l'équilibre ne peut pas être rompu, mais il peut varier avec plus ou moins de promptitude.

Le cheval en place a un équilibre stable ; au pas l'équilibre est plus instable, et l'instabilité croîtra en raison de la vitesse.

Pendant tous ces équilibres divers, le cheval peut être ou non d'aplomb. La régularité de l'aplomb cesse lorsque le cheval est surchargé dans son avant-main ou son arrière-main, par suite d'une fausse position.

Page 289. — « Ainsi, par exemple, veut-on marcher au galop à une vitesse de « trois lieues à l'heure : lorsqu'avec l'aide des mains et des jambes on a placé le « cheval dans l'aplomb voulu pour obtenir cette vitesse, l'appui sur la main doit « être très-léger ; s'il augmente, c'est une preuve que l'aplomb se perd ; qu'il y a « manque d'accord dans les mouvements. Il faut donc que la main agisse pour le « rétablir, et ne cesse d'agir que lorsque l'appui est devenu léger. »

Le cavalier ne peut pas placer le cheval dans l'aplomb ; le cheval seul peut apprécier l'attitude convenable pour rester dans la régularité de l'aplomb.

Le cavalier ne doit changer que l'équilibre, le rendre plus ou moins instable, ce qui est bien différent.

L'homme debout les talons joints est en équilibre et d'aplomb ; s'il lève un pied, il change son équilibre, le rend plus instable, mais il conserve la régularité de l'aplomb, il y est intéressé, il sent quand cette régularité se perd et s'empresse d'y remédier.

Ce que l'homme fait instinctivement, pourrait-on le faire pour lui, le placer dans dans des conditions de statique identiques ?

Evidemment, non. — Lui seul a le sentiment du mouvement qui lui est utile et nécessaire.

Il en est de même pour le cheval. Le *rassembler* change la stabilité de son équilibre, mais le cheval *seul* sait prendre l'attitude nécessaire pour conserver la régularité de l'aplomb.

M. d'Aure nous dit que l'appui sur la main doit être très-léger, et que s'il augmente c'est une preuve que l'aplomb se perd ; ce n'est pas une preuve évidente, car l'appui que le cheval prend sur la main peut être seulement le résultat d'une contraction musculaire de ses mâchoires et de son encolure ; il en est souvent ainsi sans que l'aplomb soit perdu pour cela.

Le cavalier doit donc s'assurer quelle est celle de ces deux causes qui produit le point d'appui ; et, pour le faire, il n'a qu'un moyen : c'est d'employer celui avec lequel il a forcé le cheval à s'assouplir.

On peut forcer le cheval à s'assouplir et à se ramener en le piquant ; si le point d'appui qu'il prenait était le résultat de la contraction musculaire, non motivée, celle-ci ayant cessé, le point d'appui disparaîtrait ; dans ce cas ce serait une preuve évidente que l'aplomb n'était pas perdu, comme le dit le Cours, la vitesse étant la même, bien entendu.

Deux hommes de la même taille, portent sur leurs épaules une grosse poutre de trois mètres de longueur ; celui qui est devant supporte la poutre à deux pieds du bout antérieur ; celui qui est derrière la supporte à l'extrémité du bout postérieur.

Ces deux hommes et cette poutre représentent, à peu près, la masse du cheval et ses appuis.

L'homme qui est en avant porte une part plus lourde que celui qui est derrière et figure l'avant-main du cheval chez lequel la tête et l'encolure ne sont pas représentées par un poids équivalant dans la partie postérieure.

Celui qui est derrière porte moins, mais il aura principalement la mission de pousser ; il s'aidera de ses mains pour cela. Aussitôt qu'il donne l'impulsion, la résultante des forces parallèles de la pesanteur a subi un petit changement : elle s'est rapprochée de l'homme placé en avant.

L'équilibre de la machine a été modifié : de stable qu'il était il est devenu instable ; mais l'aplomb de l'homme de devant a conservé sa régularité. Il peut avoir les mains pendantes et ne prendre aucun point d'appui avec elles. Si celui qui est derrière pousse plus fort, il oblige l'autre à s'incliner davantage ; s'il augmente encore l'impulsion, il le force à saisir la poutre avec ses mains et à *prendre ainsi un point d'appui* en avant de lui, pour ne pas tomber, ce qui lui permet, *quoique sans aplomb*, de marcher. La vitesse du mouvement a grandi, mais la chute est devenue plus imminente.

Nous venons de voir notre homme s'appuyer sur la poutre avec ses mains; il aurait même pu le faire avec une seule.

Le bras et la main avec lesquels le cheval s'appuie, lorsqu'il est dans cette position, sont son encolure et sa bouche.

L'homme peut-il s'appuier, se tenir avec la main ouverte, le bras souple? — Assurément non.

Il en est de même pour le cheval sans raideur dans les mâchoires et l'encolure : il ne peut prendre le point d'appui nécessaire sur la main du cavalier.

Donc, la souplesse de l'encolure force lecheval à conserver sa régularité d'aplomb, et pour qu'il ne l'altère pas, il suffit au cavalier de maintenir cette souplesse.

M. d'Aure fait de l'encolure un timon, avons-nous dit : l'appui est donc possible, l'aplomb peut devenir irrégulier.

M. Baucher en en faisant un corps flexible, cet appui ne peut avoir lieu.

Nous avons dit que le cheval prenait le point d'appui pour deux causes différentes : ou parce qu'il lui plaisait de se contracter, ou parce que le point d'appui lui était écessaire pour se soutenir.

Il en est de même dans l'exemple ci-dessus; l'homme placé devant peut mettre une ou deux mains et s'appuyer sur la poutre, soit dans la station, soit dans la marche, sans que cet appui soit motivé par le défaut d'aplomb.

Lorsque l'homme se meut dans une direction quelconque, il le fait facilement en employant un peu plus de force que s'il était resté en place; son équilibre a changé à tous les instants, suivant les différentes bases de sustentation qu'il a prises; une seule chose n'a pas varié : c'est la régularité de son aplomb.

Le cheval en liberté agit de même; suivant sa volonté il peut placer sa tête dans toutes les positions, sans pour cela changer de direction ou d'allure; il ne peut prendre aucun point d'appui avec sa bouche et son encolure, en dehors de lui-même, il se meut naturellement en conservant l'aplomb régulier.

Le cheval monté devant être soumis à son cavalier, celui-ci, tout en le dominant, doit lui laisser la même liberté de mouvement pour que ceux-ci se produisent avec la même harmonie, avec la même régularité d'aplomb; pour cela, le cavalier devra diriger le cheval à l'aide de sa tête et de son encolure, mais sans lui permettre de prendre un point d'appui sur la main, autre que celui que nous avons déjà indiqué.

Si, contrairement à son habitude, l'homme debout, en place, les talons joints, s'incline doucement en avant, sans fléchir le corps, et conduit ainsi la résultante des forces parallèles de la pesanteur jusqu'au bout de ses pieds, il détruit la régularité de l'aplomb, ce qui l'oblige à employer plus de force que lorsque le corps était placé d'une façon normale. (*Pl. 1, fig. 1.*)

Dans cette position forcée et quoique l'aplomb soit irrégulier, cet homme pourra répéter les mêmes mouvements qu'il avait faits précédemment.

Le cheval poussé sur la main par l'éducation, surchargé dans son avant-main, se trouve dans les mêmes conditions ; seulement un point d'appui lui est nécessaire pour se soutenir dans cette position inclinée, laquelle favorise la vitesse de l'allure, mais au détriment de la sécurité, de la beauté, de la conservation, et rend presque impossible tout autre travail que celui sur la ligne droite; aussi le décousu de l'allure amène bien vite le traquenard. (*Pl.* 1, *fig.* 4.)

Le cheval de bât dont la charge est mal répartie, est en équilibre plus ou moins stable, mais l'aplomb est irrégulier.

Il en est de même si l'on essaie de porter un seau d'eau avec une main; on sera contraint de pencher fortement le corps du côté opposé. De là vient qu'il est plus facile de porter deux seaux qu'un seul, attendu que les deux poids étrangers se font équilibre et que le corps peut rester dans la rectitude.

Un homme à pied portant sur son épaule une longue perche, au bout de laquelle est un poids, s'inclinera beaucoup pour rester en équilibre, mais il ne sera plus d'aplomb. C'est la position du cheval surchargé dans son avant-main.

La pensée de faire des comparaisons entre l'homme et le cheval vient à tout le monde ; mais on se figure toujours qu'il faut se mettre à quatre pattes, comme l'on dit communément, pour imiter le cheval. C'est une erreur.

Le cheval, dans ses mouvements, se trouve identiquement dans les mêmes conditions que l'homme : il y a plus de point d'appui et plus de masse ; voilà tout.

« Le jeu de la machine animale n'est pas facile à saisir : il faut parfois la perspi-
« cacité la plus déliée, le coup d'œil le plus prompt, le raisonnement le plus solide,
« pour apprécier dans une action, souvent rapide comme la pensée, instantanée
« comme elle, la part que chaque partie y a prise. Ce n'est qu'en décomposant le
« phénomène qu'on parvient, sinon à l'expliquer, au moins à le comprendre; à force
« de l'analyser on finit par arriver à le saisir et à pouvoir en formuler la synthèse ;
« alors l'investigation interrogatrice a tout pénétré et tout résolu. » (*Mécanique animale appliquée au cheval*, par J. Mignon.)

Le Cours n'hésite pas à aborder ces difficultés. Voici comment il explique le mouvement de la machine animale:

Page 135. — *Production du mouvement.* Le mouvement est déterminé par les
« différents rapports du centre de gravité avec la base de sustentation. Dans l'état de
« repos, le centre de gravité est étayé par cette base.

« Du moment où ce rapport est rompu, il arrivera de deux chose l'une : ou le
« centre de gravité, privé de sa base, produira la chute, ou les jambes arriveront
« assez à temps au secours de la masse pour prévenir la chute, et le mouvement sera
« accompli.

« Ainsi les quatre mouvements en avant, *en arrière*, à droite, à gauche, ont
« toujours lieu, parce que le centre de gravité dépasse la base dans le sens de l'une
« de ces quatre directions (*Pl.* 4, *fig.* 3).

« Dans l'explication que nous donnerons des aides, nous démontrerons comment
« elles doivent agir pour donner lieu à l'exécution de ces quatre mouvements. »

On conçoit que dans les allures d'une très-grande vitesse, la résultante des forces parallèles de la pesanteur, peut se trouver très en avant : aussi l'animal étend-il beaucoup les membres antérieurs pour aller soutenir la masse aussitôt qu'elle redescend par suite des lois de la pesanteur.

On conçoit aussi que, vu l'étroitesse de la base de sustentation, cette ligne résultante sorte plus facilement par les côtés. C'est ce qui arrive lorsque le cheval, marchant trop près du mur près de la piste dans le manège, touche avec un bipède latéral ce mur, ce qui le fait pencher malgré lui ; aussi essaie-t-il de suite de se remettre dans son aplomb.

Mais comment admettre, ainsi que l'enseigne le Cours, que pour le mouvement rétrograde les choses se passent de même? La lenteur du mouvement est une preuve évidente du contraire.

Cela tient à ce que la ligne, dont il est question, s'est dirigée un peu plus en arrière de sa place habituelle que dans la station ; mais cette ligne ne dépassera certes pas la base de sustentation.

Sera-t-il nécessaire d'expliquer toute cette science à nos cavaliers militaires pour les amener à savoir monter à cheval? Non, certes ; il suffira qu'ils exigent de leurs chevaux d'être toujours légers à la main.

La régularité de l'aplomb sera ainsi toujours conservée.

En équitation de la légèreté, encore de la légèreté et toujours de la légèreté.

RALENTISSEMENT ET ARRÊT.

L'impulsion, pour être efficace, a besoin d'être maîtrisée. S'il en était autrement, le cheval pourrait se livrer à un élan déréglé que rien n'arrêterait plus que l'obstacle contre lequel il viendrait se briser. Voici les moyens de ralentissement ou d'arrêt que nous enseigne le Cours pour cette partie importante de l'art équestre.

Cours d'équitation. Page 157. « Le ralentissement de la vitesse peut donc s'ob-
« tenir, ou par la résistance de la main, ou par son défaut d'appui. On a recours à
« ces moyens qui semblent se contredire en raison du déplacement de la masse et
« des moyens qui restent à la disposition du cavalier pour la gouverner.

« Ainsi, par exemple, le mouvement de la masse étant trop grand, le cavalier
« peut, par la résistance de la main, faire refluer le poids de l'avant-main sur l'ar-
« rière-main, de manière à prendre sur la vitesse, à la modérer et à conserver ainsi
« les moyens de gouverner le cheval.

« Si la main n'avait agi que comme point d'appui et que le déplacement de la
« masse fut tel que le cheval en eut abusé, il faudrait alors, pour reporter sur l'ar-

« rière-main le poids de la masse, trop engagée en avant, *refuser au cheval ce point*
« *d'appui. L'animal ne pouvant plus s'y confier, serait obligé de se soutenir lui-*
« *même, et, par son instinct de conservation,* ferait refluer une partie de son
« poids de devant en arrière, ce qui diminuerait *nécessairement* la vitesse. Alors
« les arrêts que le cavalier formera, deviendront d'autant plus efficaces pour reporter
« la masse en arrière, que le cheval se sera déjà mis lui-même dans les conditions
« voulues pour mieux y répondre. »

De là deux manières de ralentir la vitesse : 1° tirer très-fort sur les rênes ; 2° ne
plus tirer du tout.

La première manière ne réussira que très-difficilement avec une encolure qui n'aura
pas été assouplie.

La deuxième présente de grands dangers. En effet, le cheval est placé dans l'alternative suivante : ou de tomber en avant, privé qu'il est de tout appui de la main, ou
de se soutenir de lui-même par son instinct de conservation.

Ce que l'on avance ici comme principe est tout au plus un conseil, un moyen
extrême auquel pourrait avoir recours le cavalier dans un moment désespéré.

Pendant la course, le jockey ne doit pas, selon nous, employer pour l'arrêt les
moyens indiqués ci-après :

Page 204. « Lorsque le jockey voudra arrêter complètement le cheval, l'arrêt
« qu'il marquera sera suivi d'un abandon complet, afin de lui refuser le point d'ap-
« pui, le soutien qu'il cherche pour opérer son déplacement. »

Pour ralentir ou arrêter un cheval dont l'encolure a été préalablement assouplie,
le cavalier a deux conditions à remplir :

Reporter le centre commun de gravité plus en arrière ;

Annuler la chasse, l'impulsion, la détente des jarrets ;

1° En portant le haut du corps un peu en arrière le cavalier recule son centre de
gravité ; en fermant les jambes et faisant une opposition de main qui produise une
force supérieure à celle des jambes, il oblige ainsi les quatre extrémités à se rapprocher de leur ligne d'aplomb et à diminuer leur embrasse de terrain ; alors la tête se
ramène, l'encolure se roue ; le cheval à son tour a porté aussi son centre de gravité
plus en arrière ; le centre commun de gravité est donc lui-même reporté plus en
arrière ;

2° Pour annuler la chasse, le cavalier augmente la pression des jambes, il emploie
même les éperons au besoin. Cette action maintient les extrémités des membres postérieurs davantage sous le centre ; la main alors, mais pas avant, produit de nouveau
un autre demi-temps d'arrêt, et les jarrets se trouvent ainsi emprisonnés. Il y a plus :
de même que leur détente poussait la masse en avant, quand les membres postérieurs tendaient à se rapprocher de l'horizontalité ; de même quand ils se trouvent
engagés sous le tronc, leur détente pousse la masse en arrière. Ils contribuent donc
ainsi à faciliter, à régulariser l'arrêt.

Il ne faut pas confondre ce mode d'arrêt avec celui en usage chez les Arabes : ceux-ci
ne peuvent se servir des jambes ; leur position le prouve assez ; puis tous les cavaliers

arabes ne font pas usage des éperons ; c'est une science particulière à quelques-uns : aussi le mors de bride, seul, concourt chez eux à l'arrêt. *(Voy. Emploi raisonné de l'éperon).*

Le cheval y est exercé souvent. L'Arabe abaisse le canon de son fusil pendant l'action du mors, et il arrive que par suite de l'habitude, il suffit de mettre en joue à toutes les vitesses, pour que le cheval s'arrête de lui-même, ou fasse demi-tour, suivant son éducation.

Lorsque la vitesse n'est pas poussée à ses dernières limites, que la tête du cheval reste verticale, l'encolure est liante, le point d'appui est presque nul, l'aplomb reste régulier ; aussi l'impulsion est maîtrisée, l'arrêt est plus facile, le centre commun de gravité est plutôt reporté en arrière. Le tourner peut avoir lieu sur un cercle d'un petit diamètre, les obstacles sont franchis avec légéreté, parce que, avant de s'élancer en l'air, le cheval doit baisser le tronc en arrière sur les membres postérieurs qui fléchissent plus ou moins. Un instant suffit, il est vrai, à l'animal pour qu'il puisse se préparer et exécuter le mouvement du saut.

Lorsque l'allure est forcée au-delà des limites particulières au cheval, *l'aplomb devient irrégulier ;* non-seulement l'arrêt est plus long, plus difficile, le cercle d'un plus grand diamètre, mais l'animal peut chuter au moindre obstacle. Une taupinière suffit pour l'abattre.

Le Cours n'enseigne pas un principe unique pour produire le ralentissement ou l'arrêt ; l'action des aides varie suivant le degré d'éducation donné au cheval ou d'instruction acquise par le cavalier. — On lit :

Le Cheval en Bridon.

Page 69. — *1re Leçon.* — *Au pas.* — Arrêt sans se servir des jambes.

Page 85. — *2e Leçon.* — *Au trot.* — Arrêt en se servant des jambes.

Page 240. — *Jeunes chevaux.* — *Au pas.* — Arrêt sans se servir des jambes.

Errata. — Page 69. — (*2e Partie de la 1re Leçon.*) — « C'est à dessein que l'on « n'a pas parlé de l'usage des jambes pour arrêter. L'élève n'est pas encore assez fort « pour comprendre cette combinaison entre les mains et les jambes ; il faut penser « qu'il vient de prendre la bride et que si, en tirant sur le mors pour arrêter, on « allait lui dire aussi de fermer les jambes, il pourrait provoquer un désordre qu'il ne « serait pas à même de réprimer. »

L'*Errata* commet ici une erreur ; d'après le Cours, l'élève ne prend pas la bride à la 1re leçon, mais bien à la 3e leçon (*page 105*), après trois mois de travail en bridon. (*Page 104.*)

(*Suite de l'Errata.*) — « On doit suivre la progression : on arrête, en bridon, « sans jambes ; on arrête, en bridon, en fermant les jambes, non pas pour engager « l'arrière-main, mais pour lier l'homme au cheval. On arrête, avec le mors, sans « jambes, pour faire comprendre l'effet positif du mors ; enfin, à la 4e leçon, on ar-« rête en fermant les jambes. »

Il résulte de ces principes que l'homme ne doit être lié au cheval que pendant l'arrêt, et que l'on ne fait comprendre l'effet positif du mors qu'en arrêtant. Qui doit apprendre l'effet positif du mors ; est-ce l'homme ?

Les principes de l'école de M. Baucher pour l'*arrêt* sont en harmonie avec ceux enseignés pour l'homme.

Exemple :

ÉCOLE DU CAVALIER A PIED.
(1re LEÇON.)

« ART. 17. — Pour arrêter, l'instruction commande :

    « Cavalier ,

      « Halte.

« Au commandement Halte, rapporter le pied qui est en arrière, à côté de l'autre,
« sans frapper.

« *L'instructeur fait le commandement* Halte, *à l'instant où l'un ou l'autre pied*
« *va poser à terre.* »

L'école de M. Baucher pour arrêter le cheval, le rassemble, en commençant par faire agir les *jambes*, parce que celles-ci disposent le cheval à rapporter le pied qui est en arrière à côté de l'autre.

L'école de M. d'Aure, pour le même mouvement, ne fait agir que la main, laquelle, dit le *Cours d'Equitation*, ralentit la vitesse *par la résistance ou par son défaut d'appui*.

RECULER.

Nous avons indiqué à l'article : *Education et dressage du jeune cheval*, ce qui différenciait le reculer de l'acculement ; l'ordonnance précitée établit la même différence pour l'homme.

ART. 33. — « Pas en arrière ;

    « Cavalier en arrière,

    « Marche.

« Au commandement : Marche, porter le pied gauche en arrière, etc. »

C'est donc un pied postérieur du cheval qu'il faut d'abord faire lever pour reculer, et ensuite imprimer le mouvement rétrograde avec la main.

(*Suite de l'art.* 33.) « L'instructeur ne fait marcher en arrière que quelques pas
« seulement ; il veille à ce que le cavalier se porte bien droit en arrière, ne creuse
« pas les reins en renversant les épaules, *et conserve toujours l'aplomb* et la position
« du corps. »

Qui opère ainsi? N'est-ce pas encore l'école de M. Baucher, laquelle fait débuter les actions des aides du cavalier par celles de ses jambes, ce qui mobilise les jambes de derrière du cheval, tout en conservant la régularité de l'aplomb, contrairement aux principes ci-après du Cours d'Equitation, où la main joue le principal rôle et fait reporter le poids sur l'arrière-main avant de provoquer la mobilité d'un pied postérieur, ce qui détruit cette régularité.

(*Cours d'Equitation.*) PAGE 117. — Quand l'instructeur commandera de se préparer au mouvement rétrograde, les élèves élèveront la main de la bride, afin « d'augmenter la tension des rênes et établir un rapport plus soutenu avec la bouche « du cheval. Ce maintien de la main aura pour but de relever l'encolure et la tête du « cheval, ce qui le prédisposera à reculer, puisqu'ainsi on reportera son poids sur « l'arrière-main. Au commandement de : Reculez, le corps et la main se porteront « par degré en arrière, jusqu'à ce que le mouvement rétrograde soit déterminé. »

Dans l'école de M. Baucher, pour faire reculer le cheval, la main, après s'être emparée de l'impulsion, repousse légèrement le *centre commun de gravité* en arrière, et doit cesser aussitôt son appui pour ne pas *acculer* l'animal.

Les diverses pressions faites sur les flancs par l'une ou l'autre jambe provoquent les changement de direction en arrière.

Le règlement d'exercice de la cavalerie *suédoise* prescrit le *tourner* dans toutes les directions, *même pour le faire aller tout-à-fait en arrière.*

Dans tous les mouvements rétrogrades, l'action *des jambes* est constante pour entretenir la mobilité des extrémités postérieures, tandis que l'action de la main ne doit se faire sentir que lorsque le mouvement en arrière ralentit ou cesse.

Dans l'école de M. d'Aure, c'est l'action *de la main* qui est constante et les jambes ne sont employées que par exception.

PAGE 118. — (3e *Leçon.*) — « En règle générale, dans l'exécution du mouve- « ment rétrograde, les jambes doivent rester tombantes et cesser leur action; elles « ne doivent être employées que, par exception, dans le cas où le cheval viendrait « à précipiter son mouvement; alors, à mesure que l'on ferait agir les jambes, on « diminuerait l'action de la main. »

De ce qui précède, on peut conclure que les principes de l'école de M. Baucher pour obtenir le mouvement rétrograde font *reculer* le cheval et que ceux de de l'école de M. d'Aure le forcent à *s'acculer.*

De même que pour les *ralentissements* et *arrêts* les principes du *reculer* enseignés par le *Cours d'Equitation* varient constamment.

Le Cheval en Bridon.

PAGE 101. — 2e *Leçon.* — *Reculer.* — En se servant des jambes, si le cheval recule trop vite.

Le Cheval en Bride.

PAGE 117. — 3e *Leçon.* — *Reculer.* — Sans se servir des jambes.

Page 150. — *4ᵉ Leçon*. — *Reculer*. — En se servant des jambes, selon le cas.

Page 247. — *Jeunes chevaux*. — *Reculer*. — Avec le caveçon seul, puis avec l'action du mors et même celle des jambes réunies au caveçon ; enfin, avec les aides seules.

DES ASSOUPLISSEMENTS.

On lit dans le Cours d'Hippologie, de M. de Saint-Ange, écuyer à l'Ecole de Cavalerie, tome Iᵉʳ, page 34 :

« Les assouplissements des mâchoires, enseignés par M. Baucher, tendent à ha-
« bituer, en quelque sorte, le crotaphite et le masseter à répondre à l'action des aides
« de la main et à empêcher que la raideur que l'animal mettrait dans ses muscles ne
« se communiquât à l'encolure et ne devînt un moyen de défense contre la volonté du
« cavalier ; c'est ce qui explique pourquoi M. Baucher n'a pu parvenir à assouplir
« complètement l'encolure qu'après avoir découvert que la raideur de cette partie ne
« pouvait être détruite entièrement que par l'assouplissement des muscles des mâ-
« choires.

« Ces muscles des mâchoires ne semblent-ils pas être le point de départ de la con-
« traction de tout le système musculaire de la locomotion ; si l'on en juge par ce
« fait que l'animal qui entre dans un mouvement de colère commence par grincer
« des dents, c'est-à-dire par contracter les museles des mâchoires, comme si cette
« contraction était le signal avant-coureur, en quelque sorte, de la contraction de
« tout le système musculaire.

« Les assouplissements de l'encolure, prescrits par M. Baucher, donnent lieu au
« mode d'action des muscles intervétébraux, en sorte que, agissant successivement
« sur chaque pièce de l'encolure, pour faciliter leur jeu, ils la force à répondre à
« l'action des aides du cavalier. La pensée qui a dicté ce précepte a donc été de pro-
« céder du simple au composé ; d'arriver à l'assouplissement partiel et successif des
« pièces qui la composent.

« L'Equitation apprend qu'en mettant en jeu les muscles du dos et du rein par les
« assouplissements successifs, on obtient sur ces parties des effets comparables à
« ceux que l'on vient d'indiquer à l'occasion de l'encolure. Les procédés qui se rap-
« portent à ces résultats sont la rotation des épaules sur les hanches et des hanches
« sur les épaules ; il en sera question en Equitation.

DE LA MASSE.

Voilà les assouplissements de M. Baucher appréciés par le Cours d'Hippologie ; il nous reste à connaître le jeu de la masse, du poids, comme action déterminante pour produire le mouvement.

On lit dans le même Cours, page 38 :

« Dans les deux exemples que l'on vient de citer, on a vu que selon que le cheval « allége une partie ou l'allourdit, il met ses forces dans des conditions dynamiques « telles, qu'il faut nécessairement qu'elles produisent certains effets déterminés, et « qu'alors il n'est plus en la puissance de sa volonté d'en empêcher les conséquences ; « elles deviennent incessantes, inévitables ; qu'ainsi il ne saurait détacher la ruade « quand ses forces sont disposées pour l'action du cabrer, ou se cabrer quand elles « sont combinées pour détacher la ruade.

« Si on a bien compris cette démonstration, on saisira facilement les inductions « qui en découlent pour l'Equitation pratique.

« Evidemment, les diverses positions qu'on vient de voir prendre instinctive-« ment à l'animal pour rendre exécutable tel ou tel mouvement, il appartient à l'art « du cavalier de les solliciter par l'action intelligente de ses aides, de telle sorte que « la répartition des masses du cheval étant déterminée et la position obtenue, il en « résulte nécessairement un mouvement corrélatif.

« Cette proposition a été formulée en axiôme d'Equitation dans la méthode de « dressage de M. Baucher, et, disons-le tout d'abord, cet axiôme qui veut que la « position donnée au cheval commande le mouvement qui lui correspond, est une « des vérités les plus incontestables de l'Equitation. »

On verra dans l'analyse que nous faisons des écoles de MM. d'Aure et Baucher quelle est celle des deux qui est régie par les lois que nous venons d'emprunter au Cours d'Hippologie.

ASSOUPLISSEMENT DE L'ENCOLURE.

« Il y a deux sortes d'éléments mécaniques dans la colonne vertébrale : l'un mobile « et régulateur : c'est le levier cervical ; l'autre fixe et de support : c'est la longue et « double *voûte* dorso-lombaire.

« La partie mobile assure l'action et en régularise l'exercice ; c'est comme une

« sorte de balancier brisé qui déplace le centre de gravité , soit en avant , soit en ar-
« rière, soit de côté, et donne aux muscles, par les diverses directions qu'il peut
« prendre, un point d'appui solide, une insertion favorable, un bras de levier avan-
« tageux. » (*Mécanique animale appliquée au cheval* , par M. Mignon.)

Le cavalier doit donc, avant tout, posséder l'encolure pour assurer l'action et en
régulariser l'exercice, puisqu'on ne peut rien sur la masse tant qu'elle est contractée
et rebelle.

Les assouplissements de l'encolure proposés comme une *panacée universelle* ,
ainsi que le dit le *Cours d'Equitation* , page 146 ; lesquels ne servent qu'à retirer
au cheval sa *puissance d'action, etc. , etc.* , ne sont pas complètement approuvés ,
par ce même cours, mais quoique ce système soit *faux à tous égards* , voici les
prescriptions du *Cours* :

PAGE 178. — « Le cavalier doit, tout en conservant à l'encolure sa puissance d'ac-
« tion comme levier, la disposer de telle sorte qu'il soit maître d'en régler les effets.
« Dans ce but , il doit l'assouplir de devant en arrière, et latéralement. »

PAGE 180. — « L'assouplissement de pied ferme s'obtient aussi le cavalier étant
« à pied. Cet assouplissement s'emploie plus particulièrement sur les *jeunes chevaux*
« qui n'ont pas encore eu la bride et qui sont disposés à s'effrayer des effets du
« mors. »

Nous n'avons rien vu de semblable à l'article *Education et dressage du jeune
cheval*.

PAGE 290. — « L'on pourra mettre les assouplissements en usage dans le dressage
« des jeunes chevaux, pour ceux qui en auront spécialement besoin ; ce serait une
« grave erreur de les appliquer uniformément et indistinctement à tous les chevaux ,
« car il pourrait arriver que l'on cherchât à assouplir des encolures déjà trop
« flexibles. »

M. d'Aure veut que l'encolure du cheval soit flexible, mais pas trop, il n'indique
pas où est cette limite.

PAGE 177. — « En demandant au manége que le cheval soit placé à la main à
« laquelle il marche, on atteint encore un but fort essentiel : c'est de faire comprendre
« *combien la flexibilité de l'encolure est nécessaire* pour rendre l'action du mors
« plus précise , plus sûre, plus positive pour gouverner et graduer les déplacements
« de la masse. »

PAGE 181. — « Il faut être sobre des assouplissements, etc., etc..... Ces principes
« généraux posés, il n'y aura plus que la pratique et le changement fréquent de
« chevaux qui apprendront aux élèves à en faire une juste application. »

Pratiquez , changez fréquemment de chevaux , vous apprendrez.

C'est peu encourageant pour les élèves.

On ne veut qu'une certaine flexibilité d'encolure ; on devrait, pour être conséquent,
enseigner aussi comment, lorsqu'une encolure est trop flexible naturellement, on
peut la raidir pour la mettre au point de flexibilité convenable.

Pratiquez , changez fréquemment de chevaux , vous apprendrez ; c'est juste.

Constatons, toutefois, que les assouplissements de l'encolure sont admis *avec une certaine réserve*, il est vrai ; enfin, c'est un pas en avant, car nous lisons :

« Soumettre un cheval à un *assouplissement méma rationel*, exiger trop tôt de « lui, ce sont des moyens qui ne peuvent servir qu'à le rendre incertain et à le « faire défendre. » (*Observations sur la nouvelle méthode d'Equitation*, par M. le vicomte d'Aure. — Paris, 1842. — Page 16.)

Il y a dans cette brochure des choses qui redites aujourd'hui seraient assez curieuses, mais nous ne nous occupons en ce moment que du Cours d'Equitation,

L'encolure et la bouche sont le bras et la main du cheval.

La contraction des mâchoires et de l'encolure est l'obstacle le plus sérieux aux progrès équestres.

Toutes les écoles, tous les systèmes l'ont bien senti et ont cherché par des moyens divers à combattre cette difficulté.

Les uns plient l'encolure plus ou moins par des actions légères et répétées des rênes du filet ou de la bride, soit à pied, soit à cheval, en badinant la rêne, comme il est dit page 180 du *Cours d'Equitation*.

D'autres la plient par des systèmes d'enrènement fixes ou gradués : tels que jockey anglais ou homme de bois, martingales, rênes allemandes, à la Crédé et de M. le chevalier de Weyrother, écuyer en chef de l'école espagnole, ci-devant écuyer en chef de l'institut impérial et royal d'équitation de Vienne ; sans compter les nombreuses variétés de mors, tels que Lycos, à la Rousselet, à la Pellier, Secundo ; nous oublions l'Hippo-Flecteur, etc., etc.

Ces divers moyens ne ressemblent en rien à ceux mis en usage dans l'école de M. Baucher.

Il ne suffit pas que l'encolure plie, *il faut que le cheval supporte l'éperon, l'encolure étant pliée, et cela sans la raidir, sans l'étendre, sans serrer les dents* ; alors seulement l'éperon a rendu l'encolure souple, liante, flexible dans tous les sens ; il arrive un instant où le cheval s'empresse de céder à toutes les demandes du cavalier, car il sait qu'en cas de résistance l'éperon se ferait aussitôt sentir.

Il serait peut-être possible d'obliger le cheval à rester souple de l'encolure par d'autres moyens que celui de l'éperon. C'est une chose à chercher. Toujours est-il qu'en ce moment ce sont les attaques telles que les indique M. Baucher, qui sont les plus efficaces.

M. Casimir Noël, de Meaux, dans sa brochure aux éleveurs, aux cultivateurs, à tous les cavaliers, fait connaître qu'il a trouvé qu'un léger frôlement exercé sur l'un et sur l'autre intervalle dentaire de la mâchoire antérieure du cheval, à l'aide d'un mors de bride perfectionné par lui, le cheval détend ses muscles, ce qui l'oblige à céder à la pression exercée par la main et lui fait fléchir légèrement la mâchoire. C'est un indice qu'il est possible de trouver autre chose que les éperons.

Des essais de ce mors ont été faits par des écuyers, dit-il ; et ce sont probablement ceux-ci qui lui ont inspiré ces idées : que les assouplissements seraient *nuisibles* ; que le perçant (lisez : l'appui à pleine main) *est essentiel* , que le rassembler *si pernicieux* pour les ressorts , etc.

Enfin , un de ces Messieurs prétend avoir aidé à la perfection de ce mors, en ajoutant une muserolle à la bride. Une semblable perfection le rend trop parfait pour notre usage.

Nombreuses observations faites sur un grand nombre de chevaux nous donnent à penser que les attaques prescrites par M. Baucher agissent sur le cheval à peu près comme le fait sur nous la menace d'être saisis , chatouillés aux flancs.

Lorsque nous sommes ainsi menacés , une constriction générale de nos muscles a lieu , principalement de ceux de la poitrine; nous avons hâte que cet état cesse et sommes presque incapables de résister ; si nous tenons quelque objet dans nos mains, nous sommes prêts à le lâcher.

En est-il de même chez le cheval ? Nous le supposons. Toujours est-il que cette découverte de M. Baucher rend l'équitation facile, attrayante, sûre , sans mésuser de la force du cheval. (Voyez : *Emploi raisonné de l'éperon.*) L'enrènement quel qu'il soit , ramène la tête , mais l'encolure reste contractée; son action d'avant en arrière agit directement sur les membres postérieurs, les éloigne de leur ligne d'aplomb , fait camper plus ou moins le cheval, qui oppose une force dans le sens contraire. C'est cette force qui est le bouclier dont parle M. Baucher.

Ce ramener ralentit les allures et laisse au cheval toute liberté de prendre le point d'appui qu'il lui plaira.

Ce ne sont pas les rênes qui doivent ramener le cheval , mais bien les éperons secondés des rênes. Il arrive bientôt que par l'effet de l'éducation le cheval s'empresse d'obéir à un simple effet d'ensemble.

Lorsque l'encolure s'assouplit facilement à toutes les allures , le cheval ne pouvant plus s'appuyer sur la main, reste d'aplomb. Tout le mécanisme animal est livré à l'entière discrétion du cavalier , toute la colonne vertébrale est flexible.

Comme l'a dit M. le professeur Baucher : « La tête et l'encolure du cheval sont à la « fois le gouvernail et la boussole du cavalier. Par elles , il dirige l'animal; par elles « aussi il peut juger de la régularité, de la justesse de son mouvement. L'équilibre « de tout le corps est parfait (l'aplomb est régulier), sa légèreté complète, lorsque « la tête et l'encolure sont elles-mêmes aisées, liantes et gracieuses. Nulle élégance , « au contraire, nulle facilité dans l'ensemble , dès que ces deux parties se raidis- « sent. Précédant le corps du cheval dans toutes ses impulsions, elles doivent préparer « d'avance , indiquer par leur attitude les positions à prendre , les mouvements à « exécuter.

« Nulle domination n'est permise au cavalier tant qu'elles restent contractées et « rebelles; une fois qu'elles sont flexibles et maniables, il dispose de l'animal à son « gré. Si la tête et l'encolure n'entament pas, les premières , les changements de « direction; si, dans les marches circulaires elles ne se maintiennent pas inclinées « sur la ligne courbe; si pour le reculer elles ne se replient pas sur elles-mêmes, et « si leur légèreté n'est pas en rapport avec les différentes allures qu'on voudra pren-

« dre, le cheval sera libre d'exécuter ou non, ces mouvements, puisqu'il restera
« maître de l'emploi de ses forces. »

Education des chevaux, par J. H. Magne, professeur à l'Ecole Royale vétérinaire d'Alfort.

« Si quelqu'un montant un bon cheval veut le faire paraître avantageusement et
« prendre les plus belles allures, qu'il se garde bien de le tourmenter, etc., car,
« obligeant le cheval à porter au vent, on l'empêche de voir devant lui et on l'oblige
« de marcher en aveugle. Le cheval, loin d'avoir de la grâce, se déplaît au travail.
« Conduit, au contraire, par une main légère, sans que les rênes soient tendues,
« relevant son encolure et ramenant sa tête avec grâce, il prendra l'allure fière et
« noble dans laquelle il se plaît naturellement, car, quand il s'approche des autres
« chevaux, surtout si ce sont des femelles, il relève toujours son encolure, ramène
« sa tête d'un air fier et vif, lève moëlleusement les jambes et porte la queue
« haute.

« Toutes les fois donc qu'on saura l'amener à faire ce qu'il fait de lui-même,
« lorsqu'il veut paraître beau, on trouvera un cheval qui travaillera avec plaisir, aura
« l'air vif, noble et brillant. »

Ce sont là les belles qualités que la nouvelle Ecole sait faire surgir de tous les chevaux, à un degré plus ou moins marqué, et que l'ancienne Ecole nie, parce qu'elle
ne les voit pas, parce que ses principes les annihilent. C'est cette élégance, cette
noblesse données au cheval qui fait préférer l'école de M. Baucher, c'est la preuve
la plus évidente de sa rationalité.

(*Suite.*) « Il ne faut pas seulement habituer les chevaux à être obéissants, à se
« tourner à droite ou à gauche, à hâter ou ralentir la marche, selon la volonté du
« cavalier, il faut aussi leur faire porter la tête dans une position convenable, sans
« être obligé de les soutenir avec la bride ; à cet effet, lorsqu'on verra qu'il porte
« beau, dit Xénophon, et qu'il est léger à la main, qu'on se garde bien de le cha-
« griner, de le presser, mais qu'on le caresse, au contraire, et qu'on cesse bientôt
« le travail ; de la sorte, comptant à l'avenir en être bientôt quitte, il prendra plus
« volontiers la position qui semblera le délivrer. »

La recommandation de Xénophon de cesser le travail et de caresser le cheval quand
il prend la belle position, quand il porte beau, est une preuve de tact. Il appréciait
beaucoup ce que nous appelons aujourd'hui le Ramener et la Mise en main ; mais
enseigne-t-il les moyens de donner cette belle position à tous les chevaux ? Non.

M. Baucher est le premier écuyer qui ait démontré des moyens équestres simples
et faciles donnant ces résultats, que jusqu'alors on avait toujours enseigné être le fait
de l'enrênement, varié à l'infini, il est vrai.

Quelques écuyers privilégiés, entr'autres l'un de nos professeurs, le digne M. Rous-
selot, possédaient bien en eux-mêmes ce tact, cette habileté, nécessaire pour Ramener

un cheval et le mettre en main , mais ils ne le démontraient et ne le transmettaient pas ; et encore ne réussissaient-ils que sur certains chevaux.

Les principes de M. Baucher donnent cette faculté, si rare jadis , à tous nos cavaliers de régiment. — Comment peut-on encore nier l'évidence de ce progrès?

Du Cheval de Troupe.

Le dressage du cheval de troupe , d'après les principes de l'ordonnance de cavalerie , principes puisés dans ceux de M. de Bohan , en fait un véritable martyre.

Raide d'encolure , le nez trop en avant , il est constamment en opposition de forces avec la main du cavalier. Aussi pour le mouvement le plus simple, le voit-on , la bouche contractée, les lèvres béantes, les yeux effarés , la physionomie craintive , indices de la gêne et de la souffrance.

D'après le dressage de M. Baucher , au contraire , la raideur de l'encolure et des mâchoires ayant disparu , le cheval se laisse conduire facilement ; son assouplissement lui donne du tride et de la grâce : par suite, le cavalier s'y attache et lui prodigue ses soins.

Rappelons en passant que ce travail d'assouplissement , au moyen des éperons est moins douloureux que l'action de scier du bridon ou que l'action de la main de la bride de nos cavaliers militaires ; action qui est incessante , même au repos, si l'on n'a pas eu la précaution de faire glisser le passant coulant jusqu'à l'extrémité des rênes.

Nous disons la raideur de l'encolure et des mâchoires disparue ; ceci demande quelques explications.

Le cheval est toujours souple, plus ou moins, il est vrai , mais il n'est pas pour cela assoupli.

Le cheval est assoupli quand sa volonté ne s'oppose plus à celles du cavalier, quand celui-ci est maître de tous ses mouvements et peut, en toute circonstance , les subordonner à ses intentions.

Faire fléchir l'encolure du cheval par l'appât de la gourmandise ou par un effet de forces des rênes ne l'assouplit pas ; car l'on ne pourrait se servir des mêmes moyens lorsqu'on le monte.

Il faut que l'encolure soit constamment flexible par le fait de l'empire que le cavalier a pris sur le cheval, par l'effet moral bien plus que par l'effet de force ; c'est le résultat du travail intelligent des attaques dues aux recherches, aux remarques de M. Baucher.

Les assouplissements pratiqués, le cheval d'abord non monté, en place, en marchant, et enfin lorsqu'il est monté, ont besoin d'être gradués, sans doute, mais ils ne sont que préparatoires ; l'éperon seul assouplit. (Voir *Attaques*.)

ASSOUPLISSEMENT DES HANCHES, DES ÉPAULES ET DES REINS.

Le mot *pirouette* n'est pas de l'invention de M. Baucher ; il exprime très-bien le mouvement ; mais M. d'Aure a préféré se servir du mot *demi-tour*.

Ce terme est impropre parce que dans la cavalerie le mot *demi-tour* implique l'idée de marche circulaire.

Ainsi :

(*Cours d'Équitation.*) — PAGE 173. — *Demi-tour par l'avant-main* veut dire, pour nous, cavaliers militaires, *demi-tour sur un petit diamètre.*

PAGE 174. — *Demi-tour par l'arrière-main, rotation de la croupe autour des épaules, ou pirouette renversée.*

PAGE 175. — *Demi-tour où l'avant et l'arrière-main* participent ensemble à l'exécution du mouvement, *pivot fixe.*

PAGE 175. — *Demi-tour sur les hanches, rotation des épaules autour de la croupe, ou pirouette ordinaire.* Ce mouvement peut s'exécuter aux trois allures.

Les pirouettes assouplissent les hanches et les épaules lorsque le cheval a été mis en main, lorsque l'encolure est flexible. Elles décomposent le travail de deux pistes, le rendent très-facile ; aussi sont-elles très-utiles dans le dressage des jeunes chevaux. Le Cours ne les emploie que pour les chevaux en reprise dits dressés.

Les pirouettes renversées obligent le cheval à soulever sa croupe ; elle devient ainsi très-mobile ; elles ont une très-grande importance, en ce qu'elles donnent aux jambes du cavalier le moyen de régler le mouvement de bascule qu'imprime la main. Toutes les fois que celle-ci relève l'encolure, elle affaisse la croupe ; réciproquement, toutes les fois que les jambes relèvent la croupe, elles affaissent l'encolure.

L'encolure ayant été rendue flexible, le reculer est l'assouplissement par excellence des reins. Il est à peine question de ce mouvement dans l'ouvrage que nous réfutons.

Le cheval n'est *assoupli* que lorsque toutes ses articulations cèdent facilement. On arrive à ce résultat en passant de la partie au tout, par l'assouplissement détaillé de chacun des muscles qui les font mouvoir.

On commence par les *muscles rapprocheurs* des mâchoires, parce que leur décontraction rend souple, flexible, toute la colonne vertébrale.

L'assouplissement des *muscles latéraux et releveurs* de l'encolure, rend celle-ci liante, ce qui permet de donner à la tête toutes les positions.

La *mobilité des hanches* s'obtient par les *pirouettes renversées*, elles font connaître au cheval qu'il doit *fuir les talons.*

La *mobilité des épaules* se donne par les *pirouettes ordinaires*, elles apprennent à l'animal à s'alléger dans son avant-main.

L'assouplissement des *muscles du dos et des reins* est le fait du *reculer*.

Le cheval qui est ainsi *assoupli* se ramène de *lui-même* et peut alors être *rassemblé ; mais pas avant*.

Les assouplissements enseignés par le Cours d'Equitation, pour le *dressage*, sont beaucoup *plus simples ;* ils consistent à faire marcher, trotter et galoper le cheval sur le cercle, à l'aide de la chambrière qui l'accélère ou l'éloigne du centre et du caveçon avec la grande longe qui le maintient, le ralentit ou l'attire vers ce centre.

Les assouplissements de M. Baucher *ramènent* la tête du cheval quoique les *rênes* soient *flottantes*.

Le *ramener* se donne, dans l'Ecole de M. d'Aure, à l'aide d'un *enrènement progressif*.

Les rênes flottantes ne dérangent en rien l'aplomb de l'animal, soit en place ou en mouvement. Le *point d'appui* est constamment *fixe et léger*.

L'*enrènement* force le cheval à se *camper du derrière* (1). Quand les hanches sont *gagnées* par les jambes du cavalier, cet effet des rênes l'*accule* lorsqu'il est en station, et le *soutient* lorsqu'il est en marche. Le soutien, le *point d'appui* grandit avec la vitesse, il est constamment *variable ;* il devient même parfois si puissant, si colossal, que le cavalier ne pouvant ralentir la vitesse, malgré l'énergie de ses poignets, doit, ainsi que nous l'a appris le Cours (*Ralentissement et arrêt*), *refuser* au cheval le point d'appui, pour l'obliger de se *soutenir lui-même*, et que par son instinct de conservation, il se remette dans l'aplomb (s'il le peut, bien entendu), en allégeant l'avant-main surchargée outre mesure pour ne pas chuter ; ce qui *diminue nécessairement la vitesse*, a soin d'ajouter le *Cours d'Equitation*, page 157.

Ce fait se produit, dit le *Cours*, « lorsque la main n'a agi que comme point « d'appui et que le déplacement de la masse a été tel, que *le cheval en a abusé*. »

Lorsque le cheval *abuse* du point d'appui, l'Ecole de M. Bancher châtie l'animal avec les éperons ; aussi s'empresse-t-il de devenir léger à la main, de cesser *d'abuser*.

Admettons que le moyen enseigné par le *Cours* réussisse, le cheval n'engagera pas *trop* le poids de la masse en avant, il cessera donc d'être *perçant* dans ses allures, il sera tout naturellement ce qu'il doit être, c'est-à-dire, que restant dans l'aplomb, il aura une vitesse moindre que lorsqu'on le force à en sortir, mais il sera plus sûr dans sa marche.

---

(1) On a l'habitude d'enrèner fortement les chevaux de luxe d'attelage, aussi sont-ils tous *fortement campés* du derrière. Il faut bien le reconnaître, si ce mode d'atteler grandit le cheval du devant, il abuse de ses forces, gêne ses mouvements et amène rapidement le *décousu* des allures.

Un habile cocher auquel nous adressions le reproche d'en agir ainsi, nous donna cette raison : « Si je laissais mes chevaux libres dans leurs mouvements, je n'en serais plus maître. »

Il n'en serait pas ainsi si l'on assouplissait les chevaux avant de les atteler. Le cheval *assoupli* est dominé, et quand il est attelé, il est d'une conduite facile, agréable et sûre ; il se rassemble au besoin et *fait le beau* lorsqu'on le recherche.

Ce n'était pas la peine de rendre le cheval *perçant* pour arriver à ce résultat.

On sait que pour obtenir ce *perçant*, tous les principes du Cours enseignent une manière particulière de placer le cheval.

C'est pour cela qu'on le pousse toujours, *quand même*, sur la main ;

Que l'on embouche les jeunes chevaux avec des mors doux et des gourmettes lâches, ce qui leur facilite l'appui sur le mors ;

Qu'on les fait précéder d'un *maître d'école* pour les entraîner à aller plus vite qu'ils ne le peuvent ;

Que le cavalier fait la Remise de main , aux allures allongées, avant l'application des éperons , agissant avec force et par à-coup, pour forcer l'animal à se placer dans la position où *tout le poids* est sur l'avant-main (*Education et dressage des jeunes chevaux*).

Que l'on bride les chevaux de vitesse avec le *gros bridon*, etc. , etc.

Puisque cette manière de faire a pour résultat de soustraire le cheval a la domination du cavalier, elle est donc mauvaise et dangereuse.

L'augmentation de vitesse ainsi acquise rend , en effet, le cheval *perçant*, mais, nous l'avons dit, c'est certainement au détriment de la conservation , de la sécurité et de la beauté. Rien ne justifie l'emploi de cette *panacée nniverselle* (nous imitons le *Cours*), dans le dressage de nos jeunes chevaux, pas plus que dans une saine Equitation.

⁂

ATTAQUES.

Attaques de M. d'Aure.

(Cours d'Équitation.) — Page 132. — *Manière de faire usage des éperons.*

« Assurer son corps , son assiette et sa main , se lier au cheval des cuisses et des « jarrets.

« Tout en conservant le contact entre la main et la bouche du cheval pour indi-« quer la direction à suivre ; diminuer ce contact afin que le cheval trouve assez de « liberté pour ne pas être arrêté dans les mouvements brusques et en avant que « l'attaque des éperons doit produire. »

Les précautions recommandées au cavalier pour sa tenue, nous donnent déjà quelques appréhensions pour ce qui va suivre, Voyons :

Page 133. — « Plier ensuite les jarrets avec force, de façon que les gras de jambe « se rapprochent par à coups du cheval , et que les éperons viennent porter derrière

« les sangles, étreindre ainsi le cheval jusqu'à ce que le mouvement en avant se soit
« produit ; relâcher les jambes et régulariser avec la main l'effet qu'aura amené cette
« attaque. Puisque l'éperon doit être considéré comme châtiment, il faut s'en servir
« vigoureusement. »

Il est certain que le mouvement en avant sera brusque, puisque la main a diminué
son effet, a donné assez de liberté pour ne pas arrêter le cheval ; (quand faudra-t-il
l'arrêter ?) et que les éperons se font sentir vigoureusement et par à-coup.

Quel est l'utilité de ce mouvement brusque en avant ? Evidemment, de *surcharger
l'avant-main.*

Aussitôt le mouvement brusque exécuté, les jambes du cavalier se relâchent et la
main régularise l'effet produit par les éperons, c'est-à-dire *soutient la surcharge
passée en avant.*

Le cheval le mieux conformé soumis à ce système est forcé de *fausser son aplomb.*
C'est ce que l'Ecole de M. d'Aure appelle « laisser au cheval toute son énergie d'ac-
« tion, le rendre *perçant* dans ses allures.

Etreindre un cheval vigoureux, énergique, les éperons aux flancs, et les y laisser
un très-court instant, peut encore se faire, si le cheval reste calme ; mais pour les
chevaux susceptibles, le mode prescrit par le Cours est peu praticable.

Cette recommandation est tout au long dans l'ordonnance de cavalerie, mais nous
n'en avons jamais vu faire l'application que sur de mauvais chevaux.

Page 133. — « Cependant, dans certains cas donnés, il peut être employé comme
« aide. On doit, après avoir rapproché par degrés les gras de jambes, le faire sentir
« légèrement au cheval ; il sert, dans ce cas, à réveiller son action, à grandir ses
« mouvements, sans le jeter dans le désordre et les mouvements heurtés que produit
« toujours une attaque vigoureuse de surprise. »

Cette fois nous voilà d'accord. L'éperon n'est qu'une aide, une plus grande puissance donnée à la jambe et ne doit pas surprendre le cheval, lorsque le cavalier en
fait usage.—Pour cela il faut le faire connaître au cheval : les écuyers l'admettent ; le
Cours aussi ; on n'en voulait pas jadis.

L'éperon ne sert pas seulement à réveiller l'action du cheval et à grandir ses mouvements, comme le dit le Cours, mais il sert aussi à *l'assouplir.*

L'assouplissement du cheval par les éperons est une des découvertes faites par
M. Baucher, c'est un travail particulier, *nouveau*, et qui ne ressemble nullement,
quoiqu'on en dise, à tous les assouplissements pratiqués antérieurement [à ceux enseignés par ce célèbre écuyer.

La manière de laisser les éperons aux flancs, enseignée par M. d'Aure est à peu
près la même que celle qu'enseignait M. d'Auvergne.

Voici une note d'un élève de cet officier supérieur de cavalerie, qui fait très-bien
comprendre l'inconvénient qui résulte de cette manière d'opérer ;

« Eperons. — Lorsque le cavalier sera un peu ferme à cheval et maître de ses jam-
« bes, on lui donnera des éperons ; il en fera usage dans les cas où le cheval cabre-
« rait, ou se retiendrait trop, en un mot quand son cheval n'obéira pas à ses jambes.

« Il faut prendre garde que le plus grand nombre de chevaux se révoltent, si, en les
« punissant des éperons, on les leur laisse un *seul moment* dans le ventre après les
« en avoir frappés. Souvent, cette action les rend *ramingues*, et les habitue aussi
« souvent à ruer en marche contre le talon pour se venger du mal que le cavalier
« leur fait. En général, il vaut mieux *réitérer le coup* s'il en est besoin, que de pro-
« longer l'impression qui le suit; d'ailleurs, il ne faut jamais appliquer l'éperon
« faiblement. C'est un châtiment, c'est tout dire. Ce sont les éperons qui rendent
« l'animal fin et sensible à l'aide des jambes. On se sert quelquefois des éperons pour
« pincer; mais c'est une aide qui ne doit être employée que sur les chevaux qui ont
« connu le châtiment et qui n'y ont pas été rebelles. Si vous les mettez en usage sur
« les autres, il n'opèrera qu'un chatouillement contre lequel ils se défendent.
« L'action de l'éperon, soit en aide, soit en châtiment, demande les plus grandes
« attentions dans les troupes qu'on instruit; car, outre que le cheval peut se défen-
« dre, il peut aussi casser les jambes des voisins. »

On remarquera que, d'après M. d'Auvergne, le cavalier n'avait pas à baisser la main
avant l'attaque, ce qui fausse l'aplomb du cheval; ce n'est que lorsque l'animal
n'obéissait pas aux jambes, se *cabrait* ou se *retenait* que le cavalier devait faire énergiquement l'application des éperons; c'était ainsi un châtiment et non un moyen de
forcer le cheval à prendre une position fausse et anormale.

Nous venons de lire les moyens du Cours; passons à ceux de l'Ecole de M. Baucher.

ATTAQUES DE M. BAUCHER.

Emploi raisonné de l'éperon.

Les attaques sont de petits coups secs des éperons, comme des coups de lancette,
dont l'application varie suivant la manière d'être de l'animal; sa conformation, son
tempérament, sa susceptibilité règlent l'usage que l'on doit en faire. Pour tous les
chevaux, il faut, toutefois, suivre la progression suivante :

Le cheval doit d'abord être amené à supporter l'approche des jambes. Ce travail se
fait en place.

A l'approche des jambes, le cheval se contracte immédiatement; le cavalier fait une
légère opposition de main à l'effet produit par les jambes et attend.

En ce moment, le cavalier doit rester immobile, rendre son action fixe et saisir le plus promptement possible l'instant ou la décontraction du cheval a lieu, pour lui rendre la main, puis desserrer un peu les jambes et le caresser.

On arrive ainsi à serrer le cheval de toutes ses forces ; c'est le moment de *faire donner des jambes*.

Le cheval, supportant la plus grande pression des jambes, sans déplacer sa tête, sans se contracter, le cavalier après lui avoir tourné un peu la tête d'un côté, lui fait sentir par à coup la jambe du côté opposé, sans pour cela les desserrer ; c'est une attaque de la jambe préparatoire à celle de l'éperon.

A chaque attaque l'animal éprouve une commotion générale ; le cavalier, toujours immobile, attend, avant de recommencer, que les forces mises en jeu par le cheval, après avoir passé par l'encolure, reviennent, en süivant les rênes comme guidées par un fil conducteur, cesser dans la main. C'est l'instant de la récompense.

Lorsque le cheval supporte les saccades des jambes, on commence les attaques par un éperon, puis les deux, en suivant la même progression, la même sagesse. Le cavalier doit rester calme, considérer l'éperon comme une aide, et s'en servir le plus délicatement possible.

Pour l'éperon comme pour la jambe, il est recommandé d'agir avec prestesse ; les jambes doivent être serrées *avant, pendant et après* les attaques ; celles-ci se continuent à une demi-seconde d'intervalle, si le cheval reste calme, tranquille, quoique contracté, jusqu'à ce que la souplesse en soit la conséquence ; alors seulement les aides se desserrent.

Il peut arriver que, pendant un seul effet d'ensemble, le cheval supporte un nombre plus ou moins grand de coups d'éperons, d'attaques. Ce nombre est toujours proportionné à la durée de la raideur, résistance ou force d'inertie présentée par l'animal.

Pour que les éperons ne soient que l'action des jambes poussée progressivement à une plus grande puissance, il faut que les molettes soient peu piquantes, afin que cette progression soit aussi régulière que possible, ce qui ne peut avoir lieu qu'avec des éperons courts.

Nous conseillons aux cavaliers peu habiles qui entreprennent le dressage d'un cheval très-irritable, très en l'air, de faire usage de molettes sans aucune pointe, complètement lisses et placées horizontalement, dans le collet de l'éperon : de cette manière, l'application des attaques, toujours difficile sur ce genre de chevaux, sera d'une difficulté bien moindre.

Le *Cours d'Hippologie* de M. de Saint-Ange, tome Ier, page 34, apprécie ainsi l'assouplissement des mâchoires ; nous le reproduisons de nouveau ;

« Les assouplissements des mâchoires, enseignés par M. Baucher, tendent à ha-
« bituer, en quelque sorte, le crotaphite et le masseter à répondre à l'action des aides
« de la main et à empêcher que la raideur que l'animal mettrait dans ces muscles ne
« se communiquât à l'encolure et ne devînt un moyen de défense contre la volonté du
« cavalier ; c'est ce qui explique pourquoi M. Baucher n'a pu parvenir à assouplir
« complètement l'encolure, qu'après avoir découvert que la raideur de cette partie

« ne pouvait être détruite entièrement que par l'assouplissement des muscles des
« mâchoires. »

« Ces muscles des mâchoires ne semblent-ils pas être le point de départ de la
« contraction de tout le système musculaire de la locomotion ; si l'on en juge par ce
« fait que l'animal qui entre dans un mouvement de colère commence par grincer des
« dents, comme si cette contraction était le signal avant-coureur, en quelque sorte,
« de la contraction de tout le système musculaire. »

Si nous cherchons à nous rendre compte du jeu de la machine animale lors des applications des attaques, nous pensons que l'explication suivante résume à peu près les faits généraux.

La résistance de l'encolure est le résultat de la contraction simultanée des muscles cervicaux qui maintiennent rigide la tige osseuse formée par les vertèbres cervicales.

La détente ou décontraction des muscles est le résultat des attaques brusques et et répétées des éperons.

L'excitement ou titillement de l'éperon doit avoir pour effet la contraction spasmodique des muscles des parois de l'abdomen. A la suite de cette contraction le diaphragme repoussé par les viscères abdominaux se contracte à son tour et chasse l'air des poumons.

La poitrine qui formait un point fixe tant que le poumon était distendu par l'air, une fois affaissée pendant le temps de l'expiration, cesse de fournir ce point et fait ainsi décontracter les muscles divers de l'encolure qui s'attachent au thorax ; leurs points d'attache ayant perdu leur fixité.

On sait que dans tout effort produit au moyen des muscles qui prennent leur attache à la poitrine, le cheval comme l'homme, commence par faire une large respiration.

Quand le cavalier selle son cheval, l'action de le sangler provoque ce dernier à dilater sa poitrine, à se ballonner en quelque sorte. Le motif qui dirige le cheval n'est autre que celui de la résistance ; il se prépare pour cela, et c'est à l'aide de sa poitrine qu'il pourra lutter. Il en est de même dans toutes ses résistances. Aussi que fait instinctivement le cavalier pour faire cesser cet état de choses ? Il attaque le cheval, il le frappe d'un coup de genoux sur la poitrine ; il force ainsi le cheval à s'assouplir ; c'est le même moyen que celui des attaques, mais sur une moindre échelle.

Les attaques doivent agir directement sur la partie correspondante à la séparation de la poitrine avec l'abdomen à l'endroit où se trouve le diaphragme. Ce muscle aponévrotique, à son centre seulement, doit ressentir les impressions subies par les muscles des parois de l'abdomen, et comme ceux-ci subir la même contraction et par suite rapetisser la cavité thoracique.

M. Duchesne (de Boulogne), dans un Mémoire qu'il vient de présenter à l'Académie des Sciences, tire des déductions pathologiques et thérapeutiques de la contracture du diaphragme, provoquée par l'électricité, lesquelles semblent venir à l'appui de notre opinion.

« La contracture du diaphragme, qu'on produit chez l'animal en faisant passer

« dans les nerfs phréniques un courant d'induction rapide, détermine promptement
« l'asphyxie.... »

« La contracture limitée à la moitié du diaphragme occasionne seulement une
« grande gène de la respiration, mais n'empêche pas les mouvements du thorax dans
« sa partie inférieure. »

« Les symptômes de la contracture du diaphragme sont chez l'homme, les suivants :

« La moitié inférieure de la poitrine est agrandie, surtout transversalement,
« d'une manière continue; les hypocondres et l'épigastre sont soulevés; les muscles
« de l'abdomen s'épuisent en vains efforts pour resserrer la base du thorax; la res-
« piration ne se fait plus que dans la moitié supérieure de la poitrine, et alors on
« voit les scalènes, les trapèzes et les grands dentelés se contracter énergiquement,
« puis se relâcher brusquement.

« Mais bientôt les mouvements respiratoires de la partie supérieure du thorax
« s'affaiblissement et se ralentissent, et, enfin, en moins d'une ou deux minutes,
« l'asphyxie commence, et la mort est inévitable si la contraction du diaphragme
« continue. »

Les éperons agissant sur la partie correspondante au diaphragme donnent au cavalier la plus grande domination sur le cheval; nous venons de voir qu'en effet le
le diaphragme joue un grand rôle dans les phénomènes de la vie.

Si nous empruntons à la science quelques passages, c'est dans le but de chercher à
établir la théorie de ce qui, pour nous, est un fait pratique longuement expérimenté
et toujours couronné par le succès.

Nouveaux éléments de physiologie, par M. le chevalier Richerand. — Edition
1825.

PAGE 451. — « La respiration chez l'homme comme dans toute la classe des
« animaux à sang chaud, n'est point entièrement soumise à l'empire de la volonté;
« nous pouvons l'accélérer, la retarder, mais non la suspendre tout à fait. L'homme
« doué du courage le plus stoïque ne saurait se donner la mort en suspendant, pen-
« dant quelques minutes, les contractions du diaphragme; après une suspension
« momentanée, un sentiment d'angoisse intolérable nous oblige à respirer, et celui
« qui voudrait y résister tomberait dans un état de faiblesse qui le rendrait incapable
« de persévérer dans l'acte même de la volonté. »

PAGE 490: — « *De certains phénomènes de la respiration, tels que les efforts,*
« *les soupirs, les pleurs, le baillement, l'éternument, la toux, le hoquet, le*
« *rire, etc., etc.* — C'est à tort que certains auteurs ont voulu rapporter tous ces
« phénomènes mécaniques à l'inspiration ou bien à l'expiration : si plusieurs appar-
« tiennent à l'un ou à l'autre de ces deux états; s'il en est quelques-uns qui se com-
« posent d'inspirations et d'expirations alternatives, on en voit qui ne peuvent être
« considérés ni comme des efforts inspiratoires, ni comme appartenant à l'action des
« puissances expiratrices. C'est ainsi que dans le vomissement, dans l'action de ren-
« dre les matières fécales et les urines, dans l'effort nécessaire pour soulever un

« fardeau , nous contractons simultanément le diaphragme et les muscles larges de
« l'abdomen. Ces organes antagonistes deviennent alors congénères.

« Lorsque nous voulons surmonter une résistance , soulever un fardeau , en un
« mot , faire un effort quelconque , il est besoin que le thorax prête aux muscles qui
« s'y attachent un point d'appui solide. Sans cela , ces organes, qui de la cage osseuse
« de la poitrine se portent aux bras et aux autres parties qu'ils doivent mouvoir,
« perdraient la plus grande partie de leur action et de leur force. Les muscles abdo-
« minaux et ceux de la glotte se contractent simultanément. Les premiers tendent à
« expulser l'air des poumons , car ils agissent comme expirateurs , tandis qu'au
« contraire , l'exacte occlusion de la glotte s'oppose à sa sortie. Les muscles de la
« glotte et ceux de l'abdomen , deviennent alors antagonistes ; la charpente osseuse
« du thorax demeure immobile , soutenue qu'elle est par l'air intérieur , tandis que
« les muscles extérieurs la compriment au dehors ; elle fournit donc un point d'appui
« solide aux muscles qui se rendent aux bras , au bassin , au cou et autres parties
« parties qui agissent et se meuvent dans l'action de nager , de courir , de sauter ,
« d'uriner, d'aller à la selle , etc., etc.

« Si, comme l'a fait M. Bourdon sur lui-même , on place dans la glotte une canule
« de gomme élastique , on rend tout effort impossible , à moins qu'on ne bouche la
« canule ; la section des nerfs laryngés , en paralysant les muscles de la glotte, rend
« également tout effort impossible ; des chiens dont on a ouvert la trachée artère ne
« peuvent plus sauter, si on maintient une canule dans l'ouverture. Enfin , les lèvres
« et le voile du palais ne pourraient dans ces cas remplacer la glotte : pour faire un
« un effort on n'a pas besoin de fermer la bouche , car, comme l'a expérimenté M. J.
« Cloquet, on peut, en exerçant un effort, faire sortir par le nez la fumée dont on a
« auparavant rempli sa bouche. »

Le crotaphite et le masseter jouent certainement un grand rôle dans les résistances
(forces d'inertie) présentées par le cheval, mais les muscles suivants de l'encolure
participent à toutes ces contractions :

1° Extenseurs. — Le grand complexus qui est le plus puissant, le petit complexus et le long transversal qui concourt aussi à l'exécution des mouvements latéraux ;

2° Fléchisseurs inférieurs. — Le sterno-maxillaire, le mastoïdo-huméral, le
costo-trachélien , le sous-dorso-attoïdien ou long fléchisseur de l'encolure ;

3° Fléchisseurs latéraux. — Le dorso-mastoïden , le trachélo-sous-occipital. Le
mastoïdo-huméral lequel concourt aux mouvements latéraux quand il se contracte
avec ces derniers.

Il résulte de ces phénomènes que le cavalier doit avoir deux manières d'opérer, deux
positions bien distinctes où il doit faire sentir les éperons.

Les attaques près *des sangles*, pour assouplir le cheval, le dominer, lui ramener la tête.

Les éperons employés plus en arrière pour mobiliser la croupe, provoquer la détente des jarrets ou engager les extrémités postérieures sous le centre lorsque la main fixe le cheval.

De là vient que les éperons provoquent différents mouvements chez le cheval , suivant la place où le chevalier les fait agir ; c'est au tact à sentir le point convenable pour faire la menace de l'éperon suivant ce qui se passe.

S'agit-il de provoquer l'enlever de la croupe en opposition à une menace d'enlever de l'avant-main, il faut porter les jambes très en arrière.

Est-ce la tête qui s'éloigne, le point d'appui qui augmente ou l'encolure qui se contracte ? la pression *des éperons* se fera plus en avant.

Faut-il combattre la raideur de l'encolure et en même temps faire mouvoir la croupe latéralement ?

Un éperon en arrière menace la croupe pour la faire fuir, l'autre près de la sangle agit sur la poitrine.

La réputation d'habile cavalier est acquise à l'Arabe qui sait faire usage des éperons. L'ex-émir Abd-el-Kader , qui est un des meilleurs cavaliers de son pays, sait croiser ses éperons sur les reins de son cheval. C'est qu'en effet l'application très en arrière des éperons provoque le cheval aux plus grands efforts ; le cavalier domine ainsi la croupe, point d'appui de toutes les résistances ; l'encolure, nous l'avons dit, n'est que le bras de l'animal.

Les Arabes obtiennent beaucoup de leurs chevaux ; n'est-il pas remarquable de les voir descendre sur des plans très-inclinés, le cheval étant complètement acculé sur ses jarrets, les quatre pieds à l'appui, le cavalier fortement penché en arrière et l'édifice rendu rigide, glisser, tout d'une pièce, jusqu'au bas de la pente rapide sans faire aucun mouvement apparent.

M. le général Daumas nous fait connaître, en véritable homme de cheval , les habitudes des cavaliers arabes ; les éperons jouent un grand rôle dans l'équitation africaine.

Le chabir (éperon) est une tige aiguë en fer, de 10 cent. environ de longueur, qui s'adapte aux talons par un système de courroies.

On se sert du *chabir*, non en piquant, mais en rayant de bas en haut l'épiderme avec sa pointe.

C'est un instrument terrible, et nos éperons n'inspirent qu'un souverain mépris à ces cavaliers. « Quel effet, disent-ils, en obtiendrez-vous dans un cas de vie ou de « mort avec un cheval déjà fatigué ? Ce n'est bon qu'à le châtouiller et à le rendre rétif. « Avec nos chabirs, *nous suçons* le cheval ; tant que la vie est chez lui, *nous allons* « *l'y chercher* ; ils ne sont impuissants que devant la mort. »

Pour faire un usage habile du *chabir*, il faut être un cavalier consommé. Le suprême degré de l'art consiste à décrire avec la pointe une courbe sanglante du nombril à la colonne vertébrale Ainsi , on entendait souvent dire aux Arabes, pour vanter les talents en équitation d'Abd-el-Kader : « Il croise ses éperons sur les reins de son cheval. »

On lit dans la brochure : *Observations sur la nouvelle Ecole d'Equitation*, par M. le vicomte d'Aure. Paris 1842. Page 18 :

« La connaissance de ces moyens est aussi vieille que le monde. Plus l'Equitation
« a été ralentie, plus elle a fait usage des jambes et des éperons afin de soutenir
« l'action qui venait de la main. Les chevaux arabes, *si assis, si légers à la main*,
« nous prouvent, avec leurs flancs tatoués, qu'avec eux aussi l'action des jambes et
« du fer joue un grand rôle. Ce n'est donc pas un moyen ignoré et inusité, comme
« on s'est plu à le dire, puis qu'on le retrouve chez *les Barbares.*

Nous devons inférer de ce passage que M. le vicomte d'Aure n'approuve pas l'Equitation en usage chez les Arabes, puisqu'il les traite de *Barbares.*

Cependant nous lisons : *Moniteur de l'Armée*, 16 avril 1853 :

« A Monsieur le général Daumas.

« *Saumur, 18 septembre 1852.*

« Mon général, dans votre si intéressant ouvrage sur les Chevaux du Sahara,
« vous faites pénétrer le lecteur dans la vie intime des Arabes ; vous faites connaître
« les systèmes de ce peuple cavalier pour élever, *dresser* et juger les chevaux. Votre
« livre, mon général, ne renferme que de précieux documents ; et si vous avez la
« modestie de dire que vous ne venez pas annoncer que ceci est bon, que ceci est
« mauvais, mais que bon ou mauvais, voilà ce que font les Arabes, je me permettrais
« de vous répondre, *sans crainte d'être démenti* par les hommes vraiment pratiques,
« qu'à bien peu d'exceptions près, *tout est bon, très-bon,* et frappé au coin de la
« vérité.

« Quand on aura commenté ces documents, la conviction devra être complète, et
« l'on restera persuadé que l'on doit avoir foi dans les idées, les préceptes, l'expé-
« rience d'un peuple dont la vie et la religion sont dans le cheval, auquel il a su
« conserver sa noblesse et sa pureté primitive. *(Quelle barbarie !)*
« En Europe, les hommes qui élèvent le mieux leurs chevaux, qui en tirent le
« parti le plus avantageux, mettent en pratique, suivent en tout point les principes
« arabes, etc., etc.

« Votre ouvrage, mon général, sera commenté à l'Ecole de cavalerie. Je vous ai
« demandé la permission d'en faire un extrait, afin que tout le monde en profite, afin
« que nos élèves sa pénètrent bien de ces principes généraux du cavalier arabe,
« *principes qui doivent devenir les leurs.*

« L'écuyer commandant l'Ecole de Cavalerie,

« *Signé* D'AURE. »

Les *Barbares* ont dû faire bien des progrès pendant les dix ans qui se sont écoulés, entre les *deux opinions opposées* exprimées par **M.** d'Aure, pour que leurs principes hippiques et *équestres* deviennent ceux de l'Ecole de la cavalerie française.

Mais alors quelle est l'utilité du cours d'équitation, si l'équitation arabe est celle qu'adopte **M.** l'Ecuyer commandant l'Ecole de cavalerie?

Les chevaux arabes, *si assis*, *si légers à la main*, ne ressemblent guère à ceux placés pour être *perçant* dans leurs allures.

Il faut conclure de cet abandon de sa doctrine, que **M.** d'Aure, reconnaît celle des Arabes, des ex-barbares, supérieure à la sienne.

Les choses sont changées, à l'avenir les chevaux ne seront plus *sur la main*, ils seront *assis*, c'est-à-dire sur *les jambes* (du cavalier, bien entendu); à moins que l'on adopte aussi le mors de la bride des Arabes.

L'erreur persistera toujours dans les Ecoles de **M.** d'Aure, malgré ces importantes modifications.

Qu'on nous permette une petite digression.

Il y a deux ans, un marchand de chevaux de Lyon avait amené une quarantaine de chevaux d'Afrique; parmi les cavaliers arabes qui les soignaient, se signalait un nommé M...., Jeune, élégant, ce cavalier nous émerveillait; agile *comme un singe*, il s'élançait sur le dos de tous ces chevaux *sans selle et sans bride*, les faisait courir et sauter à travers tous les obstacles.

Nous voulûmes savoir si la science de ce hardi cavalier était aussi grande que sa solidité; nous fîmes monter un de nos chevaux, *Pellico*, pur sang. Ce cheval très-enlevé dans ses allures, se maniait aux *airs bas et relevés*.

L'épreuve dérouta l'arabe, il avait beau se tenir à la crinière, varier la selle selon sa fantaisie, toujours le cheval le désarçonnait. Il fallut s'avouer vaincu, ce à quoi notre homme ne se décida qu'après plusieurs tentatives réitérées à plusieurs jours d'intervalle.

La passion du cheval était développée au plus haut degré chez cet arabe, il ne voulut pas retourner dans son pays, ainsi que ses compagnons, le firent, avant d'avoir appris, disait-il, *comment faisait le capitaine*.

Nous devînmes volontiers son professeur, et après trois mois environ de conseils et de leçons, l'arabe put retourner chez lui satisfait; il avait appris à *assouplir* le cheval, à le *ramener*, à le *rassembler* et à le *mettre au piaffer*. C'était presque un écuyer.

Il fallut modifier beaucoup de choses, bien entendu; ce cavalier, comme tous les Arabes, montait les jambes très-fléchies, ce qui ne permet pas d'envelopper le corps du cheval et de l'étreindre *au-dessous* de son plus grand diamètre.

Nous eûmes aussi à le placer d'aplomb, car volontiers il se penchait sur l'encolure; ceci tenait à son genre particulier d'équitation sans selle et sans bride, ce qui l'obligeait quelquefois d'aller mordre l'oreille du cheval pour l'arrêter.

Le mécanisme des aides fut le plus difficile à apprendre à notre élève, il travaillait toujours la *main seule* et avait mille peines à rester en place.

Cependant l'instruction marcha assez rapidement, et l'on se rappelle encore du savoir-faire et de l'élégance de l'Arabe, car il devint aussi professeur à son tour.

Nous le répétons, cet homme était très remarquable cavalier, il faisait la *Fantasia* à la perfection ; cependant ce fut l'Arabe, *de lui-même*, qui modifia ses principes pour acquérir ceux de la nouvelle école. En cela, il imita **M.** d'Aure, qui fait si bon marché de ceux consignés dans son *Cours d'Equitation*, puisque les principes des Arabes doivent devenir ceux de **MM.** les élèves de l'Ecole de cavalerie, ainsi qu'il nous l'annonce dans sa lettre à **M.** le général Daumas, et cela presqu'au même moment qu'apparut le *Cours d'Equitation*, car ce livre et la lettre sont de la même année, 1852.

Voici encore quelques-uns des nombreux mouvements que les éperons provoquent chez le cheval, suivant les différentes places qu'ils menacent ou quand ils se font sentir s'il est besoin.

L'éperon droit, appliqué sur le point milieu des deux positions extrêmes fait lever le membre postérieur et fléchir l'encolure de son côté, comme si l'animal voulait chasser une mouche qui le pique au flanc droit.

Les deux éperons employés en même temps sur ce même point ramènent les deux membres postérieurs sous le centre, l'encolure se roue au même moment ; le cheval agit dans ce cas comme si la mouche le piquait au poitrail.

L'effet diagonal droit des aides (rêne droite et jambe gauche), primant pendant le Rassembler, peut maintenir au soutien le bipède diagonal droit du cheval ; la menace de l'éperon gauche, un peu en arrière, suffit même pour faire lever le membre postérieur gauche quand il se met à l'appui, ce qui arrive fréquemment par suite de l'instabilité de l'équilibre.

Cette faculté de pouvoir faire lever les pieds postérieurs à volonté est d'une grande ressource en équitation. Le cheval qui veut résister s'appuie toujours sur eux et se sert, ainsi que nous l'avons dit, de son encolure comme d'un bras ; aussi suffit-il de pouvoir mobiliser la croupe et tenir l'encolure flexible pour empêcher toute défense.

Le cheval imite ainsi l'homme. Le lutteur qui veut terrasser son adversaire *se campe*, il écarte les pieds beaucoup plus que dans la station ordinaire et *raidit* ses bras. Un des grands principes de l'art gymnastique est de placer les pieds suffisamment écartés, dans la ligne de l'effort prévu auquel il s'agit de résister.

Nous sommes souvent appelés par des officiers de cavalerie de tous grades, de toutes armes, pour monter des chevaux qui viennent de leur offrir de très-grandes résistances, et tous semblent très-surpris que ce même cheval, presqu'à l'instant même, devienne docile, obéissant et exécute sans difficultés sérieuses les mêmes mouvements qui lui étaient demandés par eux (s'éloigner, passer devant la porte de l'écurie, etc.).

Ceci a pourtant une cause ; la voici :

Le cavalier imbu des principes de Saumur, quand il est jeune, souple, hardi, courageux, s'étonne que sa volonté ne soit pas de suite subie par le cheval ; après quelques effets mesurés, viennent de suite les effets de forces, des coups ; arrive alors la colère, et, comme le cheval a bon dos, tout est mis sur son compte ; quelquefois, pour sauvegarder son amour-propre froissé, le cavalier donne une explication à sa manière ; celle de : — Je ne sais pas ce que ce cheval a aujourd'hui, — se reproduit très-souvent.

La faute en est cependant beaucoup au cavalier ; car toutes ses actions étaient-elles régulières pour être couronnées par le succès ? Nous ne le pensons pas, et, loin de professer des effets de force comme le Cours d'Equitation, voici ce que nous faisons nous-même :

Nous nous assurons si le cheval est à l'aise dans son harnachement, puis, sans brusquerie, une fois en selle, nous partons de ce principe.

Cherchons la souplesse de l'encolure par l'action des jambes, des éperons, s'il est possible, agissant sur le diaphragme : puis, la mobilité de la croupe, en employant les éperons plus en arrière, sans nous occuper de la direction de la marche ; ceci obtenu, ordonnons, mais pas avant. S'il arrive qu'une nouvelle défense se produise, c'est encore le même principe. Soyons généreux aussitôt que l'obéissance se manifeste le moindrement, et bientôt, en effet, ces chevaux dits méchants nous prouvent, au contraire, qu'ils sont bien bons de s'être laissés ainsi maltraiter.

Rarement le châtiment devient nécessaire, mais comme le *secret* est très-simple, rarement aussi l'on y croit ; cela tient, sans doute, à ce que ces principes ne se trouvent pas dans le Cours d'Equitation de M. d'Aure.

Nous ne relatons le fait suivant que parce que nous pensons qu'il pourra en ressortir quelque utilité pratique pour les cavaliers qui pourraient se trouver dans la même position.

Un jour nous fûmes prié de monter un cheval anglais, pur sang, d'une très-grande difficulté de conduite et de tenue. Après quelques bonds énergiques, le cheval se soumit et fit même un travail assez compliqué, qui nous attira les éloges des personnes honorables qui assistaient à cette séance, que l'on supposait sans doute se terminer autrement.

Nous allons faire connaître les petites roueries équestres à l'aide desquelles on se tire d'affaire en semblable occurrence.

Les difficultés à vaincre étaient assez sérieuses ; outre celles résultant de la manière d'être du cheval, il y en avait encore d'autres qui compliquaient singulièrement la situation ; ainsi un manége dont on blanchissait les murs, des pistes par conséquent tachetées de blanc, des échelles assemblées en tas sur la ligne du milieu, une foule de curieux, la porte ouverte, des étriers qu'il était impossible d'ajuster, l'animal étant constamment en mouvement, etc., etc.

Quoi qu'il en fut, nous nous hissâmes sur le dos de ce furieux, et après la première crise, nous l'étudiâmes. — Quel moyen de conduite employer avec ce cheval qui ne connaissait rien ?

Bientôt nous reconnumes que ce cheval se couchait sur les éperons employés isolément, se jetait du côté opposé aux attaches des rênes directes, forçait la main, s'acculait sur les jambes.

D'où il résulte que pour avancer il suffisait de tirer la bride ; pour arrêter, fermer les jambes ; pour appuyer à droite, rêne gauche, jambe droite, et ainsi de suite, toujours l'inverse de ce que doivent produire les effets réguliers des aides.

Faisant donc usage de ces différents moyens suivant ce que nous voulions faire exécuter au cheval, nous eûmes l'air d'être obéi ; mais, par le fait, le cheval ne fit jamais que sa volonté et nous fûmes toujours dominé par lui.

Les applaudissements que nous reçûmes étaient bien mérités par tous deux, le cheval et nous. Aussi nous quittâmes-nous bons amis.

Il se présente une foule de circonstances semblables dans la vie d'un homme de cheval et souvent la renommée établit ainsi la réputation d'un écuyer.

Qu'il y a loin de cette manière de faire à celle de notre consciencieux et habile maître, M. Baucher.

Les attaques produisent quelquefois des effets tout à fait inattendus. Voici deux faits qui font connaître combien l'action des éperons est variable et curieuse à étudier. Un cheval anglais, d'une belle charpente, qui était toujours dans un état de marasme complet, et, par suite, méprisé et négligé par son propriétaire, est devenu une très-élégante monture, et a retrouvé rapidement la santé par le seul fait du dressage et des attaques.

Ce cheval avait la langue fortement pendante, et celle-ci laissait écouler une très-grande quantité de liquide, surtout pendant le travail. Nous eûmes l'idée d'employer les attaques pour obliger le cheval à rentrer sa langue ; la réussite la plus complète vint couronner cet essai ; il continuait cependant de laisser pendre sa langue lorsqu'il était à l'écurie, mais sitôt monté il ne le faisait plus.

Un autre cheval normand, fortement atteint de cornage, une fois assoupli par les attaques ne sifflait plus, quelle que fut la vitesse de l'allure, pourvu qu'on le maintînt dans la mise en main ; aussitôt qu'il raidissait son encolure, le sifflage se produisait instantanément et cessait chaque fois que les éperons le forçaient à rester souple et ramené.

Selon M. Dupuy, l'étiologie du cornage serait incertaine et très-vague, si on l'attribue au très-grand nombre de causes qu'on trouve dans les auteurs ; mais il admet que dans le plus grand nombre de cas ce défaut est occasionné par la compression des nerfs pneumo-gastriques avant qu'ils fournissent les laryngés inférieurs.

Ne pourrait-on admettre, dans le cas que nous venons de citer, que le sifflage était provoqué par la raideur de l'encolure qui entraîne l'engorgement des ganglions lymphatiques, lesquels comprimaient probablement les nerfs de la huitième paire, ce qui diminuait l'ouverture du larynx ou de la glotte ? Toujours est-il que longtemps après le dressage, nous eûmes la certitude, par l'autopsie, que ce cheval n'avait rien d'apparent qui motivât cette manière d'être.

Pendant l'application des attaques, il arrive parfois que le cavalier, par un emploi peu intelligent des aides et par la brusquerie de ses mouvements, amène du désordre chez le cheval ; celui-ci, devenu incertain sur ce que le cavalier lui demande, hésite à se porter en avant sur l'action des jambes, se fixe en amenant son menton au poitrail.

De semblables fautes doivent être immédiatement corrigées. Pour cela, le cavalier doit baisser complètement la main et stimuler le cheval à se porter en avant, en fermant les jambes très en arrière ; il faut, au besoin, employer énergiquement toute la puissance des éperons, ayant soin de discontinuer leur action aussitôt que le cheval a obéi.

Il suffit même, le plus souvent dans ce cas, pour faire cesser toute résistance et toute incertitude chez le cheval, de mobiliser un peu sa croupe par un petit mouvement latéral, ce qui s'obtient facilement en portant une jambe plus en arrière que l'autre.

Le dressage du cheval ne commence sérieusement qu'au moment où le cavalier l'a amené à supporter les éperons ; toutes les actions de celui-ci doivent donc avoir pour but ce résultat ; il y arrivera principalement par le travail en place.

Les cavaliers préfèrent en général faire marcher, courir leurs chevaux, s'ils s'astreignaient au travail en place pendant la moitié du temps des leçons du premier mois, ils verraient que la science équestre est moins difficile qu'on ne le suppose généralement et que le succès est assuré à celui qui suit cette marche.

Voici la progression à suivre pour faire usage des éperons. On remarquera que les éperons ne produisent pas seulement l'impulsion, ne servent pas qu'à réveiller l'action du cheval et à le grandir dans ses mouvements, comme ils le font dans l'école de M. d'Aure, mais qu'ils servent encore :

1° A assouplir le cheval, à subordonner ses mouvements à la volonté du cavalier ;

2° A le discipliner, à le soumettre ;

3° A le *ramener* en place ou en marchant, ce qui le rend *léger à la main*, quelle que soit la sensibilité de sa bouche, et l'oblige à rester d'aplomb ;

4° Enfin, à le *rassembler*, ce qui lui donne une grande mobilité, quelle que soit la sensibilité de ses flancs.

Attaques comme moyens d'assouplir le cheval.

L'éperon est une aide qui varie sa persistance en raison de la durée de la résistance présentée par la contraction musculaire, par la force d'inertie.

Pendant le travail en place, lorsqu'une articulation ne veut pas céder, dans la flexion d'encolure à droite, par exemple, l'éperon gauche réitère ses petits coups, augmente un peu ou diminue leur force, selon que la raideur de l'encolure et des muscles rapprocheurs des mâchoires font plus ou moins d'efforts et que le cheval prend plus ou moins d'appui sur la rêne qui attire la tête à droite ; le cavalier doit cesser le contact douloureux de l'éperon aussitôt que la souplesse et la légèreté sont obtenues.

La continuation de ces attaques rend l'encolure souple, liante ; le cheval goûte le mors, et en le mâchant la salive secrétée se montre sous forme d'écume. — Lorsque le cheval est rendu léger à la main il a rarement la bouche sèche.

Cet assouplissement des muscles rapprocheurs des mâchoires est très-important, car il livre à l'entière discrétion du cavalier tout le mécanisme de l'animal. Cette flexion permettant de dominer et de diriger la colonne vertébrale qui est la base de tout l'organisme.

Ce travail qui doit être progressif n'exige pas d'emploi de force de la part du cavalier, et la douleur causée par l'éperon est insignifiante.

Lorsque le cheval supporte bien les éperons employés séparément, c'est le moment de les faire agir en même temps.

La douleur causée par les éperons, quoique insignifiante, n'en est pas moins un châtiment; aussi le cavalier doit-il non-seulement s'empresser de le faire cesser aussitôt que le cheval obéit, mais encore le récompenser par une espèce de bien-être.

Ces récompenses varient en raison de la soumission du cheval; on les nomme:

Cession de main,

Remise de main,

Descente de main.

La cession de main consiste à desserrer un peu les doigts de la main de la bride.

La remise de main se pratique en rendant la main, en la baissant jusqu'à l'encolure.

La descente de main se fait en allongeant les rênes de toute leur longueur pour permettre au cheval d'allonger, d'étendre son encolure.

Ces manières diverses de récompenser le cheval ont toutes leur à-propos. Si le cavalier sait s'en servir intelligemment, le dressage va très-vite.

Pour faire agir les éperons en même temps, le cavalier s'y prend de la manière suivante:

Laissant les rênes du filet sur l'encolure près des oreilles, il prend l'extrémité des rênes de la bride avec la main droite, qu'il élève à hauteur du menton; déjà les jambes s'approchent moëlleusement des flancs du cheval; la main gauche vient se placer, le petit doigt entre les deux rênes, mais elle reste entr'ouverte, faisant un très-léger appui sur le mors.

Les jambes doivent d'abord soutenir l'arrière-main, puis ensuite elles obligent le cheval par leur pression croissante à prendre l'appui du mors; si la douleur causée par cet appui fait céder la mâchoire, c'est l'instant de la récompense. On fait ainsi comprendre à l'intelligence du cheval, le moyen d'éviter la douleur, la *position* à prendre. S'il en est autrement, si la mâchoire ne cède pas, les jambes continuent leur pression progressive, quand le cavalier ne peut serrer davantage il attaque en *donnant des jambes*, et enfin si ce moyen ne suffit pas, il fait délicatement toucher les deux éperons, près des sangles, plusieurs fois s'il le faut, jusqu'à ce que le cheval ouvre la bouche et fasse un petit mouvement d'affaissement d'encolure, ce qui annonce la *décontraction*; aussitôt la main gauche lâche les rênes; la main droite descend et rend, les jambes se desserrent un peu: c'est la descente de main.

Ce travail a pour résultat l'assouplissement, l'extension et l'abaissement de l'encolure, ce qui donne par la suite le *ramener*.

Lorsque les deux éperons peuvent être employés simultanément, sans désordre, le cheval ayant *la tête directe*, c'est le moment de les faire agir tous les deux pendant les flexions latérales de l'encolure.

Dans ce cas, l'éperon du côté opposé à celui où est attirée la tête du cheval est placé plus en arrière.

Pendant ce travail d'assouplissement le cheval présente très-souvent des résistances différentes ; les unes sont des contractions de l'avant-main, les autres des contractions de l'arrière-main. L'éperon placé près de la sangle annule les premières, celui placé plus en arrière, du côté opposé à la tête, annulle les dernières.

Le cheval doit être maintenu le plus immobile possible par l'effet persistant des aides ; le cavalier doit être très-peu exigeant, rester calme et être patient.

Sans cela arrive le désordre, le mouvement et les défenses.

Les assouplissements par les éperons s'exécutent en place, mais ils sont à tout instant suspendus pour promener le cheval et lui donner un instant de repos.

Pendant ces promenades, le cavalier ne doit rien exiger du cheval, autre que de suivre les pistes.

On n'accorde jamais de repos qu'après une soumission bien marquée, quelle que soit la durée d'une résistance, il faut persévérer et attendre patiemment.

Extension et abaissement de l'encolure.

Le cavalier ne doit pas ramener la tête du cheval par les rênes de la bride, mais bien chercher à ramener sa croupe par des effets de jambes ; au fur et à mesure que les jambes ramèneront les extrêmités postérieures du cheval dans leur ligne d'aplomb, la tête se ramènera d'elle-même.

Ce genre de ramener, particulier à la méthode de M. Baucher, ne contraint pas le cheval, ne restreint pas ses allures. Il conserve toute liberté, ne prend pas de point d'appui, se meut avec grace, se trouve à l'aise et fait le beau.

Le cheval a deux manières distinctes d'allonger son encolure : ou il force la main, ou il cède à la main.

Il force la main quand par un mouvement brusque il tire les rênes en avant, les arrache en quelque sorte de la main du cavalier.

Il cède à la main, lorsqu'au contraire il ramène sa tête avec grace, mâche son frein et attend pour abaisser son encolure que la main le lui permette.

C'est en raison de cette soumission plus ou moins marquée, que le cavalier le récompense d'après ce qu'il mérite. N'a-t-il fait que baisser un peu la tête, c'est une cession de main ; mâche-t-il de plus son mors, c'est une remise de main ; son encolure se roue-t-elle, devient-il complètement léger, c'est la descente de main.

Quand le cheval force la main, tire sur les rênes, le cavalier fixe la main sans pour cela tirer à lui, c'est une barrière qui doit empêcher d'aller au-delà, mais non ramener en deçà. Ce sont les jambes, les éperons qui doivent ramener le cheval, le rendre léger, le mettre *en main ;* aussitôt qu'il se met de lui-même *derrière la main,* qu'il cesse d'être *sur la main,* celle-ci rend.

L'encolure étant assouplie, le cheval en place, on répète le même travail en marchant, d'abord aux allures très-lentes sans rassembler trop fortement le cheval, puis au fur et à mesure des progrès, aux allures vives.

Les mouvements latéraux de l'encolure, le cheval étant en marche, lui donnent une grande souplesse, mais ils sont beaucoup plus difficiles à obtenir que ceux d'extension ou d'abaissement ; le cavalier doit mesurer en conséquence ses exigences.

Nous le répétons : la tête du cheval se ramène par les jambes du cavalier secondées des rênes et seulement lorsque la croupe elle-même est ramenée, lorsque les appuis de celle-ci sont dans leur ligne d'aplomb.

Du reste, pour régulariser l'instruction à donner au cheval, voici la progression de la nouvelle école :

Progression de l'Ecole de M. Baucher.

Ordonnance du Roi, du 6 décembre 1829, sur l'Exercice et les Évolutions de la Cavalerie.

ÉCOLE DU CAVALIER A PIED.

PREMIÈRE LEÇON.
TRAVAIL EN PLACE.

PREMIÈRE PARTIE.	PROGRESSION DE M. BAUCHER.
	ASSOUPLISSEMENTS.
	TRAVAIL A PIED.
Position du cavalier à pied.	Régulariser la base de sustentation et la position de la tête. Flexions des mâchoires et de l'encolure.
	TRAVAIL A CHEVAL.
Tête à droite, tête à gauche.	Flexions de l'encolure. Ramener.
A droite, à gauche..............	Pirouettes renversées. Flexions des hanches.
Demi-tour à droite..............	
Quart d'à droite, quart d'à gauche..	Pirouettes ordinaires. Flexions des épaules.

TRAVAIL EN MARCHANT.

DEUXIÈME PARTIE.	
Pas ordinaire	Marcher.
Marquer le pas	Rassembler le cheval en marchant pour le ralentir et l'arrêter.
Changer le pas	Apprendre à partir du pied droit ou du pied gauche de devant. Effets diagonaux.
A droite ou à gauche en marchant.	Doublé. Marche circulaire.
Quart d'à droite ou quart d'à gauche en marchant.	Changement de main diagonal. Travail de deux pistes.
Pas accéléré.	Allonger l'allure. Marcher au trot., etc.
Pas en arrière.	Reculer. Flexions des reins.

Les principes suivants empruntés à *l'Ecole du Cavalier à pied*, sont applicables au dressage des chevaux.

ART. 1er. — Cette Ecole ayant pour objet *l'instruction individuelle et progressive des recrues*, l'instructeur fait exécuter tous les mouvements avec calme et sans précipitation.

Chacun des mouvements doit être parfaitement compris avant de faire passer à un autre. Lorsqu'ils ont été bien exécutés, en suivant la série indiquée dans chaque leçon, l'instructeur ne s'astreint plus à cet ordre; il doit, au contraire, l'intervertir pour juger de l'intelligence des *cavaliers*.

ART. 2. — L'instructeur fait toujours reposer à la fin de chaque partie des leçons et plus souvent s'il le juge nécessaire, surtout dans le commencement; à cet effet il commande : Repos.

Au commandement Repos, le *cavalier* n'est plus tenu à garder l'*immobilité*, ni à rester en place. (Promenades.) Si l'instructeur ne veut que soulager l'attention du cavalier, il commande : en place Repos. (Remise de main, etc.); le *cavalier* n'est plus astreint alors à garder l'immobilité, mais il conserve toujours l'un ou l'autre pied en place.

ART. 3. Lorsque l'instructeur veut faire commencer le travail, il commande : Garde-à-vous (effet d'ensemble); à ce commandement le *cavalier* prend la position (place ses pieds), l'immobilité (place sa tête) et fixe son attention. (Les aides sont annoncées.)

Nous trouvons dans l'ordonnance concernant la *position du cavalier à pied*, *tous les principes qui font la base du système de M. Baucher*.

L'article 6 donne les motifs du *pourquoi* de chaque principe; il en est quelques-uns sur lesquels nous appelons l'attention du lecteur.

« *Le corps d'aplomb sur les hanches* : parce que c'est le seul moyen de donner
« à l'homme un parfait équilibre. (L'instructeur doit observer que la plupart des
« recrues ont la mauvaise habitude de pencher une épaule, de creuser un côté ou
« d'avancer une hanche.) »

Le cheval a besoin aussi d'être d'*apomb*, sans cela il cherche un appui en dehors de ceux qui lui sont naturels; aussi, loin de le forcer à s'appuyer sur la main, comme le fait l'école de M. d'Aure, l'école de M. Baucher le lui défend.

« *Le haut du corps un peu penché en avant* : parce que les hommes de recrue
« ont l'habitude de creuser les reins, d'avancer le ventre et de renverser les épaules.
« Il est essentiel de prévenir ce vice de position ou de le détruire, car il met le cava-
« lier *hors de son aplomb*. (Pour s'assurer que le cavalier a le haut du corps bien
« placé, il faut lui appuyer le doigt contre la poitrine; si sa position est bonne, il
« résiste à la pression.) »

Pour mettre le cheval dans cette position où l'*aplomb est régulier*, ne faut-il pas que l'action des jambes précède constamment celle de la main, quel que soit le mouvement à exécuter.

Ne sont-ce pas les principes de M. Baucher? Tandis que ceux de M. d'Aure provoquent à tout instant le cheval à des mouvements par la *main seule*.

Cette manière de tâter avec le bout du doigt si l'homme est d'aplomb, n'est-ce pas le sentiment de la main, le léger point d'appui que prescrit la méthode de M. Baucher, contrairement à celle de M. d'Aure, où le point d'appui qui grandit avec la vitesse est quelquefois si colossal, que le cavalier qui veut arrêter son cheval ne pouvant le faire quoiqu'agissant de toutes ses forces, rend brusquement la main, pour mettre le cheval dans l'obligation de tomber ou de se ralentir instinctivement.

« *La tête droite sans être gênée* : parce que, si elle penchait, elle ferait baisser « l'épaule du même côté, *s'il y avait de la raideur elle se communiquerait à toute* « *la partie supérieure du corps* dont elle gênerait les mouvements. »

Quelle est l'école qui demande la tête droite, l'encolure souple? Celle de M. Baucher, qui en fait une condition essentielle, obligatoire pour assurer la conduite.

Quelle est l'école qui veut l'encolure raide? Celle de M. d'Aure, qui prétend que cette raideur est indispensable pour assurer au cheval toute son énergie, lui conserver le perçant des allures.

Cependant, si cette raideur gêne les mouvements de l'homme, comment peut-elle favoriser ceux du cheval, est-ce que chacun est régi par des lois différentes? Le Cours d'Equitation l'enseigne, mais la routine seule le croit.

« *Les yeux fixés droit devant eux* : parce qu'en tournant les yeux on finit par « tourner la tête du même côté : la tête directe étant le plus sûr moyen de maintenir « les épaules carrément ; on ne peut trop s'attacher à donner aux cavaliers l'habitude « de cette position. »

Qui enseigne l'effet diagonal des aides, lequel place constamment le nez du cheval dans la direction où doit s'engager la masse, n'est-ce pas l'école de M. Baucher? Pas un mouvement n'est demandé avant de diriger le bout du nez du côté où l'on doit aller.

En est-il de même dans l'école de M. d'Aure?

Page 246. — « Si le jeune cheval se refuse à exécuter ces mouvements de demi-« hanche, on peut alors s'aider du caveçon et de la chambrière. Par exemple, s'il ne « répond pas à l'action de la jambe gauche pour diriger les hanches à droite, ou à « l'effet d'appui de la rêne droite pour engager l'avant-main à gauche, ou bien en-« core à l'effet d'ouverture de la rêne gauche toujours pour engager l'avant-main à « gauche, on mettra pied à terre pour lui mettre le caveçon; on le maintiendra « ensuite en face du mur, et, avec la chambrière ou la cravache on donnera de petits « coups sur le flanc gauche pour faire échapper l'arrière-main de gauche à droite; on « ne laissera les épaules aller à droite qu'en raison de la manière dont l'arrière-main « s'engagera de ce côté. Si l'avant-main se porte trop à gauche, il faudra cesser de « tirer sur la longe pour prendre le cheval par la bride et pousser la tête du côté où « l'on veut faire appuyer l'avant-main. »

On ne laissera les épaules aller à droite qu'en raison de la manière dont l'arrière-main s'engagera de ce côté. — Voilà donc les épaules qui suivent les hanches. Puis de quel côté se trouve le bout du nez lorsque le caveçon tire à gauche? — Certainement du côté gauche; et pourtant le cheval doit aller du côté droit.

Attaques comme moyen de modifier l'instinct du cheval.

Les attaques qui précèdent ont *assoupli* le cheval, elles l'obligent à se laisser plier ; lorsque l'animal *Ramène* facilement sa tête, *étant en place*, on emploie les attaques qui suivent, lesqu'elles ont pour but la *domination* et *l'assujettissement* du cheval.

Le cheval étant en place, la tête ramenée et bien dans la main, le cavalier lui fait sentir délicatement les éperons par petits coups près des sangles, sans précipitation et sans que le cheval sorte de la main, jusqu'à ce qu'il se touche plusieurs fois le poitrail avec le menton, ce qui indique sa soumission.

L'aide des éperons ainsi employée a pour but d'annuler la volonté du cheval, de changer son instinct qui le rend indépendant, pour lui inculquer la docilité, la soumission.

La continuation de ces attaques assujettit le cheval ; il se laisse dominer par le cavalier qui le pénètre de sa puissance absolue, la lui met bien dans la tête à force de la lui répéter, *de la lui faire sentir*.

N'en est-il pas de même pour l'homme ? Dans nos régiments, la volonté de tous, hommes de recrues ou hommes indociles, n'est-elle pas forcément obligée de se plier à la discipline. — Qu'est-ce que le peleton de punition ?

Attaques comme moyen de conserver la régularité de l'aplomb.

Ces attaques ont pour objet de *Ramener* le cheval, *en marche*, et de rendre le *point d'appui fixe et léger* sur la main ; elles obligent l'animal à rester *d'aplomb* ; elles ne s'emploient que lorsque le point d'appui augmente, lorsque l'encolure se contracte ; elles diffèrent de celles qui précèdent, celles-ci n'ayant été pratiquées que lorsque le cheval était *en main* et *en station*, alors que son encolure était flexible, le point d'appui nul.

Lorsque le cheval qui a été assoupli est en mouvement, toutes les fois qu'il contractera son encolure pour l'allonger, pour déranger la tête de sa *position naturelle*, qu'il prendra un point d'appui plus ou moins grand, le cavalier fixera la main de la bride et lui fera sentir les éperons, plusieurs fois s'il le faut, mais toujours délicatement. Il rendra la main et cessera les attaques aussitôt que la souplesse sera acquise.

La souplesse obtenue, la tête se ramène d'elle-même, l'encolure se roue, la conduite est sûre, agréable et facile.

La vitesse ne sera nullement ralentie par ce genre de Ramener.

L'homme qui pousse un fardeau devant lui, tend ses bras, les raidit, écarte les pieds dans le sens de la direction de la résistance à vaincre et s'incline plus ou moins ; s'il rapproche les pieds sous lui, ses efforts deviennent impuissants, il ne peut plus faire le même usage de ses forces. Il en est de même chez le cheval ; ce n'est pas seulement le bras qu'il importe de fléchir, c'est aussi la base de sustentation qu'il faut modifier.

L'allure du cheval est à son maximum de *vitesse naturelle* quand le cavalier sent que l'animal est prêt à sortir du Ramener et à altérer ainsi l'aplomb régulier.

Si le cavalier laisse le cheval sortir du Ramener ou le force à en sortir, le point d'appui devient alors absolument nécessaire pour le soutenir, pour l'aider à courir. Dans ce cas, la régularité de l'aplomb est altérée, mais aussi la vitesse est plus grande, *la vitesse est devenue factice.*

La respiration bruyante, la gêne, les efforts de l'animal, indiquent assez qu'il ne pourra conserver longtemps cette allure. Plus il va, plus il s'appuie, plus le danger grandit.

L'école de M. d'Aure fait la remise de main avant l'attaque, ce qui force le cheval, au moment de l'application des éperons, à fausser son aplomb, contrairement à l'école de M. Baucher, qui ne la pratique que pour récompenser le cheval, quand il a assoupli son encolure, ramené sa tête et a repris l'aplomb régulier.

Les attaques pour *Ramener*, qui se commencent de pied ferme et progressivement, *se continuent* à toutes les allures, offrent d'assez grandes difficultés. On peut pratiquer les attaques en trottant à l'anglaise ; on doit même s'en servir aux allures vives ; elles confirment ainsi le *Ramener* à toutes les allures. C'est à ce degré de *savoir équestre* qu'on peut amener généralement les cavaliers ; plus avant commence la science de l'écuyer.

Tout homme de cheval peut ramener le cheval qui porte le nez au vent pour le mettre dans la main ; l'écuyer seul sait le Rassembler, sait le mettre dans les talons.

Position naturelle de la tête du cheval.

Des causes indépendantes de la construction du cheval peuvent modifier la forme de son encolure et son port de tête : ainsi la nécessité de prendre des aliments dans un râtelier élevé et incliné lui fait tenir l'encolure renversée, porter le bout de la tête en avant et la nuque en arrière ; si la crèche est élevée, profonde, il roue son encolure et porte la tête selon une direction verticale ; si la mangeoire est plate ou peu profonde, sans être trop haute, il tient la tête et l'encolure à une élévation moyenne.

Les chevaux livrés à eux-mêmes ont presque tous en marchant l'encolure horizontale, parce que la tête tend par son propre poids à s'incliner vers la terre et se trouve retenue par le ligament cervical. Il en est de même dans la position de repos à l'écurie.

Quand le cheval non assoupli est Rassemblé, il prend une position de tête plus ou moins horizontale ou verticale ; la plus ordinaire est celle qui présente une légère obliquité en avant.

Cette position ne permettant pas au cavalier de dominer l'impulsion à l'aide de ses jambes, l'ancienne école cherche à soumettre le cheval par des mors de bride divers. La nouvelle obtient cette soumission par la souplesse et le Ramener qui place la tête, ce qui permet au cavalier de régulariser la détente des jarrets, d'où vient l'impulsion.

L'ancienne école attribue la résistance du cheval au plus ou moins de sensibilité de sa bouche; la nouvelle reconnaît que le cheval ne peut résister qu'en contractant son encolure et en agrandissant sa base de sustentation : de là vient que la première cherche les moyens de domination dans le mors de bride , tandis que la deuxième le trouve dans l'emploi des éperons.

Il en est de même pour l'homme : s'il agrandit sa base de sustentation, s'il écarte ses pieds, il peut résister ; si, au contraire, il se rassemble , s'il réunit ses pieds, les talons sur la même ligne, ses efforts sont nuls pour la résistance.

Si le Rassembler est complet, la station devient plus vacillante ; aussi lorsque nous nous soutenons sur un seul pied, sommes-nous dans cette circonstance obligés à des efforts continuels pour que le déplacement du centre de gravité ne dépasse point les limites étroites de la base de sustentation ; si nous voulons nous soutenir sur un talon ou sur la pointe d'un pied la base de sustentation est alors si petite, le Rassembler est si complet , que tous les efforts ne peuvent maintenir longtemps le centre de gravité dans la stituation requise.

On dit généralement : tel cheval a la bouche dure ; c'est une erreur. La résistance à la main provenant du cheval dépend de la contraction de son encolure , et c'est en raison directe de sa base de sustentation.

Ce même cheval n'a pas la bouche plus sensible lorsqu'il est mis au Rassembler , quoiqu'il obéisse alors aux plus légers effets du mors ; il n'a qu'une plus grande mobilité, due à l'instabilité de son équilibre.

L'homme campé qui résiste avec son bras ou sa poitrine les a-t-il durs pour cela ? Cependant, il se trouve dans les mêmes conditions de statique que le cheval.

C'est là une erreur de l'ancienne école, c'est encore ce qui lui fait varier à l'infini la forme du mors de la bride.

Les faits sont cependant assez évidents pour qu'une semblable routine cesse.

La tête ne doit pas non plus être toujours verticale : ainsi faire courir un cheval au-delà de sa vitesse naturelle doit nécessairement modifier la position de son encolure et de sa tête.

Le Ramener qui s'obtient progressivement par les assouplissements en place d'abord , puis en marchant, est donc une condition indispensable de l'éducation ; car le cheval non Ramené conserve le libre emploi de ses forces, et a toute latitude pour combiner ses moyens d'action , ses résistances afin de déjouer les efforts du cavalier et de se soustraire à sa puissance.

La tête placée verticalement est sans doute une position artificielle pour certaines conformations, et c'est le petit nombre ; — mais elle a l'avantage de permettre au cheval de voir à toutes les distances, ce qui ne peut avoir lieu lorsque, par la position de la tête, les yeux sont dirigés en haut.

Le Ramener n'est complet que lorsque l'encolure est liante et que le cavalier obtient facilement la mise en main.

Pour faire prendre cette position de tête au cheval , les Arabes se servent d'un enrènement fixe.

« Un bridon attaché d'assez près au pommeau ou trusquin antérieur de la selle ,

« maintient la tête du cheval dans une *position perpendiculaire* qui plait aux Ara-
« bes; aussi le laissent-ils souvent *toute la journée dans cette situation fatigante.*
(*Voyage* d'Horace Vernet *en Orient, page* 128.)

Ce système sera-t-il appelé à Saumur à remplacer *l'Homme de bois ?* —Maintenant que l'équitation des Arabes doit remplacer à l'Ecole, celle de M. d'Aure.

Mise en main.

Lorsque les muscles rapprocheurs des deux mâchoires sont assouplis par les attaques (ce qui rend la mâchoire inférieure mobile), le cheval est léger à la main, se *met en main.* Le cavalier est alors complètement maître de la volonté du cheval, qui ne peut opposer aucune résistance à l'action du mors de bride, puisque son encolure, ainsi que la colonne vertébrale sont flexibles à volonté. Ce résultat est la plus belle découverte de M. le professeur Baucher.

Nous venons de voir que le cheval est forcé de conserver la régularité de l'aplomb, lorsque son encolure est maintenue souple, qu'il est mis en main.

L'homme aussi est tenu de conserver la *régularité* de l'aplomb en marchant.

Ordonnance du 6 décembre 1829.

> Cavalier en avant,
> Marche.

Art. 15. « Au commandement : *Cavalier en avant*, porter le poids du corps sur la « jambe droite. »

L'école de M. Baucher n'a pas d'autres principes pour provoquer les départs, le degré de Rassembler, seul, décide le mode d'allure.

« Au commandement : *Marche*, porter vivement et sans secousse le pied gauche en « avant, à deux tiers de mètre du droit, le jarret tendu, la pointe du pied un peu « baissée et légèrement tournée en dehors, ainsi que le genou, le haut du corps en « avant; *marquer dans cette position un léger temps d'arrêt*, etc., etc. »

Pour que l'homme puisse rester un instant dans cette position, n'est-il pas forcément obligé de conserver *son aplomb.*

Le cheval qui prend un fort point d'appui sur la main, comme le prescrit le Cours d'Equitation, est-il dans les mêmes conditions ? Certes non.

Mais le cheval mis en main, souple d'encolure, léger, celui dressé d'après les principes de l'école de M. Baucher enfin ; oui, celui-là est bien dans les mêmes conditions dynamiques que nous reconnaissons être utiles pour nous mêmes.

Nous donnerons encore quelques preuves qui établiront positivement que l'Ecole que nous cherchons à faire bien connaître est en harmonie avec les lois naturelles, et que celle du Cours d'Equitation, au contraire, est en opposition constante avec les lois physiques qui régissent les mouvements automatiques du cheval,

Attaques comme moyen de Rassembler le cheval.

Les attaques pour *Rassembler* le cheval diffèrent de celles qui servent à le *Ramener*, en ce sens que ces dernières se pratiquent lorsque le cheval *se raidit de l'enco-*

lure, tandis que celles pour *rassembler* ne s'emploient que lorsque l'*encolure est liante*.

Les attaques pour *Ramener* placent la tête du cheval et l'obligent à rester *d'aplomb*.

Les attaques du *Rassembler* renferment le cheval et *changent son équilibre*.

Le rassembler commence , le cheval se met dans les talons , lorsque les attaques pratiquées de pied ferme et le cheval étant *en main*, tout en annulant sa volonté provoquent la mobilité des membres postérieurs qui, s'engageant sous la masse, sans que l'avant-main se relève et diminuant ainsi la base de sustentation, rendent l'équilibre plus instable, sans pour cela détruire la régularité de l'aplomb.

Les attaques se répètent avec beaucoup de ménagement , alors seulement que le cheval est bien *dans la main*, en commençant aux allures lentes, puis aux allures vives , et se continuent jusqu'à ce que l'approche seul des jambes et un léger soutien de la main, en un mot, jusqu'à ce qu'un effet d'ensemble (légère opposition des jambes et de la main produisant des forces équivalentes) suffise pour rassembler le cheval.

Pour faciliter l'exécution de ce travail , tout de *haute école* , on emploie beaucoup les oppositions des aides en ligne diagonale.

Effets diagonaux.

Les effets diagonaux sont le complément des assouplissements ; ils consistent à renfermer le cheval dans deux forces opposées et équivalentes en ligne diagonale (rêne droite, jambe gauche, et *vice versâ*), ils confirment la souplesse, le liant de l'encolure, la légèreté à la main. Ils jouent le plus grand rôle dans le mécanisme des aides et sont en harmonie avec les mouvements du cheval, qui se produisent toujours diagonalement.

Ces assouplissements se continuent en marchant et avec sagesse ; ce n'est que très-progressivement que l'encolure se laisse fléchir latéralement à toutes les allures ; ils sont complets lorsque le toucher de l'éperon , après avoir annulé les résistances, peut se faire sentir sans que le cheval sorte de la main. Le cavalier peut alors placer l'animal, quel que soit le mouvement à exécuter.

Le cheval est mis pour la Haute École , il est *dans la main et dans les talons*. Selon M. de Laguérinière, *page 72.* « *Etre dans la main et dans les talons* , c'est la « qualité que l'on donne à un cheval parfaitement dressé, qui sent la main , suit les « jambes et *les éperons* avec liberté et obéissance, soit en avant ou en arrière , dans « une place, de côté sur un talon et sur l'autre, et *qui souffre les jambes et même* « *les éperons sans se traverser ni déplacer sa tête.* Si l'on trouvait aujourd'hui un « pareil cheval, on pourrait, sans témérité, lui donner le nom de *Phœnix.*

Il paraîtrait que du temps de M. de Laguérinière les chevaux *mis au Rassembler*, étaient assez rare. Avec les principes de M. Baucher ces résultats sont obtenus, même sur de médiocres chevaux. Certes c'est un progrès assez remarquable.

Lorsque le cheval a acquis ce degré d'instruction , il est dans les mêmes conditions que l'homme qui a appris les premiers principes de la danse, de celui qui , par les différentes manières de poser les pieds, l'un part rapport à l'autre, peut prendre la première, deuxième ou troisième position.

RASSEMBLER.

Rassembler de M. d'Aure.

RASSEMBLER EN PLACE.

Cours d'Equitation. — Page 159. — « Les cavaliers fermeront graduellement « les jambes pour imprimer à la masse un léger mouvement que la main recevra en « s'assurant et s'élevant un peu.

« Ces deux actions doivent se produire presque simultanément avec légèreté et « par une somme *de force égale*, afin que le déplacement en avant ou en arrière ne « puisse pas se produire.

« Ces deux actions combinées ne permettant pas à la masse de se déplacer, auront « déterminé l'arrière-main à *s'engager sous la masse et l'avant-main* à se re- « dresser. »

Constatons de suite que le *Rassembler en place* assied le cheval sur ses hanches, le grandit du devant, en un mot, l'accule comme le faisait le dressage dans les piliers ; l'aplomb n'est plus régulier (1).

M. d'Aure nous enseigne ici que les deux actions (celles des jambes et celles de la main) doivent se produire avec une somme de forces égales : c'est une erreur grave , cause de bien des déceptions.

Ces deux actions qui agissent à l'encontre l'une de l'autre, ne doivent pas être de *force égale*, mais bien représenter *deux forces équivalentes*, ce qui est bien différent.

Il y a des chevaux sur lesquels une très-petite action de la main produit un très-grand mouvement rétrograde, et une très-forte action des jambes un très-petit mouvement en avant, et d'autres sur lesquels ces actions produisent des effets inverses.— Que la cause de ces effets soit due à la sensibilité relative des parties sur lesquelles opèrent les aides ou à la forme et à l'action des instruments (mors, jambes, éperons) qui sont mis en jeu , le fait n'en existe pas moins. — L'*Ecuyer observateur* doit même remarquer que chez le même cheval, placé autant que possible dans des conditions indentiques , cette variation se manifeste, elle se produit même souvent pendant le temps plus ou moins long que dure la leçon donnée au cheval. — La cause peut échapper à notre raisonnement, mais ses effets doivent être appréciés immédiatement par l'écuyer : cette qualité se nomme le *tact*.

---

(1) Un de nos camarades, sortant tout récemment de l'Ecole de Cavalerie, s'exprimait ainsi en nous signalant la manière d'être du cheval, dressé d'après les principes du Cours d'Equitation : — Aux allures vives le cheval marche sur le nez; aux allures lentes, il s'appuie sur la queue.

Rassembler au pas.

Page 160. — « Le Rassembler au pas s'exécutera d'après les principes énoncés
« dans le *Rassembler en place* , en ayant soin de combiner l'action des mains et des
« jambes, de telles sorte que la force inerte, tout en décidant le mouvement en avant
« ne domine pas la force musculaire, mais qu'elle soit, au contraire, régularisée par
« elle. »

Ceci est peu facile à comprendre. Nous allons tâcher d'être plus clair.

Les mains devront agir de telle sorte que le poids ou mieux encore l'animal s'incline un peu, assez en avant pour décider la marche.

Le cheval sera donc un peu moins acculé que dans le Rassembler en place.

Page 161. — « Nous savons que la main peut agir dans deux buts diamétrale-
« lement opposés ; savoir que, d'une part, elle peut seconder le mouvement de
« l'arrière-main en permettant à l'encolure de s'alonger pour augmenter son effet
« comme levier et offrir en même temps un appui à la masse, et, d'autre part, que
« la main neutralise l'action de l'arrière-main, lorsqu'en agissant d'avant en arrière
« elle détermine le raccourcissement du levier de la tête et de l'encolure, ce qui res-
« treint d'autant plus le mouvement de cette force. »

Explication. — L'action en avant de la main permet aux jarrets surchargés de
repousser le poids en avant ; celle en arrière les surcharge de nouveau.

Page 161. — « Lorsque la main aura maintenu la tête et l'encolure, pour en
« diminuer la puissance comme levier, et que les jambes auront engagé les extrémi-
« tés postérieures sous la masse, les mouvements étant ainsi rassemblés, se passeront
« en hauteur, et le cheval sera plus léger à la main. »

C'est bien cela ; lorsque les jarrets seront surchargés, lorsque le cheval sera acculé,
les mouvements se passeront en hauteur, *mais dans l'avant-main seulement*, et
l'arrière-main sera écrasée.

Ceci nous explique très-bien pourquoi, dans ce cas, le cheval sera plus léger à la
main.

Page 161. — « Il peut arriver que, par un trop grand effet de Rassembler, le
« mouvement en avant soit par trop diminué et que le cheval soit disposé à l'arrêt ou
« au mouvement rétrograde. Dans ce cas, la main doit se baisser un peu pour per-
« mettre à l'encolure de s'alonger, afin d'augmenter le mouvement progressif solli-
« cité alors par les jambes.

« Elle s'assurera ensuite pour recevoir, maintenir et régulariser ce déplacement
« de la force inerte. »

Il n'est pas étonnant, avec cette position acculée, donnée au cheval, de voir par un
trop grand effet de Rassembler (lisez par un trop grand effet de forces équivalentes
et en opposition des jambes et de la main) de voir, dis-je, le cheval s'arrêter ; mais il
ne reculera pas, il se cabrera plutôt. En voici la preuve.

Page 153. — « Si l'on avait fait abus de ces moyens de centralisation de forces,
« de telle manière que la main, par son action d'avant en arrière, provoque dans ce

« sens un déplacement de masse aussi grand que celui que les jambes provoqueraient
« en même temps dans le sens contraire ; ces deux actions, tout en mettant en jeu la
« force musculaire, ne produiraient ni le mouvement en avant, ni le mouvement en
« arrière, et amèneraient infailliblement *la défense du cheval.*

Rassembler au trot et au galop.

Page 163. — « Au trot et au galop, le Rassembler s'obtiendra par les moyens
« que nous venons d'indiquer. »

Vous nous avez enseigné que le trot et le galop étaient le résultat de la force inerte
qui est passée en avant ; — grâce à la puissance d'action de l'encolure comme levier ,
ce qui nous a donné le point d'appui. Aux allures lentes, l'aplomb était altéré par
la surcharge de l'arrière-main.

Aux allures vives, la surcharge est passée sur l'avant-main, l'aplomb est toujours
irrégulier.

Quand il faudra Rassembler un cheval à ces allures, selon le Cours , il sera nécessaire de faire refluer sur l'arrière-main la surcharge de l'avant-main.

Ce va-et-vient de forces nous explique maintenant la théorie du *flux et reflux* de la
masse.

Page 153. — « Le cheval chez lequel on a rendu les mouvements trides et cadencés,
« est celui dont on a centralisé les forces par cette action bien combinée du *flux et*
« *reflux* de la masse. »

Centraliser les forces veut dire réunir les forces vers un centre commun , et non les
faire refluer d'avant en arrière, et *vice versâ.*

Votre système de Rassembler est d'accord avec cette dernière théorie ; mais au Rassembler de M. Baucher appartient seul le mérite de la centralisation,

Il existe quelques chevaux d'élite qui , sans un travail préparatoire, se laissent
Rassembler, mais ils sont rares. — Les Ecuyers qui ont été assez heureux pour monter de semblables chevaux , leur ont dû presque toujours leur réputation. — Est-ce à
dire pour cela que les moyens pratiques qu'ils ont mis en usage pourraient être applicables aux chevaux de moindre qualité, sans auparavant façonner ceux-ci, leur donner la souplesse que possédaient naturellement ceux-là ? Évidemment non.

A défaut de moyens applicables et *donnant des résultats certains* sur des chevaux
médiocres, beaucoup nient leur possibilité ; c'est plus commode.

Il a fallu le génie de M. le professeur Baucher pour inventer, démontrer et transmettre un moyen logique, certain et si simple, qu'il est mis en usage avec le plus
grand succès par nos modestes cavaliers de régiments, de manière à satisfaire et au-
delà les exigences de l'équitation militaire.

Rassembler de M. le professeur Baucher.

Dans le dressage du cheval , tous les mouvements ont pour point de départ l'intelligence ; tout est subordonné à cette disposition innée.

Il en résulte que tous les cavaliers sont aptes à dresser leurs chevaux en subordon-
nant bien entendu le dressage à leurs propres moyens.

Travail préparatoire au Rassembler.

Pour rendre tous les mouvements du cheval soumis à la volonté du cavalier, il faut, avons-nous dit, l'assouplir. C'est le prélude de l'instruction.

Ce n'est pas par une marche interminable aux trois allures, avec enrènement, sur le cercle, comme le prescrit le Cours d'Equitation, qu'on assouplit le cheval, mais par des exercices gymnastiques, qui augmentent son activité musculaire, lui donnent la vigueur, la souplesse, l'agilité du corps. Les premiers essais sont simples et comprennent les mouvements élémentaires dont se composent les actes les plus complexes de l'appareil locomoteur. Ils sont toujours gradués de manière à les conduire sans efforts violents et sans autres instruments que le mors de bride et les éperons, jusqu'aux mouvements les plus compliqués, les plus énergiques.

Ils exercent toutes les articulations et presque tous les muscles de la mâchoire, de l'encolure, des membres et du tronc.

Nous appelons l'attention du lecteur sur la grande différence des moyens d'assouplissement employés dans les deux systèmes.

Les attaques ne se pratiquent pas de prime abord à une allure alongée; les deux éperons piquant en même temps, appliqués vigoureusement et étreignant le cheval jnsqu'à ce qu'il obéisse comme le prescrit le Cours d'Equitation; mais bien avec délicatesse en préparant les flancs par de légères saccades de jambes en place d'abord, puis en marchant pour arriver à un toucher délicat d'un seul éperon avec molette peu aiguë, puis des deux, sans que jamais ils restent au poil et toujours avec calme sans dépasser une force rationnelle et relative.

L'éperon devient ainsi une aide et et non un châtiment.

Exécution du Rassembler.

Deux choses établissent la perfection du *Rassembler* :

1° L'instabilité de l'équilibre, ce qui rend la masse mobile.

2° La régularité de l'aplomb, ce qui centralise les forces musculaires du cheval.

L'instabilité de l'équilibre du cheval dépend de la petitesse de la base de sustentation.

La régularité de l'aplomb dépend de la position plus ou moins normale qu'occupe le centre commun de gravité.

Pour rassembler le cheval, le cavalier ne doit donc pas chercher à lui donner telle ou telle attitude, telle ou telle élévation de tête, mais seulement exiger que le cheval reste souple, léger à la main; c'est l'animal qui doit pouvoir prendre, de lui-même, l'attitude qui convient le mieux à son organisation, à sa construction.

L'étude des lois physiques du Rassembler nous permet de faire le rapprochement suivant :

Dans l'exercice nommé l'*Homme à la perche*, les deux hommes ont des fonctions bien distinctes. Celui qui est en haut, constamment en équilibre instable, ne s'occupe que de se tenir en variant ses attitudes ; tandis que l'homme placé en bas, celui qui tient la perche et la supporte, ne cherche qu'à conserver la régularité de l'aplomb de tout l'édifice ; parce qu'en effet, lui seul sent quand cette régularité s'altère et que, lui seul peut y remédier.

Dans cet exercice la base de sustentation, mobile à volonté, cherche constamment à se placer au-dessous du centre commun de gravité. Il n'en est pas de même dans l'exercice suivant :

Le danseur placé sur une corde a une base de sustentation fixe, qui lui donne aussi un équilibre très-instable. Chaque fois que la régularité de l'aplomb s'altère, le danseur, à l'aide du balancier ou de ses bras, s'empresse de rétablir cette régularité en déplaçant le centre de gravité selon qu'il est besoin. C'est donc, contrairement à l'exercice précédent, le centre de gravité qui se mobilise et cherche à rester au-dessus de la base de sustentation, laquelle est fixe.

Ces deux exemples nous enseignent :

1° Que le cavalier ne doit modifier que l'équilibre du cheval, le rendre plus ou moins instable.

2° Que le cheval, seul, peut rétablir la régularité de l'aplomb quand elle s'altère.

3° Que pour mobiliser ou immobiliser facilement le cheval, sans l'obliger à des efforts autres que ceux nécessaires, soit à la station ou au mouvement, c'est la base de sustentation que nous devons d'abord modifier, puis ensuite déplacer le centre commun de gravité selon le mouvement résolu. Si nous agissons autrement, non-seulement il nous faudra employer plus d'efforts nous-même ; mais nous obligerons aussi le cheval à dépenser une partie de ses forces musculaires d'une manière complètement inutile, soit à la station, soit à la locomotion.

Le *Rassembler* s'opère de la manière suivante :

L'opposition des jambes et de la main agissant progressivement et produisant des forces équivalentes et opposées, le *cheval qui est assoupli* rassemble ses quatre extrémités vers un centre commun, de telle sorte que celles antérieures soient en arrière de leur ligne d'aplomb et que les postérieures soient en avant de la leur.

Le cheval ainsi placé n'est pas assis sur ses hanches, *le devant et le derrière conservent la même liberté de mouvement.* La régularité de l'aplomb est complète.

Ce *Rassembler* n'est point celui de M. de Laguérinière. (Ecole de cavalerie, page 72.)

« Rassembler un cheval ou le tenir ensemble, c'est le raccourcir dans son allure
« ou dans son air, *pour le mettre sur les hanches* ; ce qui se fait en retenant douce-
« ment le devant avec la main de la bride, et chassant les hanches sous lui avec les
« gras de jambes pour le préparer à se mettre dans la main et dans les talons.

D'après ce Rassembler, le cheval est grandi du devant ; les hanches sont chassées sous lui, il est plus ou moins *assis.* Par suite de cette position le cheval aura du tride dans les mouvements particuliers à l'avant-main, mais les hanches *surchargées* abaisseront les mouvements particuliers à l'arrière-main, ils seront près de terre. Le cheval rasera constamment le tapis avec ses membres postérieurs.

Le cheval rassemblé selon l'école de M. Baucher, marque une élévation égale dans le soutien de tous ses membres. Ceci tient à la régularité de la répartition de la masse au-dessus de la base de sustentation et à la centralisation des forces musculaires du cheval.

L'école de M. d'Aure assied le cheval et altère l'aplomb de la masse; celle de M. Baucher fait varier l'équilibre du cheval quand il est besoin et toujours en conservant l'aplomb de l'ensemble.

Plus les pieds du cheval ont été rapprochés, plus la base de sustentation est devenue petite, plus grande est aussi l'instabilité de l'équilibre. Le cheval répond alors aux plus légers effets des aides; il a la plus grande mobilité, quelle que soit du reste sa sensiblité.

De la tension égale et opposée des forces musculaires, il résulte évidemment qu'elles sont en équilibre : donc, plus le cavalier peut obliger le cheval à rapprocher ses quatre extrémités, plus il le contraint à dépenser ses forces de manière à rester en équilibre. Par conséquent, on peut dire que *la résistance provenant du cheval est en raison directe de l'étendue de sa base de sustentation.*

Dans ce Rassembler il n'y a pas *flux et reflux* de la masse, mais bien *et concentration des forces musculaires*, ce qui n'a pas lieu dans celui qu'on obtient d'après le Cours d'Equitation.

Le cheval mis au Rassembler, le cavalier peut lui faire exécuter la *haute-école.*

Conduite d'après les principes de M. d'Aure.

Théorie des contre-poids.

PAGE 166. — « Généralement, toutes les actions qui tendent à produire un mou-
« vement doivent toujours trouver leurs contre-poids dans les actions qui peuvent
« produire les effets contraires; c'est-à-dire que toutes les fois qu'une action se ma-
« nifeste, il faut qu'elle trouve son soutien et sa rectification dans l'action opposée.
« Ainsi les jambes agissent-elles pour pousser le cheval en avant, la main devient le
« soutien de cette action et peut au besoin la rectifier. La main agit-elle pour porter
« le cheval en arrière, les jambes soutiennent l'action de la main et peuvent ainsi
« atténuer ses effets. — De même, quand la rêne droite agit, la gauche devient le
« soutien et peut contre-balancer son effet; il en est de même pour les jambes : la
« jambe droite agit-elle pour engager l'arrière-main à gauche, la jambe gauche sert
« de soutien et fait que ce déplacement se produit graduellement et sans surprise.

« Comme dans tous les changements de direction auxquels on soumet le cheval,
« les résultats à obtenir peuvent être différents; ainsi l'action peut devenir soutien e
« le soutien l'action; on doit comprendre combien il est nécessaire de n'engager la
« masse que graduellement, car si on la déplaçait avec trop de force, et sans la sou-
« tenir, le poids de cette masse pourrait se produire avec une telle précipitation que
« le cavalier n'aurait plus la puissance de la maintenir et d'en régler le déplacement. »

Comment la main d'une femme pourrait-elle donc maintenir cette masse , s'il arrivait qu'un déplacement se produisit avec précipitation.

On aura beau engager la masse graduellement , le point d'appui croîtra en raison de l'engagement ; cela est dû à la surcharge de l'avant-main, elle oblige le cheval à augmenter son appui au fur et à mesure qu'elle se grossit.

L'action de régler les déplacements de la masse , par les *aides supérieures* , sera toujours un effet de force, parce qu'en agissant ainsi , le cavalier cherche à changer la disposition de cette masse , avant d'avoir rendu son équilibre plus instable ; ce qui ne peut se faire qu'en modifiant la base de sustentation à l'aide des *aides inférieures*.

Lorsque le cheval se Rassemble par l'éperon , la main d'un enfant suffit pour régler tous les déplacements ; cela tient à ce que l'éperon agit : 4° sur l'encolure qui s'assouplit et force le cheval à se remettre d'aplomb ; 2° sur la base qui , devenue plus petite, rend la masse très-mobile, soit pour la déplacer, soit pour régler les déplaments.

Les femmes sachant monter à cheval , se servent très-bien de deux éperons : l'un est fixé au talon gauche, l'autre tient à une virole, sorte d'anneau passé à la cravache, de façon qu'il se trouve à hauteur du flanc. Elles peuvent ainsi modifier la base de sustentation , avant d'agir avec la main , ce qui leur donne la puissance de maintenir la masse et d'en régler le déplacement, même lorsqu'il se produit avec précipitation.

Conduite d'après les principes de M. le professeur Baucher.

Effet d'ensemble.

L'action des aides nommée Effet d'ensemble qui maintient le cheval Rassemblé , produit un effet de forces concentriques ; elles se propagent de la circonférence au centre. Le cheval oppose un effort dispersif , un effet de forces excentriques , elles se dispersent vers la circonférence.

De ces deux forces opposées résulte une lutte constante entre le cavalier et le cheval.

C'est au cavalier à sentir par le tact dans quelle direction se fait l'effort du cheval, pour y opposer une action équivalente ou supérieure , suivant le cas.

Ainsi tous les déplacements du cheval, quelle que soit leur direction , leur force, leur variété , doivent être arrêtés par l'action intelligente , rapide, forte ou faible des aides du cavalier.

L'action des jambes doit toujours précéder celle des mains pour produire l'effet d'ensemble , ce qui empêche le cheval de revenir sur lui , de s'acculer.

Cet effet doit précéder et suivre chaque exigence du cavalier et lui être proportionnée.

C'est par la persévérance de l'effet d'ensemble que l'on donne l'immobilité. Il est très-essentiel que le cavalier perfectionne ce travail, car lorsqu'on peut facilement donner l'immobilité au cheval on peut de même le rendre mobile à volonté.

Pendant le dressage, cet effet des aides est très-souvent employé ; chaque arrêt est suivi d'un effet d'ensemble qui place le cheval, le met en main et l'immobilise. Ce résultat obtenu la main rend (Remise de main) pour récompenser le cheval.

Mécanisme des aides.

Effets des Rênes.

Rêne contraire. — L'action de porter la main à gauche tend la rêne droite, qui devient Moteur : mais la gauche se détend. Si celle-ci agit comme Régulateur, elle se tend à son tour et c'est la droite qui se détend.

Les deux forces n'agissent donc pas en même temps : aussi l'effet des rênes, ainsi employées, n'a pas la même régularité que lorsqu'elles agissent directement.

Rêne directe. — Les deux tendues en même temps, dans la direction des hanches qui leur sont opposées agissent aussi, l'une comme Moteur, l'autre comme Régulateur. Les deux forces agissant en même temps leur effet est régulier : aussi est-ce de cette manière qu'on doit les employer pour faire de la haute-école.

Les effets des rênes contraires agissent perpendiculairement à l'axe horizontal du corps du cheval. (D'une épaule à l'autre.)

Ceux des rênes directes agissent d'une manière plus oblique, par conséquent dans la direction des membres postérieurs. (D'une épaule à la hanche qui lui est opposée.)

Il n'est pas nécessaire de tenir les deux rênes séparées pour les faire agir directement. Il suffit, s'il est besoin de sentir la rêne droite, d'arrondir un peu le poignet sans l'élever ; et pour sentir la rêne gauche, on tourne les ongles en dessus.

Sentiment de la main. — Le cavalier doit non-seulement sentir qu'il tient la volonté du cheval dans sa main, mais c'est aussi par la main que s'établit le sentiment réciproque, que le cavalier donne au cheval, ou le cheval au cavalier.

Quand le cheval résiste de l'encolure, la main doit sentir quelle est la direction de la résistance ; lorsqu'elle est de droite à gauche, par exemple, c'est sur le membre postérieur droit que le cheval prend son appui ; il suffit de mobiliser celui-ci, par l'augmentation de la pression de jambe du cavalier, du même côté, pour la faire cesser.

Lorsque le cheval bat à la main, il s'y prend de diverses manières ; il conserve son aplomb, ou il s'appuie davantage sur l'avant-main ou l'arrière-main. La main du cavalier doit sentir comment opère le cheval, et pour l'empêcher de secouer ainsi la tête, il faut, dans le premier cas, que les aides se serrent rapidement avec des forces équivalentes des jambes et de la main, à l'instant juste où le cheval va battre à la main ; lorsqu'il s'appuie sur l'avant-main, la main doit être plus puissante que les jambes ; c'est l'inverse, si c'est sur l'arrière-main qu'il se rejette.

La main est toujours l'écho des jambes ; chaque action de celle-ci provoque une commotion, une force, qui, après avoir passé par l'encolure, revient en suivant les rênes, comme guidée par un fil conducteur pour cesser dans la main ; lorsque les choses se passent ainsi, c'est le signe le plus certain que les extrémités du cheval se rapprochent les unes des autres par leur partie inférieure, et qu'elles cèdent à ce lien invisible, qui semble les attirer d'une manière irrésistible vers un centre commun.

Le cavalier doit chercher à donner de la finesse à sa main, c'est ainsi que se forme le *tact*. Il y arrive surtout en étudiant et appréciant les différentes résistances présentées par le cheval, lorsqu'il cherche à le rendre immobile.

Déplacement du centre commun de gravité.

Pour porter le centre de gravité plus en avant, il faut augmenter l'effet des jambes et ne faire qu'une très-légère opposition de la main pour maintenir la tête, ce qui provoque le passage des forces en avant, ce qui fait refluer l'arrière-main sur l'avant-main.

Pour porter le centre de gravité plus en arrière, il faut soutenir la main, ce qui forme un temps d'arrêt; engager les extrémités postérieures du cheval sous le centre par une forte pression des jambes; alors une nouvelle action de la main, plus légère, qui n'est plus qu'un demi temps-d'arrêt, reporte les forces d'avant en arrière, fait refluer l'avant-main sur l'arrière-main.

Pour porter le centre de gravité plus à gauche, il faut tendre la rêne droite dans la direction de la hanche gauche du cheval, ce qui fléchit un peu l'encolure à droite et pousse le poids de l'animal à gauche ; la jambe gauche du cavalier le reçoit et soutient la croupe pour que celle-ci ne se déplace pas. La rêne gauche régularise la flexion de l'encolure, et la jambe droite, moins en arrière que la gauche, fait pencher le corps du cheval à gauche en augmentant sa pression, chaque fois que l'animal veut se remettre dans la position de station.

Pour porter le centre de gravité plus à droite ce sont les mêmes principes et les moyens inverses. Ces déplacements du centre commun de gravité, à gauche ou à droite, sont le résultat des Effets Diagonaux, et c'est ainsi qu'il faut placer le cheval pour faire entamer l'allure, par l'un ou l'autre pied, le côté allégé commencera toujours le mouvement.

Pour le mouvement en avant, les jambes provoquent l'impulsion, la main s'en empare et laisse porter le centre de gravité en avant. Un simple déplacement de la tête, à droite ou à gauche, suffit pour provoquer les changements de direction en avant.

Pour le mouvement retrograde, la main, après s'être emparée de l'impulsion, repousse légèrement le centre de gravité en arrière et doit cesser aussitôt son appui pour ne pas acculer le cheval. Les diverses pressions faites sur les flancs par l'une ou l'autre jambe, provoquent les changements de direction en arrière.

Dans tous les mouvements rétrogrades l'action des jambes est constante pour entretenir la mobilité des extrémités postérieures, tandis que l'action de la main ne doit se faire sentir que lorsque le mouvement en arrière ralentit ou cesse.

Pour arrêter le mouvement en arrière, ce sont les jambes qui provoquent le mouvement en avant et le demi-temps d'arrêt de la main qui immobilise le cheval.

Pour passer du mouvement en avant au mouvement en arrière, il faut d'abord arrêter, avant de porter le centre de gravité plus en arrière, et réciproquement pour le mouvement opposé.

Dans le mécanisme des aides, il y a toujours une force motrice régie par une force régulatrice.

La force motrice est quelquefois la *force résultante* de plusieurs aides employées en même temps, pour concourir au même but.

Exemple :

Le cheval refuse de ranger ses hanches à gauche à la sollicitation de la jambe droite. La rêne droite tendue directement vient prêter son concours, l'éperon droit s'associe enfin pour terminer la question.

L'association de ces trois forces différentes forme *la force résultante*, le moteur dans sa plus grande puissance, lequel est régi par le régulateur qui doit se former du côté opposé, du côté gauche du cheval. Ce régulateur peut lui-même à son tour représenter une *force résultante* de l'association des deux ou des trois forces semblables à celles dont nous avons parlé. Le cheval voudrait dans ce cas ranger sa croupe au-delà de ce que le cavalier avait résolu ; et il n'aurait pas cédé à la force régulatrice seule de l'action de la jambe gauche. Il peut même arriver qu'il prenne fantaisie au cheval de faire tout à coup une résistance opposée à celle que nous venons d'étudier. Dans ce nouveau cas l'ordre des choses serait changé naturellement.

Ce sont des oppositions simples ou composées.

Les fonctions des jambes du cavalier sont de se pousser réciproquement la masse, et quand elles agissent de manière à produire des effets de forces équivalentes, lesquelles pour cela ne sont pas toujours égales ; elles provoquent la détente des jarrets.

Les jambes font de plus opposition aux rênes en ligne diagonale : c'est à dire que la jambe droite fait opposition à la rêne gauche, et *vice versâ*.

Example : — Les deux jambes serrées, si la gauche donne une action supérieure à la droite, elle provoque le mouvement en avant du bipède diagonal droit.

La rêne droite, tendue dans la direction de la hanche gauche du cheval, ce qui constitue la ligne diagonale, fait reculer ce même bipède.

Pendant ce travail d'assouplissement les hanches devront être contenues droites.

Les jambes ont mission de surveiller l'encolure ; toutes les fois qu'elle se contracte, elles menacent ; si cela ne suffit pas, c'est l'affaire des éperons.

Nous avons vu comment la rêne prête son concours à la jambe du même côté, mais les fonctions des rênes ne se bornent pas là : elles sont au contraire très-compliquées, et c'est ce travail intelligent et délicat qui dénote l'écuyer, bien plus que la solidité de la tenue.

La sagesse, la docilité du cheval dépendent souvent de la régularité de cette partie du mécanisme des aides.

Les difficultés du mécanisme des rênes dépendent principalement :

1° De la création d'une force supérieure équivalente ou moindre, en opposition avec celle qui doit lui être moindre, égale ou supérieure ;

2° De la direction à donner à chacune d'elles ;

3° De la rapidité à passer d'un effet à un autre, soit qu'il faille changer la direction ou modifier la force ;

4° De la connaissance exacte des effets particuliers à chacune d'elles, agissant isolément ou simultanément, soit qu'elles s'entr'aident ou se fassent opposition;

5° De l'harmonie de ces divers effets, dans leurs rapports avec les actions dévolues aux jambes;

6° Enfin de l'accord des aides avec l'action déterminante de la masse. (*Pl. 1, fig. 5.*)—L'habileté de la conduite consiste encore à deviner en quelque sorte les caprices ou calculs du cheval.

La main habile à ce mécanisme compliqué est à juste titre appelée *main savante*.

La main de la bride ne produit pas seulement le mouvement rétrograde; elle relève de plus l'avant-main et abaisse la croupe; réciproquement les jambes n'ont pas seulement mission de pousser en avant, elles produisent également le même mouvement de bascule de la main, mais dans le sens inverse. — Comme le mouvement de bascule produit par la main est plus facile au cavalier que celui provenant des jambes, il résulte qu'involontairement souvent il accule son cheval; aussi ne saurait-on trop faire agir les jambes du cavalier pour leur rendre cette partie du mécanisme des aides plus facile.

Les pirouettes renversées donnent ce résultat, de plus elles habituent le cheval à soulever sa croupe, ce qui est d'une grande importance en Equitation, car lorsque le cheval veut résister il s'y appuie toujours; son encolure n'est que le bras avec lequel il lutte. — Quand ce bras est forcément tenu souple par la crainte de l'éperon, le cheval ne s'appuie plus sur sa croupe pour les résistances, car cela ne lui serait d'aucune utilité.

Les cavaliers qui s'attachent à la main pendant le saut, font basculer leurs chevaux d'avant en arrière; ils hâtent ainsi le poser de la croupe. — Quand les chevaux refusent de franchir, il suffit de les forcer une fois, *sans leur faire sentir la main*, pour que leurs résistances diminuent ou disparaissent.

Ajoutons à cette nomenclature la connaissance que doit encore posséder le véritable Ecuyer, des lois de la statique, de la dynamique, de la physiologie pour mouvoir la masse, en place, en marchant aux diverses allures, selon la force, les moyens divers de toute espèce de chevaux, sur tous les terrains, par tous les temps. Il pourra alors communiquer sa volonté au cheval par le langage des aides.

L'Ecuyer doit aussi enseigner aux élèves le meilleur emploi qu'ils peuvent faire de leurs propres moyens, et ne pas leur dire seulement : Pratiquez, changez souvent de chevaux et vous apprendrez.

DE LA CRAVACHE.

Manière de la tenir.

(*Cours d'Equitation.*) PAGE 55. — « Prendre la cravache de la main droite, la « placer le petit bout en haut et incliné en avant dans la direction de l'œil gauche. »

Son utilité.

PAGE 245. — « Le cavalier doit se servir de la cravache, qu'il applique par coups
« redoublés sur les flancs du cheval pour le chasser devant lui. »

Alors que nos gentilshommes apprenaient à monter à cheval au manége, on faisait
placer la cravache comme il est dit ci-dessus, parce que c'était *le port de l'épée à
pied et à cheval*. Il n'y a pas longtemps que les officiers de l'infanterie française ne
prennent plus cette position pendant le défilé.

Cette manière de tenir la cravache avait donc un but.

Aujourd'hui que le port de l'épée n'est plus le même, cette position n'est plus justifiée que dans les deux cas suivants :

1° Par le jockey, le coureur, qui, dans un moment donné, peut y avoir recours
pour gagner le prix ;

2° Par le cavalier qui châtie un caprice.

Il faut être très-sobre de ce genre de châtiment.

La cravache, tenue le bout en bas, est facilement et légèrement utilisée, soit à
l'épaule ou à la hanche, suivant le cas. C'est plus gracieux et de meilleur goût.

M. d'Aure utilise la cravache comme un fouet, un bâton, tandis que l'école de M. le
professeur Baucher en fait une *baguette magique*.

Avec la cravache on dresse un cheval au piaffer, sans le monter, en employant les
moyens suivants :

La cravache dans la main droite, les rênes de la bride dans la main gauche, le cheval étant près du mur à main gauche, l'écuyer lui apprend à se porter en avant, puis
le retenant en même temps de la main, à se Ramener et, enfin, à se Rassembler.

Pour ramener la tête du cheval en marchant, le cavalier saisit les rênes de la bride
avec la main gauche, près du mors de bride : cette main tire le cheval en avant, pendant que la main droite le frappe délicatement au poitrail avec la cravache à une seconde d'intervalle. Le premier mouvement naturel du cheval est de reculer ; le cavalier
le suit dans son mouvement rétrograde, sans discontinuer toutefois la tension énergique des rênes de la bride, ni les petits coups de cravache sur le poitrail.

Après avoir reculé quelque temps, le cheval cherche à se soustraire à ce châtiment,
par le mouvement en avant ; le cavalier s'empresse alors de cesser les coups de crava-
vache et flatte l'animal du geste et de la voix. La répétition de cet exercice fait comprendre au cheval que, pour éviter les coups de cravache, il doit avancer.

Ce résultat obtenu, la cravache provoque le mouvement en avant, de même que le
ferait l'action des jambes d'un cavalier qui monterait l'animal.

Le cavalier change alors de manière d'agir de la main gauche ; au lieu de tirer le
cheval en avant, il cherche, en faisant appuyer le mors sur les barres, à placer la tête
du cheval au Ramener, pendant que la cravache seule provoque l'impulsion.

De ces deux actions opposées de la cravache et de la main, il résulte un effet de
Ramener, qui facilite l'éducation du cheval.

La cravache appliquée ensuite sur la croupe soulève celle-ci, et lorsque le mouvement est régularisé, le cheval se rassemble, se cadence et *piaffe*.

La cravache provoque différents effets, chez le cheval, suivant l'usage qu'en sait faire le cavalier.

La cravache touchant le sommet de la croupe la soulève, la rend mobile et ramène les extrémités postérieures dans leur ligne d'aplomb.

L'*Enlever* de la croupe empêche le cheval de forcer la main, de s'asseoir sur les hanches, de se grandir du devant.

La cravache appliquée sur la hanche droite, provoque le lever du bipède diagonal gauche et engage le membre postérieur sous la masse. Le coup sur la hanche gauche produit le même effet pour le bipède diagonal droit.

Lorsque l'arrière-main se traverse, se jette en dedans du manége, la cravache frappe le flanc jusqu'à ce que le cheval se place droit, sur la piste, près du mur.

Le cavalier doit s'empresser de cesser de frapper aussitôt que l'animal marque la moindre soumission ; dans le principe, il suffit qu'il maintienne ses hanches sur la même ligne que ses épaules et que ses extrémités se mobilisent, se soulèvent, n'importe dans quel ordre, pour que le cavalier le récompense, le flatte, le caresse ; peu à peu le mouvement se régularise, le lever des extrémités se fait par bipèdes diagonaux, le soutien devient plus marqué, les mouvements ont plus de tride, le cheval se rassemble, se cadence et piaffe.

Le cavalier doit régler ses exigences, selon la manière d'être du cheval ; plus il est fin, susceptible, de race, plus il faut de modération, de progression, de sagesse, en un mot, de *tact*.

On apprend ensuite au cheval, au milieu du manége, à ranger ses hanches, à les tourner autour des épaules, la tête restant placée ; pour cela, le cavalier étant à gauche place la tête avec la main gauche, et fait fuir doucement les hanches à droite en menaçant et touchant au besoin l'animal au flanc gauche, avec la cravache.

Pour rendre la croupe mobile à gauche, le cavalier place la tête avec la main gauche, qui tient la rênes de la bride, près du mors, aussi verticale que possible ; il étend le bras droit au-dessus du dos, la main droite menace le cheval de la cravache et au besoin le frappe légèrement au flanc droit jusqu'à ce que l'animal, fuyant la douleur, range sa croupe à gauche, la ramène du côté du cavalier. Ce sont des pirouettes renversées.

Ce travail exige l'emploi d'une cravache suffisamment longue ($1^{m}\,50^{c}$), il se fait avec calme, douceur et patience. Le cavalier doit se rappeler que les moyens qu'il emploie sont des aides et ne doivent pas agir par conséquent comme châtiment.

Enfin (toujours au milieu du manége), l'écuyer tenant avec la *seule main droite* le bout des rênes de la bride et la cravache au-dessus du dos, met le cheval au piaffer, tout en contenant les hanches dans la direction des épaules.

On arrive à pouvoir abandonner les rênes, et le cheval sous la cravache, sans qu'elle le touche, de lui-même, très-gracieusement, se met à danser en cadence, sans aucune colère ni impatience.

On peut même le mettre au galop sur place, sans employer pour cela la moindre force. Le cheval qui est ainsi dressé ne présente plus de difficultés ; lorsqu'il est monté, il obéit à l'action des aides. Nous trouvons dans ce travail un enseignement utile qui nous amène à en faire l'analyse.

Supposons le cheval soulevé par une sangle fixée à une poulie, nous verrons ses pieds se rapprocher et tendre vers un centre commun. Le cavalier ne pouvant soulever cette masse oblige le cheval à se soulever lui-même. Pour cela, la cravache frappe plus ou moins fort sur la croupe, suivant sa sensiblité, ce qui force le cheval à rapprocher ses extrémités, puisqu'il est contraint, pour éviter ce châtiment, de se cadencer.

Ce travail forme l'homme de cheval, donne le tact et met en évidence le *Rassembler naturel pris par le cheval de lui-même*, lequel est identiquement le Rassembler de la nouvelle école et non celui de M. d'Aure. (Voyez *Rassembler*.)

On ne peut non plus comparer ce Rassembler à celui donné au cheval *placé dans les piliers;* celui-ci, à l'aide du licol de force, obligeant le cheval à s'asseoir beaucoup sur ses hanches.

Le cheval, dressé à l'aide de la cravache, centralise ses forces de lui-même, *sans flux et reflux* de la masse.

Nous avons l'habitude de soumettre tous les chevaux dont nous entreprenons l'éducation à ce genre de *Rassembler;* et toujours notre travail a été couronné de succès.

Cette manière d'opérer active le dressage, sans fatiguer aucunement l'animal ; la main de la bride n'offrant *aucun* point d'appui, l'aplomb reste forcément régulier ; la position prise par le cheval est toujours gracieuse, c'est celle qu'il prend de lui-même, lorsqu'étant en liberté, il *fait le beau.*

A l'aide de ces moyens le dressage des chevaux difficiles devient moins dangereux et plus facile.

Lorsque l'animal frappe du devant, le cavalier se place plus à l'épaule pour éviter le coup, il tient également les rênes avec la main gauche, à la position ordinaire de la main de la bride ; de cette manière le cheval ne peut l'atteindre à l'avant-bras gauche, ce qui aurait lieu, si les rênes étaient tenues près de la bouche du cheval.

Ordinairement 20 ou 25 leçons suffisent pour mettre le cheval au *Piaffer*,

DU TOURNER.

(*Cours d'Equitation.*) XXXVII. « On a prétendu, dit le Cours, que le Tourner « par la rêne contraire était produit par la pression de la rêne sur l'encolure, plutôt « que par la sensation éprouvée par la barre gauche.

« Pour réfuter cette théorie, il suffit de comparer 1° la nature des deux sensations

« sur la barre et sur l'encolure ; 2° la puissance des deux agents qui les produisent,
« savoir : le canon et la rêne. En effet, d'une part, en voit que la rêne est un corps
« mou, souple ; tandis que le canon est un morceau de fer dur et résistant ; que,
« d'autre part, l'encolure, dont la peau recouverte de poil est douée de peu de sen-
« sibilté, tandis que les barres ayant pour base la crête tranchante du maxilaire,
« recouverte par la buccale, membrane nerveuse et très-impressionnable ; d'où il suit
« que l'agent le plus puissant, savoir : le canon impressionne la partie la plus sensi-
« ble, les barres ; or, ce sont elles qui reçoivent la plus forte sensation, qui est la
« *cause efficiente du Tourner* ; la rêne n'en est qu'un moyen secondaire, ainsi que
« nous l'avons dit plus haut. »

Puis encore page 147 : « D'autres ont bien voulu reconnaître que la barre qui
« recevait la sensation (rêne contraire) était celle du côté de la rêne tendue ; mais ils
« n'ont pas voulu admettre que cette sensation fut *la cause déterminante* du
« Tourner.

« C'est alors à l'appui de la rêne sur l'encolure qu'ils ont accordé la faculté de
« faire tourner le cheval. Leur théorie était de dire que le cheval tournait à droite par
« l'appui de la rêne gauche sur l'encolure, quoique la barre gauche fut plus impres-
« sionnée que la droite. — Pour admettre un pareil système, il faudrait donc sup-
« poser que la bouche fût dépourvue de toute sensibilité, et qu'un mors qui agit sur
« les barres a moins de valeur qu'une rêne qui effleure l'encolure.

« Les essais que l'on fait sur des poulains ne prouvent rien, etc.

« Il faut d'abord habituer le cheval au contact du mors, etc. »

Les écuyers qui reconnaissent que le cheval tourne à droite par l'appui de la rêne
gauche, quoique la barre gauche soit plus impressionnée que la droite, ont raison et
cependant ils ne supposent nullement la bouche dépourvue de sensibilité.

On n'a jamais mis en doute que le mors dans son action fesait plus de mal au cheval que la rêne pesant sur l'encolure. Là n'est pas la question. — Essayez ceci : —
Otez le mors de bride, fixez les rênes aux boucles de côté du licol et vous ferez tourner
le cheval par la rêne contraire parfaitement bien. Dans ce cas, où est la cause efficiente
et déterminante du Tourner. — Il résulte évidemment de la lecture de cette théorie
que la partie importante de l'action du Tourner réside dans tel ou tel usage des rênes
principalement et des jambes. Ainsi prenons par exemple le Tourner à droite par la
rêne droite agissant directement.

L'auteur assure qu'en fermant les jambes avec une *égale force*, et en tirant la rêne
droite, à droite, directement, en l'éloignant de l'encolure, le Tourner doit forcément
avoir lieu du côté droit.

XXXIV. « On fait tourner le cheval à droite en ouvrant la rêne droite, c'est-à-dire
« par l'action de la rêne droite, dite rêne directe. Dans ce cas, la sensation que le ca-
« non droit a produite sur la barre droite a été la cause déterminante. »

Nous répondrons : Oui et Non ; — oui, si avec un degré de Rassembler quelconque,
l'aplomb de la masse entière, c'est-à-dire de l'ensemble de l'homme et du cheval est
resté sur une ligne verticale, si, en un mot, la partie supérieure de la pyramide est

restée droite; — non, si avec un cheval mis au Rassembler le plus complet (Rassembler de M. Baucher, bien entendu), cette rectitude de l'aplomb a été dénaturée, si l'inclinaison du sommet de la pyramide a eu lieu du côté opposé au Tourner indiqué par les rênes et stimulé par les jambes. Il n'y aura pas même d'incertitude pour le cheval si l'action des jambes présente du côté gauche pour régler le mouvement de la croupe une force supérieure à celle qu'elle produit du côté droit.

La pression égale des deux jambes ne donne pas toujours, nous le répétons, des résultats équivalents; une foule de causes peut faire varier l'effet produit; c'est un flanc du cheval plus sensible que l'autre; c'est un éperon dont la molette est émoussée, etc.

Voici l'explication physique de ce dernier Tourner :

La rêne droite agissant directement et ayant amené à droite le nez, la tête et une partie de l'encolure, a déplacé une masse pesante qui doit nécessairement entraîner la résultante des forces parallèles de la pesanteur dans cette direction, à moins qu'une masse d'un plus grand poids ne vienne la contre-balancer en même temps du côté opposé.

Mais si le cheval ayant un équilibre très-instable et marchant doucement, le cavalier s'incline le plus possible du côté gauche, la résultante des forces parallèles de la pesanteur sera mue de ce côté, parce que le sommet de la pyramide sera plus lourd à gauche, que l'encolure qui est pliée du côté droit; le mouvement sera ainsi dirigé à gauche.

Il serait augmenté dans sa rapidité si le cavalier portait un fardeau avec le bras gauche.

Si un cavalier au galop veut saisir à terre un objet quelconque, il se penchera de ce côté et le cheval sera obligé de s'incliner pour opposer un contre-poids équivalent. Si l'objet est pesant, le cavalier, pour le hisser sur sa selle, se penchera instinctivement du même côté que le cheval jusqu'à ce que, le fardeau étant placé devant lui, l'aplomb soit rétabli.

Ce phénomène est régi par les mêmes lois physiques que celui du dernier Tourner, que nous venons d'étudier, avec cette différence que, dans le premier cas, le cavalier met en désaccord, en opposition la masse avec l'action régulière, mais non déterminante des aides; et, dans le second cas, seconde les efforts du cheval en luttant de son propre poids contre celui qu'il s'agit de hisser.

C'est par l'application de ces principes que l'on fait exécuter à un cheval sans bride un 8 au galop, rien qu'en s'inclinant sur les courbes qu'il doit parcourir.

Dans les différents Tournés l'action des jambes est subordonnée à l'action des rênes, et réciproquement.

Lorsque le cheval a été *assoupli* il se laisse Rassembler. — La conduite du cheval rassemblé se résume ainsi :

> Les rênes indiquent,
> Les jambes stimulent,
> La masse détermine.

Exemples de quelques doublés ou changement de direction.

A droite.

1° Par la rêne directe, jambe gauche primant ;

2° Par la rêne contraire, jambe droite primant ;

3° Par les deux rênes agissant également, les deux jambes fesant une opposition égale ;

4° Par les deux rênes agissant inégalement, si la rêne droite prime, jambe gauche primant ;

5° Par les deux rênes agissant inégalement, si la rêne gauche prime, jambe droite primant ;

6° En pivotant sur les hanches, jambe gauche ;

7° En pivotant sur les épaules, jambe droite ;

8° En pivotant sur le centre, jambe droite primant ;

9° Aux allures vives, dans ce dernier cas c'est toujours la jambe gauche, quel que soit l'usage des rênes, parce qu'elle doit seconder la force centripète en opposition à la force centrifuge.

Dans quelques pays, et particulièrement dans le nord de la France, les rouliers conduisent et guident les chevaux avec une seule lanière ou corde, qui est fixée aux rênes de la bride, à l'endroit où se trouverait le bouton fixe.

Quel que soit le genre de mors, lorsque la corde est tirée lentement et progressivement, l'animal tourne d'un côté ; lorsque la corde est tirée par petits coups saccadés le Tourner a lieu de l'autre.

La corde est le plus souvent passée dans un anneau sur la sellette, ce qui fait que l'action est toujours directe.

L'obéissance du cheval n'est donc, dans ce cas, que le résultat de l'éducation et de l'habitude.

DU GALOP.

Tous les Ecuyers qui ont écrit, sans exception, ont traité l'allure du Galop ; mais, selon nous, aucun ne l'a définie d'une manière complète et satisfaisante.

Nous allons essayer de combler cette lacune.

Mécanisme de l'allure du Galop.

Départ à droite.

Action préparatoire. — Rapprochement des deux pieds postérieurs vers le centre, le droit un peu plus en avant que le gauche, parce qu'il sera le support de la masse pendant l'enlever de l'avant-main.

Que le cheval soit de pied ferme ou en marche, n'importe l'allure, il commence par se rassembler plus ou moins, en raison de son éducation ou de sa légèreté.

Enlever de l'avant-main. — Lever des pieds antérieurs presqu'en même temps, le gauche un peu avant le droit et celui-ci un peu plus haut que le gauche.

Impulsion. — Alors a lieu l'impulsion produite par la détente du jarret gauche, pour ébranler la masse en avant ; celle du jarret droit a lieu ensuite pour la projeter.

Enlever de l'arrière-main. — La position du pied postérieur gauche qui est le moins engagé sous la masse est favorable à la production du mouvement en avant produite par le jarret : c'est l'ébranlement.

Quant à celle du pied postérieur droit, elle est nécessaire pour remplir les diverses fonctions qui sont dévolues à ce membre. Ainsi c'est ce membre qui servira d'abord à soulever l'avant-main, puis la masse roulera sur lui seul ; le membre postérieur gauche venant aussi de se mettre au soutien, le pied sera alors le centre d'un mouvement de bascule du membre entier qui, d'oblique en arrière, se redresse et s'incline en avant en fléchissant sur les phalanges. Il pourra ainsi à son tour opérer sa détente pour activer l'impulsion déjà imprimée par le membre postérieur gauche.

Le lever des pieds postérieurs s'est ainsi exécuté dans le même ordre que celui des membres antérieurs. L'enlever de la masse est donc exécuté en 4 temps pour le Départ au Galop. (*Pl. 2, fig. 8.*)

Projection de la masse. — Le corps est alors sans appui et est projeté en avant en raison :

1° Du rapprochement du centre des points d'appui pris par les pieds postérieurs ;

2° De la force musculaire dépensée par les jarrets, qui donnent l'ébranlement et la projection, ce qui constitue l'impulsion ;

3° De l'élévation donnée à l'avant-main par le membre le plus engagé sous le tronc ;

4° De la position donnée au centre de gravité, lequel peut être attiré en avant par l'allongement ou l'extension du levier cervical, ou reporté en arrière par le ramener de la tête et la position rouée de l'encolure ;

5° De la nature du terrain sur lequel le cheval prend son appui avec les pinces des pieds postérieurs ;

6° De la vitesse acquise à la masse par suite de l'allure qui précédait.

Descente de la masse. — Le corps ayant été ainsi lancé, redescend par suite des lois de la pesanteur et s'étaie sur le sol de différentes manières, ce qui constitue plusieurs sortes de Galop.

Nous allons les examiner successivement, et toujours pour *le Galop à droite.*

Galop à 4 temps, improprement dit de Manège.

1re Foulée........ pied gauche de derrière.
2e Foulée........ pied droit   id.
3e Foulée........ pied gauche de devant.
4e Foulée........ pied droit   id.

Le lever de chaque pied a lieu successivement au moment du poser du deuxième pied qui le suit.

Il y a donc toujours deux pieds à l'appui.

Selon nous ce galop est défectueux; il indique ordinairement la faiblesse des reins et est toujours le résultat de l'acculement donné au cheval par la main; il est de plus disgracieux.

Galop à 3 temps dit Raccourci.

1re Foulée	pied gauche de derrière.
2e Foulée	bipède diagonal gauche.
3e Foulée	pied droit de devant.

Le lever des pieds a lieu successivement dans l'ordre des foulées.

Ce galop est lent, mais pour être grâcieux il faut que le cheval soit assoupli et rassemblé.

Lorsque le cheval est assis sur ses hanches, le devant seul a du tride, l'arrière-main se traîne; ce galop est disgracieux.

Le déssin (galop ordinaire) du *Cours d'Hippologie*, tome Ier, page 192, aurait dû représenter le membre postérieur droit à l'appui, si le dessinateur a voulu nous montrer le cheval partant au galop à droite.

Il le fait galoper à droite, il est vrai, mais en 4 temps.

La première foulée est faite par le membre postérieur gauche, et la deuxième va se faire par le droit.

Galop à 3 temps, dit Gaillard.

L'ordre des foulées et du lever des pieds est le même que dans le Galop à trois temps dit Raccourci. Ce galop est preste, vif et doit être entremêlé de quelques petits bonds, provoqués par les aides du cavalier, imitant les sauts de gaîté de l'animal.

Galop à 2 temps dit de Course.

L'encolure et la tête étant complètement allongées et dans une direction presque horizontale, le centre commun de gravité se trouve porté le plus en avant possible. La position inclinée du jokey concourt au même but et diminue la surface présentée à la résistance de l'air.

La course est le résultat de vitesses tangentielles acquises par l'appui successif des extrémités postérieures sur le sol, cause de la projection de la masse.

Plus le jokey fera appuyer son cheval sur le mors du bridon, plus il favorisera le transport du centre commun de gravité en avant.

L'animal trouve en avant et en dehors de la base de sustentation un point d'appui, pris sur son milieu dans les mains du jokey, ce qui lui permet de beaucoup s'alonger et de porter *aux dernières limites de la base de sustentation* offerte par la foulée des pieds antérieurs, la résultante des forces parallèles de la pesanteur.

Cette position extrême détruit l'aplomb régulier, mais la course est ainsi à son *maximum* de vitesse (*Pl.* 1 , *fig.* 4). Nous ne saurions admettre que la résultante des forces parallèles de la pesanteur ne soit plus contenue dans la base de sustentation ; le *Cours d'Hippologie* par M. de St-Ange, écuyer à l'école de cavalerie n'est pas de notre avis. (*Pl.* 1 , *fig.* 4.)

(Edition de 1850, tome 1er. — Page 180.) — « Le cheval, au contraire, lancé « sur l'Hippodrome, à fonds de train , alonge son corps de telle sorte qu'il parait « couché sur le sol, afin d'amener son centre de gravité *en avant* de la base de sus- « tentation, dans le sens même de la progression, et de forcer les extrémités à venir « d'autant plus vite étayer la masse, que sa chute est plus imminente.

« C'est là évidemment une des causes les plus puissantes de la vitesse que les che- « vaux de course déploient sur l'Hippodrome. »

Mécanisme de la course (à droite.)

Première foulée. — Le poser des pieds postérieurs a lieu presque simultanément ; cependant le pied droit pose le dernier et un peu plus en avant que le gauche. Les jarrets opèrent leur détente et les pieds lèvent quand les membres postérieurs , complètement étendus, sont forcés de quitter le sol , par suite de la vitesse acquise au corps. Plus cette vitesse sera grande , plus les membres postérieurs se rapprocheront de la ligne horizontale.

La masse ainsi lancée , parcourra d'autant plus d'espace et restera d'autant plus longtemps en l'air , qu'elle aura été projetée horizontalemeut , énergiquement et qu'elle sera légère.

Deuxième foulée. — Dans la course rapide les pieds antérieurs viennent rencontrer le sol quand les membres sont dans la plus grande extension possible ; le poids a suivi la direction des rayons osseux ; mais tout cela dure à peine la plus minime fraction du temps.

L'impulsion puissante acquise, chasse le corps en avant ; les pieds deviennent alors le centre d'un mouvement de bascule des membres entiers qui , d'obliques en arrière, se redressent et s'inclinent en avant en relevant l'avant-main.

Dans les différents galops , la foulée d'un pied postérieur est associée à celle d'un pied antérieur.

Dans la course, les bipèdes postérieurs et antérieurs opèrent leur percussion successivement ; celle du bipède antérieur pour relever l'avant-main , et celle du bipède postérieur pour déterminer une nouvelle force accélératrice. (*Pl.* 3.)

Le *Cours d'Hippologie*, tome Ier, page 193, explique la course d'une manière différente :

« C'est à tort qu'on a défini le *galop de course* un galop à deux temps, comme si « le cheval courait à la manière des gerboises et des coatis (1).

(1) Gerbo ou Gerboise, espèce de mammifères rongeurs, nommés aussi Dipodes, ou Rats à deux pieds.

Coati. Genre de mammifères plantigrades qui ont le museau excessivement prolongé et mobile. Ils habitent l'Amérique et ont à peu près les mêmes mœurs que les blaireaux.

« Evidemment le galop de course est le galop ordinaire à son dernier terme de
« vitesse, avec cette différence, toutefois, que les jambes, dans chaque bipède an-
« térieur et postérieur, sont moins éloignées l'une de l'autre d'avant en arrière que
« dans le galop ordinaire

« Il faut reconnaître que les chevaux de course, lorsqu'ils sont prêts d'arriver au
« but, étant excités par leur jockey et surtout par cette émulation instinctive qui
« porte ces nobles animaux à dépasser leurs concurrents, se précipitent par une suite
« de bonds des plus violents pour franchir l'espace qui les sépare du but, mais ce
« qu'ils font alors ils ne sauraient le continuer assez longtemps pour caractériser un
« mode d'allure naturel.

« J'ai souvent été reconnaître sur les Hippodromes la trace encore récente des fou-
« lées que les chevaux de course, réputés d'une grande vitesse, avaient laissée sur
« le sol, et j'ai toujours vu que ces empreintes étaient disposées comme celles du
« galop ordinaire, avec les modifications toutefois que l'on vient de signaler. »

En opposition à l'opinion émise par M. de St-Ange sur le mécanisme de la course,
voici celle d'un homme éminent dans la science hippique :

« Le Galop de course est une *allure particulière*, la plus rapide de toutes, dans
« laquelle le corps est transporté par une succession de *sauts* exécutés dans une direc-
« tion aussi horizontale que possible, *par l'action successive des bipèdes antérieur*
« *et postérieur*. Cette allure exige de très-grands efforts, et ne peut être exécutée
« que par quelques chevaux.

« Dans la course, le déplacement horizontal du centre de gravité a lieu dans le
« sens le plus favorable, c'est-à-dire en ligne droite, parce que les deux pieds de
« *chaque bipède antérieur ou postérieur, posent ensemble sur le sol*. Le déplace-
« ment vertical consiste, pour chaque pas, dans une courbe parabolique d'autant
« plus légère, que le cheval court plus près de terre, condition essentielle pour
« la rapidité, parce que la force employée à soulever le corps est perdue pour son
« impulsion en avant.

« Le cheval lancé à la course ne peut soutenir pendant longtemps cette allure avec
« toute sa rapidité. Lorsqu'il ne s'y livre que pendant quelques minutes, il peut
« arriver à parcourir un peu plus de quatorze mètres par seconde. » (*Traité de l'Extérieur du Cheval et des principaux Animaux domestiques*, par F. Lecoq, professeur d'anatomie, de physiologie et d'extérieur à l'Ecole royale vétérinaire de Lyon,
etc., etc. Edit. 1843, p. 409.)

Nous ignorons comment courent les *gerboises* et les *coatis*, mais nous partageons
complètement l'opinion de M. Lecoq, aujourd'hui directeur de l'Ecole Impériale
vétérinaire de Lyon. Nous pensons que la course diffère essentiellement du galop
poussé à son dernier terme de vitesse. Le rapprochement des membres dans chaque
bipède antérieur et postérieur va, en effet, nous faire connaître la différence sensible
qui existe entre le Galop et la Course.

Dans le Galop, la deuxième Foulée est constamment marquée par un bipède diagonal. A mesure que la vitesse augmente les deux pieds formant ce diagonal s'écartent ;

lorsqu'ils sont arrivés à leur maximum d'écartement, c'est l'instant où ils se quittent : celui antérieur pour se joindre à l'autre pied antérieur, celui postérieur pour aller également se réunir à l'autre pied postérieur. (*Pl.* 3.)

Dans chaque bipède antérieur et postérieur le poser des deux pieds n'aura pas été simultané, mais bien successif ; seulement ils sont tellement rapprochés que l'on peut considérer la course comme une allure en deux temps, chaque temps se subdivisant en deux mouvements.

En examinant avec une très-grande attention le sol qui vient d'être parcouru par un cheval de course, on reconnaît que les foulées des pieds antérieurs et postérieurs sont en effet plus rapprochées dans chacun de ces bipèdes que dans le Galop ; mais l'alongement du cheval fait suffisamment connaître qu'il n'y a pas eu de foulée d'un bipède diagonal.

La foulée d'un premier temps de pas de Course qui s'exécute avec les pieds postérieurs suit de très-près la deuxième foulée du pas précédent, d'où il résulte que l'espace de temps est plus long entre la première et la deuxième foulée, moment où le cheval est en l'air, que de la dernière foulée d'un pas avec la première foulée du pas qui suit.

Les foulées des pieds postérieurs sont souvent très-rapprochées de celles des pieds antérieurs. Lorsque le cheval est plongeant, trop poussé sur ses épaules, les membres antérieurs ne sont pas assez rapides à quitter le sol, aussi sont-ils quelquefois atteints par les pinces des fers des pieds postérieurs.

Quand cela arrive, on dit : les tendons sont partis. C'est *la nerf-ferrure* ou *les tendons ferrus*.

Lorsque le cheval prend la position opposée à celle plongeante, à celle où il s'enterre ; lorsqu'il s'enlève trop du devant, on dit qu'il fait le saut du brochet. Dans ce cas, on le ramène près du tapis, on le force à raser, en abaissant son encolure avec les jambes.

Quelques jockeys emploient pour cela la martingale.

Le chien-levrier court court comme le cheval. Il part au galop ; à mesure que la vitesse augmente, il s'alonge de plus en plus ; enfin, il arrive un instant où il retombe sur les jambes de derrière pour s'élancer plus énergiquement. C'est le premier temps de la course ; le deuxième sera marqué par le poser des pattes de devant.

Quand un cavalier franchit une barrière, si le cheval tombe à l'appui sur les pieds postérieurs, il ne l'a pas sautée, il l'a galopée, ce qui est bien différent ; lorsqu'au contraire ce sont les pieds antérieurs qui foulent les premiers le sol, il l'a franchie régulièrement. (*Pl.* 3.)

Dans la course, c'est le même mécanisme, avec cette différence que le saut est moins ascensionnel et beaucoup plus horizontal.

Lorsque le cheval, après avoir sauté, retombe sur ses pieds postérieurs, il imite l'homme qui prend l'appui, après le saut, sur la partie postérieure de sa base de sustentation naturelle, sur les talons ; au lieu de le prendre sur la partie antérieure de cette base, sur la pointe des pieds. Ce saut est irrégulier et dangereux pour ses ressorts; aussi le cheval n'agit-il ainsi que lorsque la main de la bride l'y oblige.

« Voyez également ce qui a lieu chez l'homme dans l'action de sauter? Nous attei-
« gnons le sol sur les phalanges, nous basculons sur la voûte du pied qui cède, s'étend ;
« les coussins élastiques s'affaissent, les tendons se raidissent, le talon arrive à son
« tour, mais le danger est passé. Essayez de sauter sur les talons, vous éprouverez
« une vive douleur, un tiraillement, heureux encore si le tendon d'Achille ou le col
« du fémur ne se rupture pas à cause de l'action et de la réaction verticales, ce qui,
« du reste, n'est pas sans exemple. (*Mécanique animale*, par M. Mignon.)

Le cavalier, dont la main est habile, doit être prêt à seconder le cheval pour l'aider à se soutenir en cas de chute; mais s'il fait agir la main inutilement il contrarie le mouvement naturel du cheval, le fait basculer en arrière et abaisser trop vite la croupe.

Pour franchir un obstacle on doit l'aborder franchement, puis Rassembler le cheval progressivement, de manière à rendre la main, après avoir pincé des deux, juste au moment où l'on est à la distance convenable pour exécuter le saut. On doit se pencher un peu en arrière à la descente du saut et allonger le bras pour donner toute liberté au cheval ; la main n'est utile que pour prévenir la chute.

Si le cheval hésite à sauter, la remise de main doit précéder les attaques. On augmente celles-ci en raison de sa résistance.

Si le saut doit se faire plus verticalement le cheval doit être plus Rassemblé et plus assis par les aides, avant de provoquer l'élan par les éperons.

Nous avons dit que plus le jockey ferait appuyer son cheval sur le bridon, plus il favoriserait le transport du centre commun de gravité en avant; mais il y a une limite naturelle, c'est celle où le cheval perd l'aplomb régulier et prend celui irrégulier. (*Pl. 1, fig. 4.*)

Quand il s'agit de gagner un prix, la question d'aplomb occupe fort peu les joueurs ou parieurs ; mais il n'en est pas de même pour le coureur intelligent ; celui-là risque sa vie. C'est à ce dernier point de vue que nous allons faire connaître quelques-unes de nos observations.

Des Courses.

(*Cours d'Équitation* de M. d'Aure.) « Dans ces exercices, le cavalier doit s'atta-
« cher à pousser plus que jamais le cheval sur la main; plus le cheval prend confiance
« dans cet appui, mieux il se place pour assurer sa vitesse, la masse étant ainsi enga-
« gée dans les conditions les plus efficaces du mouvement en avant. On aide à ce ré-
« sultat en embouchant le cheval, avec un mors doux, un gros filet, par exemple.

« Lorsque, par le fait de l'entraînement, le cheval, tout en ayant pris sur la main
« un appui qui aide à la rapidité de l'allure, sera soumis à la volonté du cavalier de
« telle sorte que celui-ci soit toujours maître de son train, il pourra entrer en
« lutte.

« Alors le calme et le discernement sont nécessaires, car on mènera la course en

« raison des qualités, des moyens que l'on suppose à son cheval : l'entraînement a dû
« vous éclairer à cet égard. »

Selon nous, on ne doit pas, pendant l'entraînement, fausser l'aplomb régulier du
cheval en le poussant sur la main ; on doit seulement par l'exercice gradué donner
aux muscles plus d'énergie et à la poitrine plus d'élasticité.

Le gros filet sera utile pour permettre le point d'appui ; mais celui-ci ne doit être
toléré que lorsque le cheval se fatigue ou se trompe dans les mouvements de ses membres ; aussitôt l'harmonie rétablie, il doit cesser.

Dans la course, de même que dans toutes les allures, le cheval ne doit pas prendre
de point d'appui constant.

Les Arabes ont aussi un système d'*entraînement* qui leur est propre, mais il ne
force pas le cheval à s'appuyer sur la main pour courir vite :

« Dans la première année (*djeda*), attache-le pour qu'il ne lui arrive pas d'accident.

« Dans la deuxième année (*téni*), monte-le jusqu'à ce que son dos fléchisse.

« Dans la troisième année (*rbâa telata*), attache-le de nouveau ; puis, s'il ne
« convient pas, vends le.

« Si un cheval n'est pas monté avant la troisième année, il est certain qu'il ne sera
« bon tout au plus que pour courir, *ce qu'il n'a pas besoin d'apprendre; c'est sa*
» *faculté originelle.* Les Arabes expriment ainsi cette pensée.

« *El djouard idjri be adseloup.* Le *djouad* court suivant sa race. (*Le cheval noble*
« *n'a pas besoin d'apprendre à courir.*) »

(Lettre de l'émir Abd-el-Kader, 1851, à M. le général Daumas.)

« Si l'on compte sur sa vitesse, on l'embarque dans une allure alongée que l'on a
« soin de toujours régulariser, de façon à le conserver dans le train qui lui est
« propre ; on a ainsi la chance d'essouffler les chevaux momentanément moins vite
« quoiqu'ayant plus de fond, c'est ce qui arrive si les adversaires se laissent émou-
« voir par ce départ précipité et cherchent à se maintenir, dès le début, à la hauteur
« d'un cheval plus vite que les leurs. »

Ces enseignements ne peuvent s'appliquer qu'à une course d'une petite longueur ;
mais si la course est grande, il ne faut pas embarquer, comme dit le *Cours*, à une
allure alongée ; ce n'est que très-progressivement qu'il faut accélérer la vitesse du
cheval en profitant des meilleurs terrains pour cela.

« Si, au contraire, on croit pouvoir compter sur le fond de son cheval, le départ
« doit être calme, et, pendant presque toute la course, il faut le maintenir dans un
« train soutenu, régulier, mais jamais forcé. On conserve par là son haleine, et
« lorsqu'arrive le moment décisif, on force le train, qui deviendra d'autant plus ra-
« pide que le cheval aura été plus ménagé. Un cheval ainsi conduit dépassera facile-
« ment tous ceux qui sont partis trop vite et qui, à bout d'haleine aux trois quarts de
« la course, ne pourront tenir contre celui qui aura, au contraire, conservé ses forces
« pour la fin. »

Voilà de bons principes, et le cavalier qui fait ainsi courir son cheval, quel qu'il soit, s'en trouvera bien.

« L'homme qui court doit être assis, doit avoir les cuisses adhérentes et les jambes « tombantes ; c'est la position la plus rationelle pour conserver de la solidité et aussi « la meilleure pour permettre aux mains leur action comme aide de soutien et de « ralentissement. La rapidité de l'allure oblige seulement le haut du corps à se porter « en avant, et la tête à se baisser ; mais cette attitude, nécessaire pour mieux résister « à l'action de l'air, n'empêche pas la base de conserver la position normale de l'as- « siette, des cuisses, des genoux et des jambes. »

Les mains doivent être en effet des aides de soutien et de ralentissement ; mais pour qu'elles ne soient que cela, il ne faut pas pousser le cheval hors de son aplomb, et ce- pendant le Cours vient d'enseigner le contraire.

« Il est certains cas où l'inclinaison du corps en avant peut être nécessaire pour « charger l'avant-main du cheval et aider à la rapidité de l'allure. Pour obtenir ce « résultat il faut que l'assiette quitte légèrement la selle, ce qui soulage les reins et « permet à toute l'arrière-main d'agir avec plus de puissance ; mais, dans ce cas « exceptionnel, l'assiette, tout en s'enlevant, doit rester dans des conditions telles, « qu'aussitôt que l'on veut la rétablir sur la selle, elle y reprenne sa position nor- « male, ce qui a lieu quand les cuisses, les genoux et les gras de jambes conservent « leur adhérence.

« Il faut avoir beaucoup d'acquis et de solidité pour employer, comme aides, ces « déplacements de corps en avant et ces enlevés d'assiette. »

Il n'est pas question de la souplesse que doit conserver la colonne vertébrale du cavalier, et cependant c'est de toute importance. Quand le cavalier reste souple, la projection opérée par les jarrets est favorisée, le poids à vaincre et à soulever par eux se trouvant en quelque sorte allégé. Les dispositions mécaniques entre le cheval qui s'élance en avant et en haut et le poids qu'il doit transporter, rendent ce transport plus facile parce qu'ainsi le poids se disperse et s'atténue sur une série de plans in- clinés qui reçoivent, décomposent et transmettent ce poids, que les membres flexibles du cheval soutiennent comme des ressorts, ce qui gradue et mesure la somme de forces réclamées par la course. L'action du poids est ainsi disséminée, dirigée et affaiblie.

Le même effet mécanique se produit lorsque nous supportons un poids au bout d'une verge flexible tenue verticalement.

Lorsque nous élevons la main qui tient cette verge, celle-ci se plie davantage ; le poids n'est pas élevé sensiblement quoique la main ait marqué une élévation beaucoup plus grande. Si la verge est rigide le poids éprouve un déplacement en élévation égal à celui de la main et demande, dans ce cas, un plus grand effet de force musculaire.

(*Mécanique animale*, par M. Mignon.) — « C'est aux articulations qu'existent la « plupart des moteurs *de dispersion et de support* du poids. C'est également là « encore que se produit le jeu locomoteur ; dans les membres chaque jointure est « une sorte de *relai actif* où le fardeau s'allège en y passant. De même que la masse

« sanguine s'épuise en se divisant du centre de départ au point d'arrivée, et en s'éta-
« lant sur une surface immense ; le poids du corps s'épuise en passant d'un coude
« articulaire à un autre : véritable affluent où l'effort arrive, se distribue, se dis-
« perse et s'affaiblit.

« Toute surface articulaire présente trois points :

« 1° Celui d'arrivée du poids ; — 2° Celui de mobilité distributive ; — 3° Et
« celui d'arrêt, de transmission et de support. »

(*Cours d'Equitation.* — Suite.) — « Les gens qui singent, sans avoir le senti-
« ment de ce qu'ils font, ne produisent que des effets faux et se rendent ridicules.—
« Ces déplacements d'assiette ne doivent, en tout état de cause, jamais avoir lieu que
« d'arrière en avant et d'avant en arrière, le corps du cavalier restant dans l'axe du
« cheval.

« Ces déplacements peuvent aider, comme nous l'avons dit, la rapidité de l'allure
« ou favoriser son ralentissement, mais ce serait une grave erreur que d'offrir comme
« troisième aide, les déplacements à droite et à gauche de l'assiette, etc. »

Les déplacements légers d'assiette ne doivent s'opérer que par un petit mouvement
d'élévation du cavalier pour revenir à la position normale, mais nous ne pouvons en
admettre d'autres, pas même ceux d'arrière en avant et surtout ceux d'avant en
arrière. — Comment opérer ceux-ci? Pourquoi !

Il faudra donc que le cavalier se hisse sur les étriers, se pousse en arrière, s'il
s'agit de reporter le centre commun de gravité plus en arrière : il suffit de se redresser
un peu pour cela.

Le Cours ne fait pas connaître s'il y a un temps à saisir lorsque le cavalier veut
activer la vitesse ; c'est cependant important.

Lorsque le cavalier veut faire usage des éperons pour accélérer la vitesse, il doit
saisir, pour les faire sentir en arrière, l'instant où les pieds antérieurs frappent le sol.
C'est encore à ce moment que la pression des jambes doit agir quand le cavalier veut
Rassembler le cheval. C'est aussi à l'instant du poser des pieds antérieurs sur le sol
(2° foulée), que la main, à chaque temps de course, offre un léger point d'appui
pour aider le cheval à se soutenir et à s'élancer.

La cravache ne doit pas être employée à tort et à travers : elle a, comme effet stimulant, son moment d'à-propos, le même que celui des jambes ; le cavalier la rend
ainsi utile.

Nous ajouterons encore que la chose la plus essentielle que doit observer le coureur, c'est *d'écouter* la respiration de son cheval, et de régler sur elle ses exigences.
— Le cheval de course ne s'arrête pas parce que ses forces lui font défaut, mais
bien parce que *l'haleine lui manque.*

Actions raisonnées des Aides pour l'allure du Galop.

Les grands maîtres en Equitation ont donné des principes divers pour obtenir
l'allure au Galop.

Départ à Droite.

Dupaty veut l'emploi de la rêne du dehors et des deux jambes, juste au moment du poser de la jambe gauche de derrière. (1re foulée.)

Bohan soutient que les jambes doivent se fermer au moment du poser des jambes droite de derrière et gauche du devant. (2ma foulée.)

Montfaucon recommande la rêne du dehors et la jambe du dedans.

Siodolkovviez emploie la rêne et la jambe gauche.

Le *Cours d'Equitation militaire* de 1830 indique deux moyens : — Le cheval en bridon, il prescrit l'emploi des deux rênes, celle du dehors plus puissante ; et la pression des deux jambes en faisant primer celle du dehors pour stimuler, dit-il, le bipède latéral gauche à se lever dans chaque train avant le bipède latéral droit.

Le cheval en bride. — Il dit de porter la main un peu en avant et en dehors (ce qui dans ce cas fait agir la rêne droite) et même action pour les jambes que lorsque le cheval est en bridon.

Le *Cours d'Equitation* de M. d'Aure enseigne, page 124 : « La main de la bride « se portera ensuite un peu à gauche, afin que l'effet du canon droit sur la barre « droite et l'appui de la rêne droite sur l'encolure, portent la tête et l'encolure à « gauche et développent le mouvement de l'épaule droite. Les jambes augmente-« ront leur pression pour accélérer la vitesse, la jambe gauche agissant plus forte-« ment que la droite, afin d'engager les hanches un peu à droite, ce qui favorisera « le déplacement de l'épaule droite en avant. »

L'action de la jambe gauche du cavalier doit provoquer la détente du jarret gauche pour ébranler la masse et l'extension du membre antérieur droit, mais non engager les hanches à droite, car s'il en était ainsi le membre postérieur droit deviendrait le support de la croupe et ne pourrait rester sous le centre pour l'enlever de l'avant-main. Ce serait le membre postérieur gauche qui tendrait à se mettre au soutien et à s'engager sous le tronc. Les actions particulières et régulières des membres posté-rieurs seraient interverties et par suite le Galop serait désuni.

Départ au Galop à droite, le cheval placé.

PAGE 187. « Ainsi, pour partir à droite, le cheval placé à cette main, la main de « la bride (la main gauche) s'assurera, pour empêcher l'avant-main de dévier à gau-« che ; elle marquera ensuite un effet d'avant en arrière sur la rêne gauche pour « retarder le développement de l'épaule gauche ; en même temps la main droite con-« tinuera à marquer le pli avec la rêne droite.

« Les jambes agiront simultanément pour décider le mouvement, en ayant soin de « faire primer l'action de la jambe gauche et de la régulariser par la jambe droite, « afin d'éviter que les hanches ne se traversent à droite. »

Ce départ corrige l'erreur du précédent, quant à la croupe. Elle n'est plus déplacée par la jambe gauche. Le Cours dit que la rêne gauche doit *retarder le développe-ment de l'épaule gauche.*

Les deux forces principales sont ainsi du même côté : c'est le moyen employé avec le cheval raide d'encolure. Lorsque la rêne droite, celle qui donne le pli, est dominante : c'est le moyen usité avec le cheval dont l'instruction est plus avancée.

Nous venons de voir que la rêne droite, jusqu'à présent, est indispensable pour obtenir le départ à droite : si donc elle manquait, ne pourrait-on pas partir à droite?

Nous avons souvent prouvé, en selle, qu'avec une seule rêne à notre bride, on pouvait faire partir le cheval sur l'un ou sur l'autre pied.

En effet, lorsque la masse a été inclinée sur un côté latéral pour seconder les effets des rênes ou d'une rêne et des jambes, qui doivent aider à ce résultat, ce qui constitue la position, et qu'on donne l'action par un effet plus puissant des jambes en faisant primer celle du côté opposé au pied qui doit entamer l'allure, sans pour cela déplacer la croupe, le côté latéral allégé entame l'allure au pas, au trot ou au galop, suivant le degré de Rassembler donné au cheval.

La loi dynamique, en vertu de laquelle on oblige le cheval à partir au galop à droite, est celle-ci :

Charger le bipède latéral gauche, ce qui allége le bipède latéral droit. Le cheval ainsi disposé est prêt à exécuter le mouvement demandé. (*Pl.* 1, *fig.* 7.)

Pour surcharger un bipède latéral et alléger l'autre, les moyens à employer varient suivant la manière d'être du cheval, suivant son degré d'instruction.

Lorsque le cheval n'est pas *assoupli*, après avoir provoqué l'*impulsion* et avoir *rassemblé le cheval* autant que possible, il faut tendre la rêne gauche à gauche, ou appuyer la rêne droite sur l'encolure, ou les faire agir ainsi toutes les deux en même temps, de manière à faire passer une plus grande partie du poids de la masse sur le bipède latéral gauche pour donner la *position*.

C'est lorsque ces moyens ne suffisent pas au cavalier pour obtenir ce résultat, qu'il traverse plus ou moins son cheval. (*Pl.* 1, *fig.* 6.)

Les deux jambes, qui ont provoqué l'*impulsion*, seront fermées avec la même puissance ; elles maintiendront les pieds postérieurs le plus possible sous le centre et donneront l'action, par une plus forte pression, juste au moment où la *position* sera donnée par les mains ou la main ; la jambe gauche sera un peu plus en arrière que la droite, parce qu'elle doit provoquer l'extension du membre antérieur droit et la détente du jarret gauche, lequel doit fonctionner le premier pour ébranler la masse, mais sans déplacer pour cela la croupe à droite, qui est maintenue par la jambe de ce côté. La jambe droite agit en même temps pour provoquer l'enlever de l'avant-main par le membre postérieur droit plus engagé sous le centre que le gauche, qui, après avoir soulevé la masse dans sa partie antérieure, la pousse à son tour. (*Pl.* 2, *fig.* 8.)

Pour analyser le départ au galop du cheval parfaitement Assoupli et Rassemblé, nous allons étudier séparément les fonctions diverses des aides.

Nous avons divisé cette étude en deux parties : *Position* et *Action*.

La première se subdivise elle-même en deux : position à donner à l'avant-main par la main ; et position à donner à l'arrière-main par les jambes.

Départ à Droite.

Position préparatoire.

AVANT-MAIN. — RÊNE CONTRAIRE.

La main portée à gauche a pour but de charger le bipède latéral gauche. La rêne droite qui s'est appuyée sur l'encolure est le moteur; elle trouve son régulateur dans l'action inverse de la main, ce qui fait appuyer à son tour la rêne gauche. L'épaule gauche est surchargée.

RÊNE DIRECTE.

La rêne droite tendue légèrement dans la direction de la hanche gauche, amène le même résultat que celui donné par la main de la bride portée à gauche.

Elle place de plus le bout du nez du cheval; elle est le moteur. Le régulateur sera la rêne gauche tendue, plus ou moins, dans la direction de la hanche droite.

ARRIÈRE-MAIN.

Pendant l'action qui charge le bipède latéral gauche du cheval pour l'avant-main, les jambes doivent obtenir le même résultat pour l'arrière-main.

La jambe droite sera le moteur, elle poussera doucement la croupe pour l'incliner un peu à gauche; la jambe gauche la recevra et régularisera le mouvement.

La croupe ainsi maintenue, le bipède latéral gauche est surchargé d'une partie de la masse. (*Pl.* 1, *fig.* 7.)

Action des aides pour provoquer le mouvement.

La jambe droite stimulera le membre postérieur droit à se rapprocher du centre, parce qu'il doit soulever l'avant-main, et s'opposera au déplacement de la croupe à droite. (*Pl.* 1, *fig.* 7.)

La jambe gauche provoquera la détente du jarret gauche, qui ébranle la masse, et l'extension du membre antérieur droit qui entame l'allure; elle s'opposera également au déplacement de la croupe à gauche. (*Pl.* 2, *fig.* 8.)

Les deux jambes ont dû agir avec des forces équivalentes pour produire chacune leur effet particulier; mais avant l'action finale des aides c'est la jambe droite qui a été l'agent principal, parce qu'elle a forcé la croupe à s'incliner à gauche, avant que la jambe gauche ne vienne prêter son concours pour provoquer le mouvement.

Pour l'avant-main la rêne droite a rempli les mêmes fonctions que la jambe droite pour la croupe.

Il peut arriver qu'une des deux jambes ait à produire une action plus puissante que l'autre. La cause peut en venir de la volonté du cheval, du mouvement de sa croupe, ou bien encore de ce que l'action des deux jambes employées avec des forces égales n'a pas produit des forces équivalentes.

Une fois l'ébranlement en avant donné à la masse, le mouvement sera progressif ou ascensionnel, suivant que la main laissera porter le centre commun de gravité plus ou moins en avant.

L'action des aides sera alors modifiée ; l'action dominante, de latérale qu'elle était, deviendra diagonale (effet diagonal droit), parce que c'est la *direction de l'action du cheval* pendant l'allure du Galop à droite.

Les principes de ce départ au galop, particulier au cheval mis pour la haute-école, sont les mêmes que ceux prescrits par M. le professeur Baucher.

Le *Départ au galop* et la *Marche au galop* sont donc deux actions bien distinctes.

Pour disposer le cheval *Rassemblé* au départ, l'effet principal des aides est latéral, tandis que, pour *entretenir* l'allure du Galop, l'effet principal des aides est diagonal, parce que c'est la direction de l'action du mécanisme du cheval. Il suffit de changer la direction de l'action des aides, de changer l'effet diagonal, pour obliger le cheval à changer la direction de son mécanisme.

Ce sont les *Changements de pied* ; il en sera question au chapitre *Haute-Ecole*.

Départ au galop à droite, d'après M. Baucher.

Méthode d'Equitation, par F. Baucher, 9ᵐᵉ édition, 1850. — Page 227. — « Lorsque le cheval, parfaitement souple et rassemblé, ne fera jouer ses ressorts que « d'après l'impression que leur donnera le cavalier, celui-ci, pour partir sur le pied « droit, devra combiner une opposition de forces propre à maintenir l'équilibre de « l'animal, tout en le plaçant dans la position exigée pour le mouvement. *Il portera* « *alors la main à gauche, il appuiera la jambe droite.* » *Dictionnaire raisonné d'Equitation*, par F. Baucher. — 2ᵉ édition, 1851, page 168.

Abordons maintenant le système des meilleurs auteurs qui ont dit : « Pour mettre « votre cheval au galop sur le pied droit, rassemblez-le, portez la main à gauche, et « faites plus sentir la jambe droite.

« Oui, voilà effectivement la meilleure méthode pour disposer son cheval à prendre « le galop sur le pied droit ; cependant, encore est-il qu'elle contient deux graves « erreurs.

« D'abord, elle est trop exclusive ; il est des cas où le moyen qu'elle indique serait « insuffisant et manquerait le résultat.

« Quand le Rassembler, que moi j'appellerai Ramener, n'est pas complet, par « exemple, et que le cheval emploie des forces contradictoires, évidemment il en faut « d'opposés pour les combattre ; c'est donc à l'écuyer à juger promptement et à pro- « pos des changements et modifications que les circonstances exigent.

« Le principe qui devra dominer cette méthode sera donc, je le répète encore, la « nécessité d'un Ramener parfait et d'un Rassembler en rapport avec la position que « doit prendre le cheval, et le premier tort des auteurs est de n'avoir pas assez parlé « de cette nécessité. »

Nous avons dit que les effets des aides pouvaient subir des modifications par suite des mouvements opérés par le cheval, ou bien encore parce que les oppositions nécessaires, quoique opérées par des forces égales, pouvaient bien n'être pas pour cela équivalentes. Nous appuyons notre dire de l'autorité de M. Baucher.

(*Suite.*) « Ensuite, un autre défaut non moins grave de cette méthode, ainsi ex-
« primée, est de tromper l'élève par la valeur même de ses termes.

« En effet, on lui dit : « Faites telle chose, et vous enlèverez le cheval au galop sur
« tel pied. »

« C'est une erreur, il faut dire : « Faites telle chose, et vous disposerez le cheval
« pour qu'il s'enlève sur tel pied.

« Ceci n'est pas un jeu de mots, je vais le prouver.

« Pour que le cheval parte sur le pied droit, comme pour tout autre mouvement,
« il lui faut deux choses :

« La position et l'action.

« Supposons que l'élève, se fiant à votre façon de poser le principe, regarde les
« moyens que vous lui indiquez comme ceux qui doivent nécessairement et immé-
« diatement produire le résultat.

« Si le cheval se refuse à l'exécution, soit par mauvaise disposition, manque ou
« excès d'action de sa part, soit faute d'ensemble dans les aides du cavalier, que va-
« t-il arriver ?

« L'élève, convaincu que le moyen indiqué est d'un effet infaillible, se figurera
« seulement qu'il ne l'a pas rendu assez sensible ; il forcera chacun de ses mouve-
« ments, dérangera de plus en plus la position du cheval, et loin d'atteindre le but,
« il s'en écartera tout à fait.

« Si, au contraire, vous faites bien concevoir à l'élève que le soutien de la main et
« de la jambe droite ne sont que des moyens préparatoires destinés à placer son cheval,
« sans s'effrayer d'un instant de résistance, il comprendra qu'il faut ou augmenter ou
« diminuer l'action, et attendre l'effet de son impulsion, ou enfin corriger l'effet trop
« considérable d'une de ses aides pour que, la position et l'action du cheval se trou-
« vant dans les rapports voulus, le résultat suive nécessairement.

« De là deux avantages :

« 1° On force l'élève à convenir que tout le tort vient de lui ; et, dès-lors, au lieu
« de s'en prendre avec colère au cheval qui résiste, il ménage et coordonne ses mou-
« vements pour se faire mieux comprendre ;

« 2° Reconnaissant qu'il ne fait que disposer le cheval, il exécute avec plus de calme
« et laisse volontiers à son intelligence le temps de saisir les effets de force, tandis
« qu'en cherchant à l'enlever, on surprend cette intelligence et on embrouille ses
« idées.

« En résumé, il faut bien se pénétrer que c'est le cavalier qui donne la position,
« et le cheval qui prend l'allure. (Il faut en dire autant des changements de direc-
« tion.) »

Il y a donc deux manières distinctes pour provoquer le départ à droite : l'une ap-
plicable au cheval dont l'instruction n'est pas terminée ; l'autre, obligatoire pour
maintenir le cheval juste quand il est mis au Rassembler.

Dans la première, on fait agir principalement la jambe gauche, parce qu'elle prédispose le cheval à se traverser un peu, ce qui favorise le mouvement et qu'elle fait agir le membre qui doit ébranler la masse.(*Pl.* 1, *fig.* 6.)

Dans la deuxième, c'est la jambe droite qui devient l'agent principal, parce que le cheval doit être maintenu droit des épaules et des hanches et n'être qu'un peu incliné du côté opposé au départ. (*Pl.* 1, *fig.* 7.)

Si nous appliquons ces principes à l'homme (lequel nous sert souvent à analyser les mouvements automatiques du cheval) nous verrons que pour faire partir du pied droit un homme debout, les talons écartés (18 cent. environ), l'action la plus naturelle est de le pousser en avant et à droite, ce qui l'oblige à porter le pied droit dans cette direction, et que celle de le pousser très-légérement à gauche, lorsqu'il est Rassemblé, lorsqu'il a les talons joints, est aussi la plus naturelle pour mettre son corps à l'appui sur le pied gauche, ce qui le dispose pour entamer le pas à droite.

Au commandement : *Cavalier en avant*, porter le poids du corps sur la jambe droite, dit l'Ordonnance. Pourquoi? Parce que l'homme est rassemblé et doit entamer le pas du pied.

La première manière de faire sera un effet de forces et fera sortir l'homme un peu de la marche directe, parce que l'impulsion a été donnée en arrière et à gauche, dans la direction en avant et à droite.

La deuxième, n'exigera aucune énergie et ne fera pas dévier l'homme de la rectitude de la marche en avant, parce que la position a été donnée par une légère pression de droite à gauche.

Aussi la première est-elle employée avec raison sur le cheval dont l'équilibre est encore très-stable, (*Pl.* 1, *fig.* 6.) tandis que la seconde n'est usitée que pour celui Rassemblé, dont l'équilibre est très-instable. (*Pl.* 1, *fig.* 7.) C'est à l'instant où l'équilibre a acquis par le Rassembler complet une grande instabilité, que l'action des jambes change de côté, passe du côté gauche au côté droit pour incliner le cheval à gauche, ce qui le dispose au galop à droite. C'est an tact à sentir ce moment, parce qu'alors l'impression la plus délicate des aides est appréciée immédiatement par le cheval. Avec le cheval *mis*, les écuyers les plus remarquables varient leurs actions pour disposer le cheval au galop à droite. M. Baucher agit avec la jambe droite. M. Rousselet, un des plus grands praticiens que nous ayons connu serrait le genou droit.

Laguérinière pesait sur l'étrier gauche.

Tous chargeaient ainsi un peu le côté gauche. (*Pl.* 1, *fig.* 7.)

Cette finesse de tact est le partage des grands-maîtres qui font ordinairement école. C'est par le Tact qu'un homme de cheval, qui monte un cheval bien mis, dans un cirque ou manége circulaire, remarque qu'il est beaucoup plus difficile de le bien manier, que dans un manége ordinaire.

Ceci tient à ce que le sol du premier est concave de la circonférence au centre.

Le cheval se trouvant presque toujours sur un plan plus ou moins incliné, à besoin d'être soutenu par les aides, en raison de la position qu'il occupe; le point central étant le moins concave , c'est habituellement à cet endroit que l'écuyer fait son travail sur place.

La marche circulaire aux allures cadencées n'est pas assez rapide pour provoquer la force centrifuge ; le plan incliné du sol agissant sur le cheval Rassemblé comme force centripète , nous donne l'explication du phénomène.

L'homme aussi a besoin de se façonner suivant les variétés du sol qu'il doit fouler : tout le monde n'a pas le pied marin.

Lorsque les rênes de la bride ont été mouillées et séchées, ce qui leur ôte leur souplesse, l'appréciation des sensations venant du cheval , est moins facile à saisir par la main , le tact est moins délicat. Les bottes neuves , les semelles épaisses gênent le pied , il est moins adroit ; les fausses bottes (houseaux) ôtent à la jambe une grande partie de sa justesse. Lorsqu'un cheval s'effraie , il se contracte plus ou moins ; si les aides du cavalier restent calmes dans leur action , sa frayeur a bientôt disparu ; si, au contraire, le cavalier agit avec brusquerie, avec surprise, l'animal s'effraie davantage ; il semble s'inspirer des mêmes sensations qu'il suppose exister chez celui qui le dirige.

Le tact se forme principalement pendant le travail en place ; le cavalier peut ainsi mieux étudier les différentes forces mises en jeu par le cheval , et mettre l'à-propos nécessaire dans ses oppositions.

On cite des écuyers qui dressaient leurs chevaux à l'allure du pas. C'est encore par le tact que ce résultat est obtenu.

Pour les personnes qui ne se rendent pas exactement compte de ce que peut être le tact , nous leur donnerons la comparaison suivante :

Deux hommes se donnent la main : si l'un serre , l'autre le sent immédiatement ; cet effet est réciproque.

Supposons tenir la main d'un homme dans la nôtre et vouloir l'empêcher de se mouvoir ; si nous la sentons bouger, nous serrons plus fort ; si son mouvement cesse, nous relâchons la nôtre. Nous subordonnons toujours notre étreinte , notre pression , aux mouvements de la main que nous tenons, de manière à toujours les dominer. Il arrivera un instant où la main tenue ne se mouvra plus qu'en raison de nos propres mouvements.

Il en est de même en équitation. Le cavalier serre le cheval avec l'effet d'ensemble des aides , les gradue en raison de la résistance présentée par le cheval , ayant soin de relâcher son action chaque fois que le cheval montre de la docilité , s'assouplit.

C'est ainsi qu'un écuyer dresse un cheval au pas. Un semblable travail étant très long et ne pouvant s'appliquer qu'à des chevaux impressionnables , c'est pour rendre tous les chevaux aptes à sentir cet effet des aides , que les attaques sont employées.

En effet, le cheval de la nature la plus grossière arrive ainsi à sentir, à percevoir, comme le font ceux d'une nature plus avantagée.

Tous les écuyers qui ont fait ou font école ont une idée fixe qui constamment se reproduit dans leurs leçons.

Notre digne et honorable M. Rousselet disait : « Il faut accorder votre instrument. »

M. Coupé, écuyer de Versailles, recommandait : « Il faut de la patience ; c'est un enfant. »

Le *Cours d'Equitation* nous apprend que le fond de presque toutes les leçons de MM. Coupé, Jardin et Gervais était de dire : « Arrêtez et rendez. »

M. d'Aure, d'après ce que nous ont assuré plusieurs de ses élèves, prescrit toujours : « Poussez, poussez vos chevaux sur la main. »

M. Baucher, lui aussi, ne cesse d'enseigner : « Rendez votre cheval léger par les jambes ; des jambes et encore des jambes. »

Nous pourrions citer un grand nombre de cavaliers qui ont la prétention d'être des écuyers, mais comme rien ne nous a semblé justifier cette prétention, nous nous abstenons de les nommer ; ce n'est pas que leur réputation ne soit très-grande, au contraire ; mais généralement ils placent toute la science dans la force de la main, et prescrivent chacun une position de main type, dont les effets merveilleux nous ont toujours échappé.

Cours d'Hippologie, par M. de Saint-Ange, tome Ier, page 40 : « Les anciens
« écuyers qui ont acquis la plus grande renommée dans l'art de conduire le cheval
« avec habileté et précision n'ont-ils pas dû nécessairement équilibrer leurs chevaux,
« leur donner la position que commandaient leurs opérations, et employer avec tact
« et discernement les deux forces qui régissent le cheval ? Si l'on n'admet pas
« qu'ils aient fait usage de ces moyens pratiques, comment admettrait-on qu'ils aient
« pu obtenir cette prestigieuse exécution qui en est le produit nécessaire, inévitable ;
« car qui admet la fin doit admettre les moyens. Or, il faut reconnaître que ces pra-
« ticiens, doués de ce sentiment équestre instinctif qui fait les grands talents ont
« exécuté par ce seul mobile ce dont ils ne se sont pas toujours rendu compte par
« le raisonnement. Mais aujourd'hui cette pratique instinctive, passée à l'état de
« principe, a revêtu le caractère d'une démonstration positive, depuis que là science
« équestre en a recherché la cause explicative et démontré les principes qui s'en
« déduisent. »

Il est évident qu'il y a eu et qu'il y a encore de bons praticiens en équitation. L'école que nous cherchons à représenter ne le conteste pas. Ce qu'elle se refuse à croire, c'est que cette pratique instinctive des écuyers qui sont célèbres à juste titre, soit passée à l'état de principes, consignés dans le *Cours d'Equitation*, dont les démonstrations sont loin d'être positives.

Les actions des aides, ainsi que nous les avons raisonnées, donnent satisfaction à notre intelligence, laquelle interroge plus qu'elle ne juge.

Quand un phénomène se produit, nous cherchons à en approfondir la nature ; puis notre curiosité remonte à la cause, et l'esprit faisant jouer les ressorts de tout ce qu'il voit, cherche à s'expliquer le *pourquoi* de l'action après en avoir pénétré le *comment*.

Si, pour faire agir régulièrement les aides, il est de toute nécessité que leurs actions soient combinées de manière à seconder le mécanisme animal ; car sans cela tout serait livré au hasard ; si l'on ne connaît parfaitement une machine qu'après l'avoir décomposée en ses plus simples éléments ; si l'on ne conçoit bien le mécanisme de son action qu'après avoir examiné le jeu séparé de chacune de ses différentes pièces. — Comment donc admettre le principe suivant professé à l'Ecole de Cavalerie, où la pratique instinctive des grands écuyers serait passée à l'état de principe et aurait revêtu le caractère d'une démonstration positive, ainsi que nous venons de le lire. (*Cours d'Hippologie*, tome I, page 190). — Ordre du Lever dans le Galop.

« L'ordre dans lequel les extrémités quittent le sol a été l'objet d'une con-
« troverse interminable, et, il faut l'avouer, la solution de cette question est sans
« utilité pour la pratique, attendu que ce n'est pas par le Lever, mais bien par le
» Poser, dont tout le monde reconnaît le mouvement, que s'établit la théorie du
« départ du Galop. »

Nous sommes loin d'être de cet avis : nous disons, au contraire, qu'il est de la plus grande importance que les actions des aides soient en parfaite harmonie avec les divers mouvements automatiques du cheval, surtout pour le départ au Galop, mouvements qui exigent de sa part un très-grand emploi de ses forces. (*Plan. 2, fig. 8.*)

Le cours d'équitation attribue à un autre motif que nous l'utilité de l'action de la jambe droite, pour le départ au galop à droite, car on lit :

PAGE 188. — « Il peut arriver que par un arrêt trop marqué de la rêne gauche
« ou par le pli trop forcé à droite, la masse se trouvant trop portée sur l'épaule
« gauche, ne reflue sur la hanche droite et ne fasse dévier l'arrière-main à droite.
« Dans ce cas, la jambe gauche doit cesser toute action, puisqu'elle ne ferait
« qu'augmenter le déplacement de l'arrière-main. La jambe droite alors doit agir
« seule pour redresser les hanches et pour pousser le cheval en avant.

« C'est un semblable résultat qui a donné lieu de croire que l'on devait faire partir
« un cheval à droite, par l'action de la jambe droite, tandis que ce n'est que par
« l'exception que ce moyen doit être employé et en raison de la manière dont les
« épaules sont disposées. »

L'action trop marquée de la rêne gauche fait en effet refluer une partie de la masse sur la hanche droite, mais il n'en est pas forcément de même du pli de l'encolure; lorsqu'il est trop prononcé à droite, il surcharge l'épaule gauche et ne saurait faire dévier l'arrière-main à droite.

L'explication donnée par le Cours, nous semble être erronée. L'analyse que nous venons de faire des différentes écoles nous permet de les diviser en trois classes :

Équitation ancienne ou sur les hanches.

Dans cette École, le cheval est assis, il rase le sol des membres postérieurs, qui sont surchargés; mais les membres antérieurs, moins fatigués, ont plus d'élévation, plus de tride.

Les jarrets seront ainsi usés prématurément. Les mouvements seront restreints.

Équitation perçante ou sur les épaules.

Dans celle-ci, le centre commun de gravité trop en avant surcharge l'avant-main, ce qui use plus vite les membres antérieurs.

Les chevaux de course sont bientôt arqués. La position forcée donnée au cheval, le met hors de son aplomb, use inutilement ses forces, et si elle lui donne une plus grande vitesse, c'est aux dépens de la sécurité et au détriment de la grâce, elle rend très-difficiles les mouvements latéraux. L'ensemble de l'animal en action présente un mouvement d'enlever plus sensible à la croupe qu'aux épaules.

Équitation raisonnée dite Équilibrée.

Enfin, dans cette dernière, le cheval est constamment d'aplomb, l'usure est régulière.

L'harmonie existant dans l'ensemble, le travail sera plus facile, plus gracieux ; il présentera pour les allures vives (galop), une espèce de mouvement de bascule entre le devant et le derrière à peu près régulier.

Si l'on veut se rendre compte par soi-même de la position donnée au cheval par ces trois manières de faire, particulière à chacune de ces trois écoles, l'on n'a qu'à se placer, les talons joints et sur la même ligne.

Pour imiter ce qui se passe pour le cheval, dans la première, on s'appuiera sur les talons principalement ;

Dans la seconde, l'appui se fera sur la pointe des pieds ;

Enfin, dans la troisième, on prendra le juste-milieu ; c'est la position naturelle, position qui n'exige que les forces musculaires pour se tenir debout, tandis que dans les deux autres il y a, de plus, un emploi de forces inutiles à la station, et forcément mis en jeu pour retenir le centre de gravité au-dessus de la base de sustentation, parce que celui-là s'est trop éloigné du point central.

Cette position statique prise par l'homme, le met dans la possibilité de se rendre compte de tous les déplacements horizontaux, du centre de gravité qui s'opèrent chez le cheval, quelque soit le mouvement.

Exemples :

Le cheval exécutant une pirouette à droite se place identiquement dans les mêmes positions d'équilibre que le fantassin exécutant *un demi-tour à droite*.

L'homme tourne sur ses talons, après avoir placé le pied droit en équerre derrière le gauche, et le demi-tour achevé, il rapporte le pied droit qui est en avant, à côté du gauche.

Le cheval pivote sur le pied postérieur droit, le pied postérieur gauche contourne le droit, et la demi-pirouette achevée le pied postérieur droit est aussi plus en avant que le gauche, de même que pour les pieds de l'homme.

Le cheval droit des hanches et des épaules, changeant de main diagonalement de deux pistes, imite le fantassin dans son pas oblique.

Dans le mouvement d'appuyer à droite, lorsque les hanches devancent les épaules, les jambes gauches du cheval, au lieu de chevaler devant les droites, passent par derrière ; c'est le pas de danse de l'homme, appelé pas de côté.

Prenons un exemple de haute-école : le Piaffer, mouvement qui s'exécute sur place à l'aide de deux bases diagonales successives.

L'homme qui voudra imiter cette allure artificielle, devra se placer dans les conditions suivantes : il aura les deux talons sur la même ligne ; l'appui se fera sur le talon gauche et sur la pointe du pied droit, qui représente la diagonale droite.

En inversant la position des pieds, sans les déplacer, l'appui se fera sur le talon droit et sur la pointe du pied gauche : c'est la base diagonale gauche. Ces mouvements de l'homme seront semblables à ceux du cheval. (*Pl. 3.*)

Un dernier exemple : le cheval peut-il imiter la pirouette rapide d'un habile danseur ?

La pirouette du danseur, exécutée sur la pointe du pied gauche, lui est plus facile de droite à gauche, que de gauche à droite.

Quand le cheval fait jambette à droite et qu'il exécute une pirouette renversée, il fait tourner sa croupe autour de ses épaules, sans poser le pied droit de devant ; le mouvement lui est aussi plus facile lorsqu'il le dirige comme le danseur, que lorsqu'il le fait du côté opposé.

L'homme n'a eu besoin pour ce mouvement que d'un point d'appui fixé ; le cheval dont le mécanisme est moins complet, a bien aussi un point d'appui fixé, mais il est obligé de s'aider alternativement de ses pieds postérieurs pour tourner sa masse *autour du pivot*, etc., etc.

Dans le mouvement *monter à cheval*, le cavalier, pour se diriger vers le flanc gauche du cheval, fait « deux pas en partant du pied droit et un à gauche sur la « pointe du pied gauche, etc. Ce n'est autre chose qu'une pirouette, semblable à celle du danseur, mais bien moins rapide.

Le cheval exécutant ce mouvement, fait une *pirouette renversée*, il pivote sur le membre antérieur gauche ; le membre antérieur droit, contourne le gauche.

Selon nous, les différents appuis que l'homme prend avec la pointe des pieds, correspondent à ceux pris par le cheval avec les pieds antérieurs et ceux que l'homme prend avec les talons, à ceux des pieds postérieurs du cheval.

Nous établirons dans le chapitre *Haute Ecole*, une relation plus complète encore, entre *le pied de l'homme* et les *quatre pieds du cheval*.

QUELQUES REMARQUES SUR LA VITESSE DES ALLURES. *(Pl. 3.)*

Base de sustentation servant d'unité de mesure.

Longueur du cheval : le cheval étant placé dans ses lignes d'aplomb et la tête ramenée, la longueur est déterminée par l'écartement des deux verticales tangentes au front et à la pointe des fesses.

Taille.......... 1/5 en moins de la longueur.

Base de sustentation 2/5   »   »

Longueur d'un Pas aux différentes Allures.

La longueur d'un pas complet est :

Au pas. . (4 temps). . . . . une longueur de la base , plus la moitié.

Au trot.. (2 temps). . . . . deux longueurs de la base.

Au galop (3 temps et la projection) trois longueurs de la base.

A la course, le pas complet (2 temps , y compris la projection), est de six longueur de la base, ou le double du galop.

Exemple : Un cheval ayant 2 mètres de longueur présente les dimensions suivantes :

    Taille. . . . . 1^m 60.
    Base de sustentation. . . 1^m 20.

Ce cheval parcourt à chaque pas complet :

    De Pas.. . . . . 1^m 80.
    De Trot. . . . . 2^m 40.
    De Galop. . . . . 3^m 60.

En deçà et au-delà de ces limites commence le ralentissement ou l'accélération de l'allure ; le premier, dû au Rassembler ; la seconde, résultat du stimulant des aides.

Le pas complet de Course, pour le même cheval , est de 7^m 20.

Ces dimensions sont justifiées par les comparaisons ci-après, avec les principes de l'Ordonnance de Cavalerie du 6 décembre 1829. L'allure du galop présente cependant une différence plus sensible que celle insignifiante du pas.

Quant à l'étendue du pas de course (7^m 20), si , de prime abord, elle paraît colossale, le raisonnement modifie bientôt cette première impression.

Franchir un fossé de 7^m 20 de largeur , ou faire un pas de course de 7^m 20 , sont deux choses bien distinctes.

L'étendue d'un pas de course se mesure de l'empreinte effectuée sur le sol par un pied postérieur , par exemple, à l'empreinte suivante effectuée par ce même pied. Ces deux empreintes sont espacées l'une de l'autre de 7^m 20.

Pour franchir un fossé de 7^m 20 , le cheval est obligé de faire un pas de course de près de *dix mètres* , puisqu'il lui faudra prendre son élan , avec les pieds postérieurs, à une distance du bord du fossé, égale au moins à la longueur de son corps , et si , comme pour le pas de course , on mesure l'espace qui sépare les deux empreintes , après un semblable saut , on trouvera que notre estimation n'est point exagérée.

Du reste , ce sont les expériences auxquelles nous nous sommes livré nous-même qui nous autorisent à avancer cette théorie comme un fait,

Le cheval qui nous a servi à faire ces rudes et dangereuses épreuves appartenait à M. Courvoisier , alors capitaine adjudant-major au 6me cuirassiers, aujourd'hui chef d'escadron au 5me.

C'était un noble animal , de race anglaise , jeune , de grande taille (1^m 60), bien musclé et d'une forte et belle charpente ; son manteau était alezan doré. Notre poids était alors de 85 kil.

Relation entre l'étendue du pas de l'homme et celui du cheval

D'après l'ordonnance précitée, la longueur du pas de l'homme (ordinaire et accéléré) est de 0m 65

Sa base de sustentation est de 26 c. (9 pouces de côté)

Pied gauche.......................	0m 26
Pied droit........................	0m 26
Moitié en plus de la base régulière......	0m 13
Longueur du Pas...........	0m 65

En admettant cette manière de comparer, la longueur du pas de l'homme serait basée sur les mêmes principes que ceux du pas du cheval (une longueur de la base, plus la moitié). (*Pl.* 1, *fig.* 1.)

Vitesse de la Course du Cheval.

TABLEAU INDICATIF

Des Prescriptions successivement adoptées quant au minimum des Vitesses exigées, suivant les âges et la nature des Prix, dans les arrêtés rendus depuis celui du 31 octobre 1832 jusqu'à celui du 15 mars 1842.

(Ces dispositions à cet égard ont été maintenues depuis lors.)

DATE DES ARRÊTÉS.	VITESSE PAR MINUTE POUR LES		
	PRIX D'ARRONDISSEMENT. — Chevaux de 3 ans. — DISTANCE : 2 KILOMÈTRES. Une seule épreuve.	PRIX D'ARRONDISSEMENT ET PRIX IMPÉRIAUX. — Chevaux de 4 ans et au-dessus. — DISTANCE : 4 KILOMÈTRES. Parties liées.	GRANDS PRIX IMPÉRIAUX. — DISTANCE : 4 KILOMÈTRES. Parties liées.
1832	600m »	648m 65	648m 65
1835	666 66	666 67	727m 27
1837	705 88	685 72	750 »
1842	750 »	750 »	786 88

(Rapport fait au nom du Conseil supérieur des Haras par M. le Général de La Moricière. — 1850.)

L'hippodrome du Champ-de-Mars , à Paris, a 2,000 mètres de tour.

Frétillon a fait 1 tour en 2 minutes 17 secondes.

Félix	»	2 tours en 4	»	50	»	
Prédestiné	»	2 » en 4	»	41 1/2	»	
Morotto	»	2 » en 4	»	41 1/2	»	Moyenne : 4 minut. 44 secondes.
Mithème	»	2 » en 4	»	42	»	

Ce qui fait pour 4,000 mètres, 14^m 08 par seconde. , ou 844^m 08 par minute.

En admettant le pas de Course complet de 7^m 20 ; il a fallu 555 pas pour parcourir cette distance.

555 pas ou 1110 foulées parcourues en 284 secondes donnent 3 foulées 9/10 par seconde.

PRIX IMPÉRIAL DE 1853.

Aux courses du Champ-de-Mars qui ont eu lieu le 20 octobre 1853, le prix impérial de 6,000 fr. a été gagné par *Aguila*, à M. Alex. Aumont, monté par Spréoty, qui a fait les deux tours de l'Hippodrome en 4' 38" (d'après le *Siècle*), ce qui donne 14^m 39 ^{c} par seconde, 863^m 4 par minute.

Si nous supposons le pas de course d'*Aguila* de 7^m 20, les 555 pas ou 1,110 foulées parcourues en 278 secondes, donnent 3 foulées 99/100 par seconde.

Aguila, poulain, né en 1849, a été vendu à Chantilly, le 27 octobre 1853, à M. le comte de Prado, 45,000 fr.

(Moniteur universel , 27 octobre 1853.)

GRAND PRIX IMPÉRIAL DE 1853.

Aux courses du 23 octobre 1853, le grand Prix impérial de 1re classe, 14,000 fr. (deux tours) en partie liée, a été gagué par *Echelle*, pouliche, baie; portant 53 kil. 1/2, à M. Alex. Aumont, montée par Spréoty.

Les 4,000 mètres ont été parcourus.

La première fois en 4' 39" 2/5	Moyenne 4' 42" 7/10
La deuxième fois en 4' 46" »	

(0' 22" 3/10 plus tôt que le temps accordé 5' 5", ce qui donne 14^m 15 ^{c} par seconde, 849^m par minute. 62^m 12 ^{c} en plus de la vitesse exigée par minute.)

(Moniteur universel.)

Si nous supposons également le pas de course d'*Echelle* de 7^m 20 ^{c}, les 1,110 foulées parcourues en 282 secondes 7/10 donnent 3 foulées 92/100 par seconde.

Comparaison des vitesses obtenues en France et en Angleterre.

Les vitesses observées , surtout dans les courses pour les grands Prix , sur l'Hippodrome du Champ-de-Mars, ont souvent dépassé de beaucoup celles qu'exigent les arrêtés; ces vitesses ont été :

PAR MINUTE.

1823.....	750ᵐ 04
1830.....	789 »
1835.....	811 04
1840.....	839 »
1847.....	854 »
1850.....	858 04
1853	863 04 (*Aguila*.)

Il est curieux de comparer ces vitesses avec quelques-unes de celles qui ont été observées, en 1849 sur l'hippodrome de Newmarket.

Nous extrayons de l'ouvrage de M. Gayot les renseignements suivants :

« Un cheval de 4 ans, portant 42 kil. 5 hect., a parcouru 3,624 mètres en « 4 minutes 16 secondes ; vitesse : 848 mètres par minute.

« Un autre cheval de 4 ans, portant 69 kil., a parcouru 3,522 mètres en 4 mi-« nutes 24 secondes ; vitesse : 809 mètres par minute.

« Un troisième cheval de 4 ans, portant 58 kil., a parcouru 4,954 mètres en « 6 minutes 25 secondes ; vitesse : 771 mètres par minute. »

Nous avons choisi les courses où les distances se rapprochent de 4,000 mètres, et où les poids sont à peu près les mêmes que chez nous ; des courses semblables sont assez rares en Angleterre ; car les conditions de poids et de distance sont généralement inférieures à celles qui sont en usage en France.

En comparant ces chiffres, on verra que, depuis 1835, les chevaux de course nés en France ont acquis des vitesses égales et supérieures à celles observées sur celui des hippodromes d'Angleterre que nous avons nommé. (*Extrait du Rapport déjà cité.*)

Le fait suivant, publié dans un journal anglais, nous a semblé assez intéressant pour être relaté :

Une jument appartenant à M. Garrad, propriétaire d'une ferme contiguë au chemin de fer des comtés de l'Est et à la station de Colchester, avait pénétré sur la ligne pendant la nuit, et le lendemain matin, à trois heures moins un quart, lorsque le convoi de la malle quitta Colchester, elle partit en avant de la locomotive. Comme il faisait tout-à-fait noir, le conducteur ne l'aperçut pas d'abord ; mais quand le convoi fut parvenu à une certaine distance et eut atteint une assez grande vitesse, on distingua la jument galopant en avant sur la même voie et d'un train qui semblait devoir mettre à l'épreuve la puissance de la machine. Le conducteur eut recours à son sifflet dans l'espoir de l'effrayer et de lui faire quitter la voie, mais cet expédient ne servit qu'à accélérer sa course sans en changer la direction ; elle semblait voler comme le vent, suivie de la locomotive, soufflant, gémissant et bruissant ; le convoi avait atteint une vitesse de 40 kilomètres à l'heure, mais la bête était lancée avec une telle impétuosité, que le conducteur et le chauffeur la perdaient souvent de vue dans l'obscurité ; ils supposèrent d'abord qu'ils l'avaient dépassée, mais de temps à autre ils l'apercevaient tout de nouveau, toujours courant sur la voie ; ils redoublaient alors leurs sifflements, et ces sons aigus agissant sur la jument terrifiée avec plus de force que la combinaison de l'éperon, du fouet et de la voix, la chassaient avec une sorte de fureur bien loin en avant du monstre de fer.

Il est difficile de conjecturer quel eût été le résultat de cette étrange course si elle se fût prolongée beaucoup plus longtemps ; la jument ne manquait ni d'ardeur ni de fonds, mais que peuvent, en définitive, la chair et le sang contre la puissance gigantesque de la vapeur ? Au fait, le pauvre animal soutint bravement la lutte pendant une distance de 80 kilomètres, mais s'étant heurté tout-à-coup contre une pierre ou contre les rails, il fut culbuté et roula sur l'autre voie. La locomotive, triomphante, passait, l'instant d'après, en haletant et lançant ses bouffées de vapeur. Quand le jour fut venu, on trouva la jument, qui ne paraissait se ressentir ni de sa course ni de sa chute, et on la ramena chez son maître.

Vitesse des Allures dans la Cavalerie française.

L'Ordonnance de cavalerie du 6 décembre 1829 contient aux bases d'instruction :
« L'étendue de terrain qu'un cheval peut parcourir aux différentes allures varie
« en raison de sa conformation ; mais on peut calculer généralement qu'un cheval
« parcourt :

  « A chaque pas. 0ᵐ 83
  « A chaque temps de trot. 1 20
  « Et à chaque temps de galop. . . . 3 25

« D'où il résulte qu'un cheval doit parcourir, dans une minute :

  « Au pas. 100ᵐ
  « Au trot. 240
  « Et au galop 300

La même Ordonnance contient au 1ᵉʳ article de *l'Ecole de l'Escadron à cheval* :
« Pour régler la vitesse des allures, on fait mesurer deux longueurs d'environ
« 1,000 mètres, et on les fait parcourir successivement, à l'une et à l'autre allure,
« pour s'assurer qu'elles sont réglées de manière à faire dans une minute :

  « 100 à 110 pas, au pas, ou 100 à 110ᵐ
  « 200 à 220 pas, au trot, ou 200 à 220
  « 300 pas, au galop, ou. 300ᵐ

En prenant la moyenne de ces nombres, le cheval doit parcourir, selon l'Ordonnance précitée, dans une minute :

  Au pas. 105ᵐ
  Au trot. 230
  Au galop. 300

Pour parcourir ces longueurs en une minute, le cheval fait le nombre de pas suivant :

D'après l'Ordonnance.	**D'après nos Observations.**
Au pas, 63 pas (2 enjambées) à 1ᵐ 66 — 105ᵐ	58 pas complets de pas à 1ᵐ 80 — 105ᵐ
Au trot, 96 pas de trot à 2 40 — 230	96 » de trot à 2 40 — 230
Au galop, 92 pas de galop à 3 25 — 300	84 » de galop à 3 60 — 300

Ces nombres de pas, par minute, obligent le cheval à faire le nombre de foulées suivant dans une seconde :

D'après l'Ordonnance.	**D'après nos Observations.**
Au pas, 4 foulées 2/10.	3 foulées 8/10.
Au trot, 3 foulées 2/10.	3 foulées 2/10.
Au galop, 4 foulées 6/10.	4 foulées 2/10.

Vitesse des Allures dans la Cavalerie suédoise.

D'après l'analyse du règlement d'exercice pour la cavalerie suédoise, par M. Rigault de Rochefort, capitaine au 7ᵐᵉ régiment de chasseurs (édition 1840), la vitesse des allures est ainsi fixée :

Le cheval doit parcourir en une minute :

Au pas,	180 à 200 aunes,	— 106 à 118ᵐ
Au petit trot,	300 à 320 »	— 178 à 190
Au grand trot,	420 à 425 »	— 249 à 254
Au trot allongé,	la vitesse n'est pas déterminée.	
Au galop ordinaire,	540 à 560 aunes,	— 320 à 333

On ne doit pas aller plus lentement, mais on peut aller plus vite.

En prenant la moyenne de ces nombres; il résulte que le cheval doit parcourir en une minute :

Au pas...................	112ᵐ
Au trot...................	218 (1)
Au galop.................	326

Pour parcourir ces longueurs en une minute, le cheval fait le nombre de pas complets suivant :

D'après l'Ordonnance de la cavalerie française.	**D'après nos Observations.**
Au pas, 68 à 1ᵐ 66 — 112ᵐ	62 à 1ᵐ 80 — 112ᵐ
Au trot, 94 à 2 40 — 218	94 à 2 40 — 218
Au galop, 100 à 3 25 — 326	94 à 3ᵐ 60 — 326

(1) La vitesse du trot de la cavalerie suédoise étant très-variée, par suite, la longueur d'un pas de trot ne pouvant être fixée, nous avons dû établir une vitesse moyenne pour avoir un point de comparaison.

Ces nombres de pas par minute obligent le cheval à faire le nombre de foulées suivant dans une seconde :

D'après l'Ordonnance.	**D'après nos Observations.**
Au pas , 4 foulées 5/10	4 foulées 1/10
Au trot , 3 foulées 3/100	3 foulées 3/100
Au galop , 5 foulées.	4 foulées 5/10

Vitesse des Allures comparée entre la Cavalerie française et la Cavalerie suédoise.

Ces différences dans les allures du Pas et du Galop, entre la cavalerie française et la cavalerie suédoise, justifient les modifications que nous avons faites à la longueur du Pas , ainsi qu'à celle du Galop.

Pour le Pas : 1° par le nombre de Pas de cheval, *lequel est le même* dans les deux cavaleries (63. 62.); c'est-à-dire que le nombre de pas fixé par l'Ordonnance de la cavalerie française pour parcourir 105 mètres en une minute, est le même que celui que nous attribuons à la cavalerie suédoise, laquelle parcourt 112 mètres pendant ce même laps de temps.

Cette égalité de nombre de pas et cette inégalité de distances franchies, indiquent que le pas est plus grand, ainsi que nous l'avançons, que celui fixé par l'ordonnance du 6 décembre 1829.

2° Par le passage suivant, extrait du *Cours d'Hippologie*, de M. de Saint-Ange, tome Ier, page 195, après le chapitre : *Vitesse des chevaux de course* :

« Les deux kilomètres sont franchis *ordinairement* en 16 ou 17 minutes. »

D'après l'Ordonnance, il faudrait 19' 3" pour franchir cette distance ; d'après nos observations, 17' 51", ce qui se rapproche davantage de la *vitesse ordinaire*, indiquée par M. de Saint-Ange.

Pour le Galop. Par le nombre de pas de galop du cheval, *lequel est aussi le même* dans ces deux cavaleries (92. 91.), c'est-à-dire, que le nombre de pas fixé par l'Ordonnance de la cavalerie française, pour parcourir 300 mètres en une minute, est également le même que celui que nous attribuons à la cavalerie suédoise, laquelle parcourt 326 mètres pendant ce même laps de temps. Cette vitesse de 326 mètres par minute (5 m. 44 cent. par seconde) correspond, en effet, à celle résultant de nos observations. (91 pas par minute à 3 m. 60 cent., donne 327 mètres, 5 m. 46 cent. par seconde.)

En comparant la vitesse des allures, d'après les règlements de la cavalerie française et de la cavalerie suédoise, il résulte que le cheval parcourt le nombre de mètres suivant, en une seconde :

	CAVALERIE FRANÇAISE.	CAVALERIE SUÉDOISE.	D'APRÈS GIRARD, le Cheval peut parcourir en une seconde :
Au pas..............	1ᵐ 75	1ᵐ 87	2ᵐ »
Au trot..............	3 83	» »	
Au petit trot..........	» »	3 07	4 50
Au grand trot	» »	4 18	
Vitesse moyenne	» »	3 63	
Au galop.	5 »	5 44	10 »
A la course	» »	» »	15 »

Vitesse de la marche de l'Homme.

D'après l'Ordonnance, l'homme doit parcourir, dans une minute :

Au pas ordinaire, 76 pas à 0ᵐ 65 — 49ᵐ 40
Au pas accéléré, 100 pas à 0 65 — 65

ce qui donne une vitesse, par seconde, de

Au pas ordinaire.................. 0ᵐ 82
Au pas accéléré 1 08

Marche de l'Homme comparée à celle du Cheval au pas.

Pour marcher 100 mètres, l'homme ne fait que 154 mouvements de jambes, tandis que le cheval, pour parcourir la même longueur de terrain au pas, en fait 240.

	ENJAMBÉES		QUANTITÉS d'Enjambées.	ENJAMBÉES à compter.	LONGUEUR de l'Enjambée.	ESPACE parcouru.
	de l'arrière-main.	de l'avant-main.				
L'homme qui fait 154 pas, ou........	154	154	154	154	0ᵐ 65	100ᵐ
Le cheval au pas :						
D'après l'Ordonnance........	120	120	240	120	0ᵐ 83	100
D'après mes Observations....	111	111	222	111	0ᵐ 90	100

La supériorité du mécanisme de l'homme pour la marche est ici en grande évidence.

Pour parcourir 100 mètres, au pas accéléré, l'homme met 93 secondes.

Le cheval parcourt le même espace au pas en 57 secondes.

Si l'homme fesait 240 mouvements ou enjambées à 0^m 65 l'une, il parcourait 456 mètres, s'il faisait 222 enjambées, comme il ressort de la longueur que nous attribuons au pas du cheval, il parcourrait 144 ^m. 30.

Le mécanisme de l'homme *pour le mouvement* est donc plus complet que celui du cheval et celui-ci n'a pas une vitesse relative beaucoup plus grande à l'allure du pas.

Course de l'homme comparée à celle du cheval.

Nous ne saurions comparer la vitesse de la course de l'homme avec celle du cheval, nous nous contentons de reproduire le passage suivant emprunté aux *Nouveaux éléments de physiologie*, par M. le chevalier Richerand :

« Il est très-peu d'animaux plus favorablement construits que l'homme pour exé-
« cuter des courses rapides : ses membres inférieurs ont la moitié de la longueur
« totale de son corps, et les muscles qui les meuvent sont doués d'une grande force ;
« aussi le sauvage exercé poursuit et atteint le gibier dont il fait sa proie, et même
« en Europe, on voit des coureurs de profession *qui égalent en vitesse le cheval le*
« *plus agile.* Cet animal, comme tous les quadrupèdes très-vites à la course, l'exé-
« cuterait bien plus lentement que l'homme, à raison de la multiplicité des colonnes
« de sustentation, s'il n'avait la faculté de les mouvoir par paires, et de réduire ainsi
« ses quatre jambes *à deux seulement, comme il le fait dans ce que les écuyers*
« *nomment Galop forcé.* »

On sait que M. de Saint-Ange conteste cette faculté au cheval de course.

Temps employé par l'homme et le cheval pour parcourir la lieue.
(4,000 MÈTRES.)

	ALLURES.	NOMBRE de mètres PAR MINUTE.		TEMPS employé à parcourir LA LIEUE.		
		Mètres.	Cent.	Heure.	Minutes	Second.
Marche de l'homme.	Pas ordinaire..	49	40	4	20	58
	» accéléré...	65	»	4	04	32
Cavalerie Française.	Au pas..	105	»	»	38	06
» Suédoise	Au pas..	112	»	»	35	43
» Française.	Au trot..	230	»	»	17	23
	Au petit trot..	184	»	»	21	44
» Suédoise.	Au grand trot..	254	»	»	15	56
	Moyenne..	248	»	»	18	20
» Française.	Au Galop..	300	»	»	13	20
» Suédoise.	Au Galop..	326	»	»	12	17
Vitesse observée antérieurement..	A la Course..	844	08	»	4	44
Prix Impérial, 1853, *Aguila*..	»	863	08	»	4	38
Grand Prix Impérial, 1853, *Echelle*.	»	849	»	»	4	42

COMPARAISON

ENTRE LA VITESSE ET LE MÉCANISME DE L'HOMME MARCHANT AU PAS ACCÉLÉRÉ

Et la vitesse et le mécanisme du Cheval à l'allure du pas,

Pour la lieue (4,000 mètres.)

	Allures.	Nombre de pas.	Longueur du pas.	Espace parcouru.	Nombre de foulées par pas.	Quantité d'enjambées exécutées par l'homme et le cheval.	Quantité de mouvements exécutés en *plus* par le cheval.	Quantité comparative des mouvements de		Temps employé par l'homme et le cheval pour parcourir la lieue.	Temps en *moins* employé par le cheval.	Rapidité comparative entre la marche de	
								l'homme	du cheval.			l'homme.	du cheval.
			m. c.	m.						h. m. s.	m. s.		
L'HOMME	Pas accéléré	6154	0.65	4000	1	6154	»	100	»	1 1 32	» »	100	»
CAVALERIE FRANÇAISE	Au pas	2410	1 66	4000	4	9640	3486	»	156	» 38 06	23 06	»	139
— SUÉDOISE	Id.	2322	1 80	4000	4	8888	2734	»	144	» 33 43	25 49	»	142

D'où il résulte que :

1° La vitesse du cheval marchant au Pas *est supérieure* à celle de l'homme marchant au Pas accéléré, de 39/100, selon l'Ordonnance française de la Cavalerie, et de 42/100, selon les règlements de la cavalerie suédoise ;

2° Le mécanisme du cheval *pour le mouvement à l'allure du Pas est inférieur* à celui de l'homme de 56/100, selon la même Ordonnance, et de 44/100, selon les mêmes règlements, lesquels fixent des vitesses qui coïncident avec nos observations.

QUELQUES OBSERVATIONS SUR L'ALLURE DU PAS, LE TERRAIN ÉTANT HORIZONTAL.

Mécanisme de l'Allure du Pas.

Le mécanisme de l'allure du pas, le cheval partant du pied droit, s'opère de la manière suivante (*Pl.* 3, départ, pas complet de pas.)

Mouvements préparatoires pour l'Allure du Pas.

Le cheval s'établit d'abord à l'appui sur un bipède diagonal le gauche, par exemple ; pour cela il lève le bipède diagonal droit, en commençant par le membre antérieur, le postérieur lève le dernier.

Pas complet de Pas.

La masse étayée par le bipède diagonal gauche, progresse, chemine. Le centre de gravité est *au-dessus* de la base de sustentation.

1re Battue. — *Poser* du membre antérieur droit.

Lever du membre antérieur gauche. La base de sustentation se trouve établie par le bipède latéral droit. Cette attitude ne peut durer qu'un instant très-court, le centre de gravité n'étant *pas au-dessus* de la base de sustentation ; aussi la deuxième battue, celle qui suit, sera très-rapprochée de la première.

2me Battue. — *Poser* du membre postérieur gauche.

Lever du membre postérieur droit. La masse est de nouveau étayée par un bipède diagonal, le droit ; elle peut progresser, cheminer.

Le centre de gravité étant *au-dessus* de la base de sustentation, il y a plus de stabilité dans l'équilibre que lorsque le corps est supporté par un bipède latéral ; aussi la troisième battue sera-t-elle plus loin de la deuxième, que celle-ci ne l'a été de la première.

3me Battue. — *Poser* du membre antérieur gauche.

Lever du membre antérieur droit. Ce qui place le cheval à l'appui sur le bipède latéral gauche, et l'oblige à précipiter la quatrième battue pour les mêmes motifs énoncés pour la deuxième.

4me Battue. — *Poser* du membre postérieur droit.

Lever du membre postérieur gauche. Ce qui rétablit la base diagonale.

Le pas complet est achevé.

Mouvements nécessaires pour l'Arrêt.

Pour s'arrêter, le cheval étant à l'appui sur un bipède diagonal, pose les deux pieds au soutien successivement, en commençant par le membre antérieur, puis le postérieur qui pose le dernier.

Le *Poser* des deux pieds d'un diagonal s'effectue donc dans le même ordre que leur *Lever*.

Nous venons de démontrer :

1° Que le cheval s'établit d'abord sur un bipède diagonal, soit pour cheminer, soit pour s'arrêter.

2° Que pendant la durée de la marche au pas, il y a toujours un pied à l'appui et un autre pied au soutien, soit dans l'avant-main, soit dans l'arrière-main.

3° Que le cheval a constamment deux pieds au soutien et deux pieds à l'appui ; ces derniers formant alternativement la base latérale et la base diagonale.

4° Que les battues des bipèdes diagonaux sont plus précipitées que les battues des bipèdes latéraux.

5° Que les bipèdes diagonaux sont plus longtemps à l'appui, que les bipèdes latéraux.

6° Enfin, que ce n'est que pour commencer ou finir l'allure du pas, que le cheval se soutient, un instant sur trois jambes.

Il nous reste à faire connaître comment s'établit la longueur du pas ? qu'elles sont les longueurs comparatives des bases latérales et diagonales ?

Pour rendre évidente la question équestre qui suivra , nous chercherons surtout à établir :

1° Que les battues se produisent ainsi que nous les avons associées.

2° *Que les bipèdes diagonaux supportent plus longtemps la masse que les bipèdes latéraux.*

Le cheval en station et rassemblé, pour entamer l'allure à droite, lève le pied droit antérieur et va le poser à une demi-longueur de base en avant , ce qui constitue la longueur du pas (une base, plus la moitié), mesurée entre les deux pieds droits ainsi posés. A chaque pas, le pied postérieur droit venant se poser juste sur le terrain qu'occupait celui antérieur du même côté, la longueur du pas se trouve ainsi déterminée.

Ce changement de pied sur place, qui nécessite pendant un court instant le lever de ces deux pieds, s'exécute toujours au point milieu de la longueur du pas, le cheval étant supposé immobile. Pendant que ce changement a lieu , le cheval est à l'appui sur la base latérale opposée, laquelle est déterminée par le poser des deux pieds placés chacun à l'extrémité opposée de cette base. (*Pl. 3.*)

D'où il résulte : 1° que les bases latérales sont chacune de la longueur d'un Pas , tandis que celles diagonales n'ont qu'une demi-longueur ; 2° que les bases latérales sont constituées par le poser d'un pied antérieur qui s'est éloigné du pied postérieur du même côté; tandis que celles diagonales résultent du poser d'un pied postérieur qui s'est rapproché du centre pour remplacer le pied antérieur qu'il chasse devant lui.

De l'inégalité de longueur des bases de sustentation latérale et diagonale, découle évidemment que les battues entre deux pieds latéraux sont plus espacées et moins précipitées que celles entre deux pieds diagonaux.

Le corps sera donc plus longtemps supporté par le bipède diagonal que par le bipède latéral.

En observant avec beaucoup d'attention l'allure du Pas, on remarque que le cheval ne chemine, n'avance que sur des bipèdes diagonaux.

Pendant qu'un bipède diagonal va gagner du terrain en avant, l'autre bipède supporte la masse, et ainsi de suite, comme dans le trot, avec cette différence que les poser des pieds d'un bipède diagonal ne sont pas simultanés, mais bien successifs, et se suivent de très-près.

Le corps du cheval n'étant jamais en l'air, il faut donc constamment l'étayer, le supporter pour empêcher sa chute; deux appuis suffisent pour cela, pourvu que la base qui les réunit passe sous le centre de gravité. Ce sont les fonctions des bipèdes diagonaux.

Quand les deux appuis forment une base latérale, celle-ci ne se trouve pas sous le centre de gravité; aussi le support offert à la masse par cette base sera-t-il très-court; juste le temps nécessaire pour vite substituer un pied à un autre dans l'autre bipède latéral. Aussitôt cette substitution faite, la base latérale n'existe plus; cette base n'a même existé que pendant ce court instant. On remarque que deux battues de pas se suivent de très-près, puis un petit moment s'écoule avant qu'elles ne se reproduisent.

Ces deux battues si rapprochées sont : 1° celle d'un pied antérieur qui construit la base latérale ; 2° celle du pied postérieur qui forme diagonal avec lui, qui construit à son tour la base diagonale et détruit celle latérale.

Le poser du pied antérieur a permis à l'autre pied antérieur de se lever; la base latérale est construite. Aussitôt ce dernier pied antérieur levé, le pied postérieur de son côté s'est vite mis à sa place, ce qui permet à l'autre pied postérieur de se lever : la base latérale n'existe plus.

La base latérale n'a donc existé que pendant le court instant qui s'est écoulé entre ces deux foulées si pressées et successives des membres composant un bipède diagonal.

L'intervalle de temps qui suit est celui où le cheval chemine, avance en basculant sur le bipède diagonal ; du reste, il ne le pourrait sur un bipède latéral. Nous allons essayer de le démontrer.

À l'allure de l'amble le cheval est appuyé sur deux bipèdes latéraux successifs, mais l'écartement entre les deux pieds latéraux à l'appui n'excède pas la longueur de la base de sustentation. Les deux membres parallèles entr'eux peuvent basculer, s'incliner d'arrière en avant et faire ainsi progresser la masse.

Il n'en est pas de même dans la base latérale du pas ; les deux pieds latéraux à l'appui, sont écartés de toute la longueur d'un pas, — une longueur de base de sustentation plus la moitié (1ᵐ 80 pour un cheval de 1ᵐ 60 de taille).

Les deux membres ne sont pas parallèles entr'eux, ils sont obliques, ils se rapprochent par leurs parties supérieures vers le centre et s'en écartent par leurs parties inférieures, ils arc-boutent ainsi la masse d'avant en arrière et d'arrière en avant; ils la fixent en quelque sorte; aucun mouvement de bascule n'est possible; aussi, cet état de choses ne dure-t-il qu'un très-court instant, juste le temps nécessaire pour la substitution d'un pied à un autre sur le même terrain, ainsi que nous l'avons dit.

Nous pensons donc avoir raison en avançant :

1° Que les bases latérales sont les plus longues comme base, et les plus courtes dans leur instant de support offert à la masse.

2° Que les bases diagonales sont réciproquement le contraire de celles latérales.

3° Enfin, que le cheval, au pas, n'avance que par des bipèdes diagonaux successifs. (Pl. 3.)

Cette théorie nouvelle, résultat de nombreuses observations, nous met en opposition avec MM. Goiffon, Vincent et Lecoq, ce dernier, directeur de l'Ecole vétérinaire de Lyon.

MM. Goiffon et Vincent donnent au pas une longueur autre que la nôtre.

D'accord avec M. Lecoq sur l'inégalité des bases successives du pas, nous ne différons que par l'espace de temps qui s'écoule entre les foulées des pieds qui composent ces mêmes bases : la base diagonale étant, selon nous, la plus longue en durée, contrairement à M. Lecoq, qui donne cette durée à la base latérale.

Mécanisme de l'Allure du Pas, d'après M. Lecoq.

Traité de l'Extérieur du Cheval, par F. Lecoq. — Edition 1843. — Page 390. — « Le centre de gravité est donc supporté alternativement dans le pas par un « bipède latéral et par un bipède diagonal.

« Le support sur un bipède latéral se forme par l'appui d'un pied antérieur qui « s'éloigne du postérieur et celui sur un bipède diagonal, par l'appui d'un pied « postérieur qui se rapproche de l'antérieur; de sorte que la ligne de sustentation « latérale est la plus longue, et celle diagonale la plus courte.

« Le plus grand espace qu'embrasse un pas complet à cette allure est, d'après « Goiffon et Vincent, égal à la hauteur du cheval mesuré du garrot à terre. On « trouve cet espace dans la distance qui sépare le point que quitte un pied, n'im-« porte lequel, de celui où il fait de nouveau son appui. On conçoit, d'après cela, « que toujours le pied postérieur viendra, comme dans le trot, prendre la place du « pied antérieur du même côté; mais, ici, le saut ne sera pas nécessaire, puisqu'en « supposant que le pas complet dure quatre secondes, il devra s'en écouler une entre « le lever du pied antérieur et le poser du pied postérieur correspondant.

« Dans tout ce que nous venons d'exposer, nous avons admis, comme tous les

« auteurs, que les quatre foulées d'un pas complet étaient régulièrement distantes
« l'une de l'autre, et séparaient par conséquent la durée d'un pas complet en quatre
« temps égaux. Cette manière d'envisager le pas nous a rendu plus facile l'explication
« de cette allure, et cependant elle n'est pas rigoureusement exacte. Si l'on écoute
« avec soin un cheval marchant au pas, on se convaincra bientôt que les quatre
« foulées qu'il fait entendre sont associées deux à deux, c'est-à-dire que les temps
« qui les séparent sont alternativement plus longs et plus courts; et si l'on examine
« l'animal, on s'apercevra bientôt que le temps le plus court s'écoule entre la battue
« d'un pied postérieur et celle du pied antérieur qui forme avec lui un bipède laté-
« ral, et le temps le plus long entre la foulée de ce dernier et celle du pied posté-
« rieur qui lui est opposé en diagonale. Il résulte de cette inégalité dans les temps
« d'intervalle, que le corps est plus longtemps supporté par le bipède latéral que par
« le bipède diagonal; mais cette différence est si petite que nous pouvons la négliger
« pour la plupart de nos explications.

« On voit, du reste, des chevaux dont le pied postérieur dépasse ou n'atteint pas
« la piste de l'antérieur, même sur un plan horizontal.

« Dans le premier cas, l'allure est plus alongée, mais on doit s'assurer avec soin
« s'ils ne forgent pas, s'ils ne s'atteignent pas et surtout s'ils sont fermes à l'arrêt;
« car, souvent c'est à la faiblesse des reins qu'il faut attribuer cet excès de l'ouverture
« de l'enjambée.

« Quant à ceux qui, sur un terrain horizontal et sans être attelés, ne couvrent
« pas avec le pied postérieur la piste du pied antérieur, l'allure est toujours chez eux
« d'autant plus raccourcie, qu'il reste plus d'écartement entre les deux pistes. »

Lorsqu'un pied postérieur se met à l'appui, il se pose sur le même terrain qu'occupait le pied antérieur, celui-ci gagne du terrain en avant de la longueur d'un pas
complet (une base plus la moitié); puis il pose jusqu'à ce que le pied postérieur
vienne de nouveau le remplacer et le chasser.

Le temps employé à parcourir cette étendue de terrain par un pied antérieur est
plus long, que celui qui s'écoule entre les deux foulées d'un bipède diagonal, les
pieds diagonaux ne s'éloignant jamais l'un de l'autre de la longueur d'un pas complet,
comme cela a lieu pour les deux pieds latéraux.

Le maximum d'écartement des pieds latéraux a lieu lorsqu'ils sont à *l'appui*.

Le maximum d'écartement des pieds diagonaux a lieu lorsqu'ils sont au *soutien*.

L'éloignement le plus grand des pieds diagonaux, n'excède pas la longueur de la
base de sustentation *plus le quart*; ceci tient à ce que le membre postérieur commence
son mouvement, *le lever*, à l'instant où le membre antérieur, avec lequel il forme la
diagonale, n'a encore fait que la moitié du sien, *le lever et le soutien*.

Il n'en est pas de même pour les membres latéraux; — le membre postérieur d'un
bipède latéral attend pour commencer son mouvement, *le lever*, que le membre an-
térieue ait achevé le sien, *le soutien*, *le poser* et *l'appui*.

Les deux pieds latéraux ne sont *en l'air en même temps* que pendant *le court ins-*

tant du lever du pied antérieur ; — c'est à ce moment que le pied postérieur prend sa place sur le sol, qu'il exécute son *poser*.

Les divers mouvements des membres diagonaux sont exécutés presque *simultané-ment* ; tandis que ceux des membres latéraux le sont presque *successivement*.

Les deux membres diagonaux se trouvent donc *simultanément* plus longtemps au soutien que les deux membres latéraux ; par suite, ce sont les deux membres diago-naux *à l'appui* qui supportent le plus longtemps la masse, contrairement à la théorie émise par M. Lecoq, *qui attribue cette durée aux membres latéraux.*

Le passage suivant, extrait du *Traité de l'extérieur du cheval*, par M. F. Lecoq, rendra plus claire cette démonstration.

PAGE 386 — « Borelli a établi en principe que dans le pas un seul pied quitte
« le sol, tandis que les trois autres sont pendant ce temps à l'appui, et cette erreur
« de ce physicien célèbre se trouve répétée dans tous les ouvrages, malgré l'explica-
« tion si précise et si complète donnée par le fondateur des écoles vétérinaires.

« Dugès, en reprochant, avec raison, à Borelli d'attribuer l'impulsion en avant
« au membre qui quitte le sol, et non à ceux qui y restent appuyés, partage son erreur
« sur le nombre des pieds qui posent à la fois sur le terrain dans le pas. Il est dans
« le vrai lorsqu'il dit que *les quatre jambes du cheval peuvent être représentées à*
« *l'esprit par deux paires latérales agissant l'une après l'autre, et dans chacune*
« *desquelles le mouvement du membre antérieur est toujours immédiatement pré-*
« *cédé de celui du membre postérieur.* »

Cette théorie est exacte ; à part le premier lever du membre antérieur qui entame la marche et qui, par conséquent précède le membre postérieur du même côté ; tous les autres mouvements des pieds antérieurs seront *précédés* des mouvements des pieds postérieurs, *lorsqu'on associe les pieds par paire latéralement.*

Mais les mouvements des pieds antérieurs seront *suivis* des mouvements des pieds postérieurs, *si on les associe par paire diagonalement.*

Pour mettre en pratique cette théorie de manière à la rendre bien évidente, suppo-sons deux hommes placés l'un devant l'autre à la distance d'un mètre.

L'homme placé devant a le pied gauche en avant et à l'appui, le pied droit est en arrière et au soutien.

L'homme placé derrière a également le pied gauche à l'appui, mais en arrière du droit, lequel est au soutien.

Les deux pieds au soutien se toucheront presque. Les pieds de ces deux hommes nous représentent la position des pieds du cheval marchant au pas et étant à l'appui sur le bipède latéral gauche. (P. 3. *Pas complet de pas. Arrêt. Station.*)

A l'instant où l'homme placé en arrière posera le pied droit, il lèvera le pied gau-che et l'homme placé en avant portera en même temps le pied droit en avant de son pied gauche.

La nouvelle base de sustentation de ces deux hommes sera alors représentée par le bipède diagonal gauche des quatre pieds. Le pied gauche de l'homme placé devant et le pied droit de celui placé derrière.

Tant que continuera la marche de ces deux hommes ainsi disposés, le pied de l'homme de devant, quel qu'il soit, sera immédiatement remplacé par celui du même côté, de l'homme placé derrière.

En étudiant, avec attention, la marche particulière de ces hommes, on reconnaît la justesse de ce que nous avons avancé, soit pour la longueur des bases successives, soit pour le temps de leur durée, soit, enfin, pour l'ordre dans lequel les battues s'associent.

On remarquera surtout que la progression a lieu *principalement* pendant le poser des deux pieds disposés en ligne diagonale et que les deux autres pieds au soutien se suivent de très-près dans leurs mouvements divers, tandis que les deux pieds latéraux ont des mouvements presque toujours successifs, c'est-à-dire que l'un des deux est au soutien pendant que l'autre est à l'appui ; le seul instant où ces deux pieds se trouvent au soutien en même temps étant celui où le pied postérieur prend la place, sur le sol, du pied antérieur qui vient de se lever.

Lorsque le cheval entame le pas à droite, par exemple, il commence par le pied antérieur droit, celui-ci est suivi de près par le pied postérieur gauche, lequel ne lève pas après le poser du pied antérieur droit, comme le dit M. de Saint-Ange, mais bien lorsque ce membre est au soutien.

Le court espace de temps qui s'est écoulé entre ces deux levers successifs, sera le même entre les deux posers successifs de ces mêmes pieds.

Il devient évident que le temps le plus court n'est pas celui qui s'écoule entre la battue d'un pied postérieur et celle du pied antérieur, qui forme avec lui un bipède latéral, espace de temps pendant lequel le cheval est à l'appui sur une base diagonale, comme l'a cru M. Lecoq.

Lorsque l'empreinte du pied postérieur dépasse celle du pied antérieur, c'est que le cheval se soutient plus longtemps sur le bipède latéral à l'appui. Est-ce là une preuve de la faiblesse de ses reins ; nous ne le croyons pas.

Cela nous prouve seulement que le cheval fait des enjambées plus grandes avec ses membres postérieurs qu'avec ceux antérieurs ; ce serait bien plutôt la preuve que les épaules sont gênées, qu'elles n'ont pas la même facilité de mouvement que les hanches, qu'elles sont surchargées par la position trop inclinée en avant du cheval. Souvent c'est la faute de la main du cavalier, qui gêne le mouvement automatique du cheval, le contient par devant, sans que les jambes le stimulent par derrière, avec un effet équivalent à celui de la main.

Nous avons vu, que selon M. Lecoq, « il résulte de cette inégalité dans les temps « d'intervalle (le cheval marchant au pas), que le corps est plus longtemps supporté « par le bipède latéral que par le bipède diagonal, mais cette différence est *si petite*, « que nous pouvons la négliger pour la plupart de nos explications. »

Cette différence *si petite* est, en effet, de peu d'importance pour un *hippiatre*, mais il n'en est pas de même pour *l'écuyer* ; c'est au contraire une question très-importante, et ce n'est que pour rendre sensible cette démonstration, que nous traitons si longuement l'allure du pas.

Nous avons rappelé au chapitre précédent (du galop), que certains écuyers dressaient leurs chevaux à l'allure du pas. Ce fait se produit encore aujourd'hui.

M. Baucher nous enseigne dans sa méthode que « l'allure du pas est la mère de « toutes les allures, c'est par elle qu'on amènera la cadence, la régularité, l'exten- « sion des autres ; mais le cavalier, pour arriver à ces brillants résultats, devra « déployer autant de savoir que de tact.

En effet, le cavalier est tenu de *savoir comment marche le cheval*, et avoir assez d'acquis, pour se servir avec à-propos et intelligence de ses moyens d'action.

M. Baucher nous dit aussi : « le pas doit précéder les autres allures, parce que le « cheval, ayant *trois* points d'appui sur le sol, son action est moins considérable « que pour le trot ou le galop, et *plus facile par conséquent à régler et harmo-* « *niser*.

C'est, sans nul doute, du *pas raccourci*, dont cet écuyer a voulu parler, ou, du pas d'un cheval en dressage, lequel, étant fortement renfermé dans les aides du cavalier qui cherche à le rassembler, l'oblige à marcher ainsi.

Quoiqu'il en soit, il n'est pas exprimé si l'appui le plus long, que le cheval prend à l'allure du pas, est sur les bases latérales, ainsi que l'avance M. Lecoq, ou sur les bases diagonales, ainsi que nous croyons l'avoir prouvé.

Nous venons de lire qu'à l'allure du pas, *l'action du cheval* est plus facile à régler et à harmoniser.

Pour régler et harmoniser *l'action du cheval*, il faut surtout en connaître *la direction*; à l'allure du pas, *elle est diagonale*.

Pendant qu'un bipède diagonal supporte la masse, l'autre bipède diagonal chemine et, c'est ce dernier, celui qui est au soutien, dont le cavalier doit chercher à dimi-nuer *l'embrasse de terrain*, en retenant légèrement le membre antérieur par un effet de rêne et en poussant le plus en avant possible, ou mieux, en attirant sous le centre, le membre postérieur par un effet de jambe. L'effet des aides est donc en ligne diagonale, parce que c'est la direction de l'action du cheval.

Le bipède diagonal au soutien, ainsi raccourci dans son *embrasse de terrain*, forme des bases de sustentation plus petites, chaque fois qu'il se met à l'appui. C'est ainsi que l'équilibre du cheval est rendu plus instable, que le rassembler devient plus complet; c'est ainsi, enfin, que l'écuyer dresse le cheval à l'allure du pas.

Les bipèdes diagonaux agissant alternativement, les aides du cavalier sont obli-gées, pour rester en harmonie, avec le mécanisme du cheval, d'être également alternées.

A l'allure du trot, la direction de l'action du mécanisme du cheval, étant la même qu'au pas, la direction de l'action des aides du cavalier doit être aussi diagonale, surtout lorsqu'il cherche à cadencer l'allure, à rassembler le cheval.

Au galop, la direction de l'action du cheval étant continue, celle des aides du cava-lier doit être de même ; elle ne varie que lorsqu'il veut faire changer de pied au cheval.

Si le cheval se comportait à l'allure du pas, ainsi que l'exprime M. Lecoq , *la direction de l'action serait latérale* et nécessiterait, par conséquent , des effets latéraux des aides du cavalier. S'il en était ainsi, la rêne et la jambe, *du même côté* , devraient chercher à diminuer *l'embrasse de terrain* , des deux membres latéraux *au soutien* , ce qui est impraticable , puisque les deux pieds sont presque en contact à ce moment là.

Quand les deux membres latéraux sont *à l'appui* , c'est autre chose ; alors l'effet latéral des aides du cavalier est employé, non pour rassembler, raccourcir l'embrasse de terrain , mais pour mobiliser la croupe, l'obliger à *fuir le talon* ; ou encore , pour disposer le cheval à s'incliner sur le bipède latéral opposé , ainsi que nous l'avons démontré pour le départ au galop du cheval mis au rassemblé. (Du Galop.)

Dans l'Ecole de M. d'Aure , l'emploi de l'effet latéral des aides est presque constant , et cela indistinctement pour le bipède latéral *au soutien* , comme pour celui *à l'appui :* cette Ecole n'y regarde pas de si près ; aussi l'harmonie n'existant pas entre les actions de l'homme avec le mécanisme du cheval , celui-ci est-il guindé , gêné peu gracieux et vite fatigué. C'est pour cette raison que les chevaux médiocres sont si méprisés par elle ; c'est que ne sachant les aider à mettre en évidence les qualités qu'ils possèdent , quelles quelles soient , elle nie ces qualités ; elle fait mieux encore elle les annihilent.

Mécanisme de l'Allure du pas, d'après M. de Saint-Ange.

On lit dans le Cours d'Hippologie , tom. Ier, page 183 :

« Du Pas.— Si on suppose le cheval à l'état de repos , sa masse étant également
« répartie sur ses quatre colonnes , lorsqu'il voudra entamer le pas, de la jambe
« droite de devant , par exemple , il commencera par étendre ses jambes de derrière,
« pour chasser la masse en avant , en même temps qu'il portera le poids de la jambe
« droite de devant sur la jambe gauche de devant , pour exécuter le premier temps
« du lever de la jambe droite, puis elle marquera successivement ses trois autres
« temps , savoir : le soutien , le poser et l'appui.

« Au poser de la jambe droite de devant succédera le lever de la jambe gauche de
« derrière , qui exécutera ses trois autres temps, ainsi qu'il a été expliqué pour la
« jambe droite de devant.

« Le diagonal gauche exécutera ensuite son mouvement de la même manière que
« le diagonal droit , et le pas complet aura été exécuté »

Tout ceci n'est pas très-exact :

D'abord, dans l'état de repos (station), la masse n'est pas également répartie sur les quatre colonnes ; celles antérieures supportent beaucoup plus que celles postérieures , puis au poser de la jambe droite de devant ne succède pas le lever de la jambe gauche de derrière, ainsi que nous l'avons dit. Le Cours d'Hippologie le sait bien , puisqu'il nous l'indique sur la même page , dont nous venons de citer une partie. Voici ce nouveau passage :

M. Lecoq, dans son *Traité de l'Extérieur du Cheval*, fait remarquer, avec juste raison « que chaque membre n'attend pas pour se lever que celui qui le précède ait « effectué son passage. C'est quand un membre est à la *moitié de son soutien* que « celui qui doit le suivre commence le sien, et ainsi des autres, ce qui fait que l'a- « nimal, excepté au départ et à l'arrêt, a constamment deux pieds posés et deux « pieds levés, quoiqu'il y ait dans un pas complet quatre levers et quatre posers bien « distincts.

« Toutefois, dans le pas Raccourci, le corps est supporté par trois membres. »

D'après ces principes, comment s'expliquer, dans un livre sérieux, le dessin (page 184), qui représente un cheval de troupe au pas de route, lequel, dit le *Cours d'Hippologie*, doit être franc et suffisamment alongé.

L'auteur vient d'enseigner qu'il n'y a que dans le pas Raccourci que le cheval doit être supporté par trois membres, et cependant ce cheval a trois pieds à terre.

Le dessin nous représente le cheval dans l'attitude suivante :

Le bipède latéral droit est à l'appui, ainsi que le pied postérieur gauche, lequel lèvera, en même temps, que le pied antérieur gauche posera. (*Pl. 3, n° 1.*)

Les deux pieds droits à l'appui, au lieu d'être éloignés l'un de l'autre de toute l'étendue d'un pas, sont rapprochés vers le centre.

En étudiant l'allure de ce cheval, il résulterait que les foulées se trouveraient nécessairement établies dans l'ordre suivant :

Le pied gauche antérieur va poser.

Le pied gauche postérieur lèvera aussitôt. (*Pl. 3, n° 2.*)

Le cheval sera encore supporté par *trois jambes*, les deux droites, toujours rapprochées l'une de l'autre, et la gauche antérieure.

Pourquoi le pied antérieur droit, reste-t-il à l'appui? Est-ce que les deux pieds antérieurs doivent se trouver, en même temps, à l'appui, sur le sol?

Et cependant, si le pied antérieur droit levait, il y aurait donc deux levers successifs, succédant à un seul poser? (*Pl. 3, n° 3.*) Le lever du bipède diagonal droit, en commençant par le pied postérieur encore (*Pl. 3, n° 2.*), puis après celui du pied antérieur. (*Pl. 3, n° 3.*)

Ces deux levers se seraient effectués, *successivement*, après le poser du pied gauche antérieur? (*Pl. 3, n° 2.*)

Dans l'allure régulière et naturelle du pas, les pieds postérieurs *succèdent* aux pieds antérieurs, avec lesquels ils forment la diagonale. (*Pl. 3, pas complet de pas.*)

D'après le dessin, il n'en serait pas ainsi, puisque le pied postérieur, le gauche, *précède* celui antérieur, le droit, il lève avant lui. (*pl. 3, n° 2.*)

Cette marche est donc impossible, elle n'existe pas; mais probablement cela est aussi sans aucune utilité pour la pratique des principes du Cours d'Equitation, ainsi que nous l'avons vu pour l'ordre du lever des pieds dans le départ au galop. — Notre École est plus exigeante; il est de toute importance que le cavalier sache comment se meut l'animal afin de pouvoir coordonner ses actions avec les mouvements du cheval.

L'erreur vient de ce que le dessinateur fait constituer un bipède diagonal à l'appui, par le poser d'un pied antérieur, ce qui n'a lieu que par celui d'un pied postérieur. — Le poser d'un pied antérieur détermine toujours la base latérale à l'appui, et c'est pendant cet appui que les-deux pieds du latéral opposé peuvent simultanément être au soutien pour se remplacer dans l'appui que l'un des deux doit prendre. (*Pl.* **3.**)

Au-dessus de ce dessin le *Cours* nous dit :

« Le cheval qui exécute le pas ordinaire ou pas de route balance son encolure de
« droite à gauche pour amener son centre de gravité en avant et soulager l'action des
« membres. C'est pourquoi le cavalier doit éviter de le tenir Rassemblé. »

Nous comprenons bien que lorsque le cavalier rassemble le cheval il fait reculer le centre de gravité, comme aussi plus le cheval alonge son encolure, plus celui-ci le fait avancer. Mais est-il nécessaire que l'encolure se balance latéralement pour cela ? Si ces balancements soulagent l'action des membres, nous demanderons quels sont les membres soulagés ? Car, enfin, s'ils soulagent ceux de derrière, n'est-ce pas au détriment de ceux de devant ? S'il est nécessaire que l'encolure se balance latéralement pour charger ou décharger un pied à l'allure du pas, comment se passeront donc les choses aux changements de pied au temps du galop.

A la suite du dessin nous trouvons :

« Dans le pas appelé *détraqué* ! les jambes de devant se lèvent, avant que celles de
« derrière se soient posées pour leur céder la place qu'elles doivent occuper. L'éten-
« due des enjambées est telle que le cheval est hors de ses aplombs réguliers. On voit
« souvent les chevaux se mettre à cette allure, lorsqu'on les sollicite à prendre le trot
« et qu'ils ne se sentent pas la force de l'exécuter franchement. »

Si les pieds de devant ne levaient pas avant que ceux de derrière ne soient posés, comment feraient donc ceux-ci qui doivent prendre la place de ceux-là ? C'est ainsi que doivent se mouvoir et se meuvent, en effet, les extrémités du cheval dans l'allure naturelle et régulière du Pas. (*Pl.* **3.**)

Le Pas est dit *détraqué*, lorsque les mouvements des membres tendent à agir successivement par paires latérales ; parce qu'alors l'allure devient irrégulière, défectueuse ; c'est *l'amble rompu*.

Quand les enjambées sont trop étendues, le cheval n'est pas forcément hors de ses lignes d'aplombs pour cela. Nous savons que le cheval n'a *qu'un* aplomb qui doit être toujours régulier et qui peut être faussé, et que les membres ont des *lignes d'aplomb*, lignes par lesquelles on indique, ainsi que nous l'enseigne M. Lecoq, la direction que doivent suivre les membres du cheval considérés dans leur ensemble, ou leurs différentes régions en particulier, pour que le corps soit supporté de la manière la plus solide, et en même temps la plus favorable pour l'exécution des mouvements.

Si, pendant la marche, l'obliquité des membres est égale en avant et en arrière de la ligne d'aplomb particulière à chaque membre, ces lignes ne sont pas altérées pour cela, quelle que soit l'étendue de l'enjambée.

Les chevaux qui font de telles enjambées n'agissent pas toujours ainsi parce qu'ils ne se sentent pas la force. Il suffit pour cela que la main du cavalier contraigne au lieu de régulariser l'action du cheval ; mais comme pour régulariser cette action il faut que l'encolure soit flexible, il n'est pas étonnant qu'à l'école de cavalerie où cette flexibilité est défendue, et où les chevaux sont surchargés dans leur avant-main, les choses se passent ainsi que nous l'enseigne le Cours d'Hippologie ; c'est-à-dire que le pas se détraque.

(*Suite.*) — « Dans le pas de manége, le cheval, rassemblé par l'action des aides,
« ne pouvant se servir du balancement de son encolure pour aider le mouvement de
« son centre de gravité, dépense d'autant plus sa force musculaire et se fatigue
« plus que dans le pas ordinaire. »

Pourquoi alors empêcher au manége le balancement de l'encolure s'il est si nécessaire ? Qui s'oppose à ce que l'écuyer ne le provoque ?

Il est certain que plus le cheval se soulève, plus il dépense sa force musculaire ; mais nous ne voyons pas l'utilité du balancement.

Sans doute le déplacement de la tête peut motiver le mouvement du corps, mais le corps, par la même raison, peut, lui aussi, forcer la tête à se déplacer. Un simple déplacement de la tête à droite, à gauche, en avant ou en arrière, suffit pour changer le point du centre de gravité, pour surcharger ou alléger un membre ou un bipède, parce que la différence de poids peu sensible à l'extrémité du levier cervical, étant considérée isolément, devient très-grande sur le centre de gravité ; mais il y a loin d'un petit déplacement presque imperceptible de la tête à un balancement d'encolure.

Toujours est-il que l'école de M. Baucher n'a pas besoin de ces balancements. On peut parfaitement bien faire tourner un cheval à droite avec la tête à gauche, et ainsi de suite.

L'homme ne fait pas de balancements de tête autres que ceux que fait son corps pour marcher.

Avons-nous raison de l'imiter.

Les balancements des bras de l'homme ne sauraient être comparés aux balancements de l'encolure du cheval.

Pendant la marche les balancements des bras de l'homme sont motivés par suite de la vacillation de son équilibre, vacillation due à sa structure osseuse. Les bras se contrebalancent réciproquement.

« La direction oblique du col des fémurs explique les vacillations latérales du
« corps pendant la marche ; les bras, qui se meuvent en sens contraires des membres
« inférieurs, font l'office de balanciers, conservent l'équilibre et corrigent les vacil-
« lations, qui seraient bien plus marquées, si les cols des fémurs, au lieu d'être obli-
« ques, avaient une direction horizontale. Les impulsions qu'ils communiquent au
« tronc se contre-balancent réciproquement, et celui-ci se meut dans la diagonale
« d'un parallélogramme dont il formerait les côtés. » (*Nouveaux éléments de
Physiologie*, par M. le chevalier Richerand).

Nous persistons donc à penser que les légers déplacements de la tête chez le cheval, ne doivent avoir pour but que de modifier le point qu'occupe le centre de gravité , mais que les balancements latéraux de l'encolure ne sont point motivés pour aider les mouvements , autrement que dans les limites que nous venons d'indiquer.

Pour le cheval attelé , tirant un fardeau, c'est tout différent. Alors les balancements de l'encolure sont très-bien marqués : ils sont au nombre de deux, plus ou moins sensibles en raison de la résistance à vaincre.

L'un de ces balancements se fait de haut en bas ; il a pour but d'attirer le centre de gravité plus en avant ; l'autre se produit latéralement et toujours du côté du pied antérieur au soutien pour attirer également le poids sur ce membre levé, afin d'aider le cheval à mettre ce pied à l'appui.

Les chevaux attelés à des voitures légères , à de petites voitures publiques, etc., ne balancent que le bout du nez , et toujours du côté où le membre antérieur est au soutien.

Les chevaux de diligence participent des deux manières de faire que nous venons d'énoncer ; lorsqu'ils tirent au trot, sur un terrain horizontal, le nez seul se balance, mais y a-t-il une montée, un effort à faire , alors la tête et l'encolure se balancent comme nous l'avons indiqué.

Le cheval assoupli, lorsqu'il est monté, déplace un peu sa tête ; le cheval attelé seul la balance, du moins nous croyons l'avoir remarqué ainsi. Il n'en est pas de même , à ce qu'il paraît , du cheval dressé d'après les principes du *Cours d'Equitation* ; cela tient, sans doute, à la surcharge qu'il est forcé d'amener sur son avant-main. Les chevaux conduits en main à la promenade, au pas, balancent tous la tête, plus ou moins, *un peu en avant et de haut en bas*, mais ils ne la balancent pas latéralement.

<hr>

DU TROT.

Nous avons dit que la longueur d'un pas de trot (deux foulées) était égale à deux longueurs de la base de sustentation. — Lorsque le cheval est à l'appui sur un bipède diagonal, les deux pieds composant ce diagonal sont forcément éloignés de la longueur d'une base.

Les pieds postérieurs peuvent venir marquer leurs foulées sur la piste même des pieds antérieurs, ou en avant , ou en arrière de ces pistes.

Il nous a paru tout naturel de dénommer ces trois manières de faire ;

Trot, dans le cas de la superposition des foulées.

Grand Trot, si les pistes des pieds postérieurs dépassent celles des pieds antérieurs.

Trot raccourci, quand les pieds postérieurs posent en arrière de ceux antérieurs.

Ce que nous appelons le Trot est l'allure particulière au cheval de troupe ; c'est ainsi qu'un régiment de cavalerie trotte pendant la route.

Selon M. Lecoq, lorsqu'il y a superposition des pistes c'est le Grand Trot.

Traité de l'extérieur du Cheval, déjà cité.

Page 382. — « Dans le Trot rapide, qu'on désigne sous le nom de *Grand Trot*,
« les extrémités droites et les extrémités gauches n'impriment sur le terrain qu'une
« seule piste pour chaque côté, le pied de derrière venant occuper la place que laisse
« le pied de devant.

« L'observation de ce fait suffit pour indiquer qu'il est un moment où le corps est
« suspendu en l'air, puisque le pied de derrière ne peut prendre la place de celui de
« devant qu'après que celui-ci l'a abandonnée.

D'après Vincent et Goiffon : « Lorsque le Trot est ordinaire, les deux pistes des
« extrémités antérieures et postérieures se recouvrent ; chaque pas complet ne porte
« l'animal en avant que de deux fois la longueur de l'espace, qui, dans la station,
« sépare le membre antérieur de celui de derrière. » — Dans le Grand Trot, ces
« auteurs assurent que le cheval courbe en bas l'épine dorsale, ce qui écarte davan-
« tage les membres antérieurs et postérieurs que dans le Trot ordinaire.

Lorsque cet écartement se produit, le Trot est prêt à se désunir ; c'est aux aides du cavalier à rassembler convenablement le cheval pour y remédier.

Le *Cours d'Hippologie* n'entre pas dans ces détails ; il nous indique seulement que le cheval s'aide du balancement de sa tête et de son encolure dans le trot ordinaire· (T. 1er, page 185.)

Ce balancement est-il donc toujours nécessaire? Certes, les chevaux au trot n'ont pas la tête fixe, mais il s'en faut beaucoup que ce mouvement soit une condition obligatoire et particulière à cette allure.

Le grand trot exige que le cheval s'alonge pour porter le centre de gravité plus en avant ; mais les battues ne doivent pas cesser d'être régulières dans chaque bipède diagonal.

Le même *Cours* (tome 1er, page 186) n'est pas de notre avis :

« Le grand trot, dit-il, n'est jamais aussi régulier que le trot ordinaire, il parti-
« cipe souvent du *traquenard*. »

Nous ne saurions admettre comme principe une semblable théorie, il ne suffit pas d'aller vite ; il faut aller bien.

Le traquenard doit être banni d'une école de cavalerie ; permis aux amateurs du bois de Boulogne de mener ainsi leurs montures ; mais ces dandys ne doivent pas nous servir de modèle.

Traité de l'extérieur du cheval, etc.

Page 407. — « Le traquenard présente, comme le pas relevé, une grande rapidité
« dans les mouvements des membres et peu d'élévation de la masse du corps, en
« même temps qu'un déplacement horizontal assez analogue à celui du pas, et d'au-

« tant plus *fatiguant* pour l'animal qu'il ne peut l'exécuter que très-vite, le traque-
« nard remplaçant pour lui l'allure du trot.

« On peut regarder le traquenard comme un pas très-accéléré, se rapprochant de
« l'amble ; tandis que le pas relevé se rapproche du trot par la succession des mem-
« bres seulement, mais non par l'impulsion en hauteur. En d'autres termes, le tra-
« quenard est à l'amble ce que le pas relevé est au trot.

« Si l'allure du traquenard est, *avec raison*, rejetée des manéges, elle n'en est pas
« moins convenable, comme le pas relevé, aux personnes qui sont souvent et long-
« temps à cheval. Mais l'animal doué de cette allure *se ruine promptement*, car il
« n'a pas ordinairement, comme le bidet d'allure, une force musculaire en rapport
« avec la *fatigue* qu'il éprouve dans l'exercice. »

Nous avons sous les yeux des notes écrites à la main par un brave gentilhomme,
homme de cheval et chasseur, qui a été longtemps l'élève de M. d'Auvergne. Nous
reproduisons ici son opinion, qui, probablement, est aussi celle de son professeur,
sur le traquenard

« *Du Trot.* — Dans un cheval qui trotte bien, deux jambes sont en l'air diagona-
« lement, et l'on n'entend successivement que deux foulées, comme si l'animal n'était
« qu'un bipède.

« Dans un cheval qui ne trotte pas franchement, mais mollement, l'on entend suc-
« cessivement quatre foulées, parce que les deux pieds qui retombent diagonalement
« ne foulent pas la terre en même temps l'un que l'autre. Les deux foulées du même
« cas produisent successivement le son de *ta*, les foulée du second produisent le son
« traîné *ta-ra*. Le cheval est porté alternativement par les jambes dn même côté, de
« manière que la ligne de direction de son centre de gravité fait un chemin si consi-
« dérable qu'elle répond du milieu de la base de la machine au milieu du bipède
« latéral sur lequel il repose ; en sorte que ce changement de la ligne qui est conti-
« nuelle, ainsi que celui du cavalier, met le cheval dans une perpétuelle instabilité ;
« de là, plus grande vitesse de la marche ; car nous observons que plus l'action du
« cheval est chancelante et peu solide, plus la progression est prompte. Cette action,
« au surplus, ne convient ni à la guerre, ni à la chasse, ni au manége, et ceux qui
« emploient l'art pour la faire prendre aux chevaux, ne les destinent pas sans doute
« à ces usages.

« Le trot du cheval doit être égal, c'est-à-dire qu'en temps égaux, il parcoure des
« espaces égaux déterminés, c'est-à-dire qu'il se porte en avant, autant que sa struc-
« ture le lui permet, sans que pour cela il *s'abandonne sur les épaules*, et délie,
« c'est-à-dire qu'il plie, en trottant, toutes les jointures de ses membres. »

Vincent et Goiffon admettent que, dans le grand trot, le moment où le corps est en
l'air, privé de tout support, est égal au temps d'appui de chaque membre, de telle
sorte que pendant cette allure ceux-ci seraient au soutien trois fois autant de temps
qu'ils seraient à l'appui. M. Lecoq trouve cette estimation fortement exagérée et suppose qu'elle ne peut être vraie que pour quelques trotteurs remarquables.

Le temps de projection de la masse au grand trot, n'est point un temps fixe ; il varie en raison :

1° De l'énergie du cheval ;

2° De la vitesse acquise ;

3° Du poids ;

4° Du sol.

Nous avons monté de bons irlandais qui parcouraient 1,000 mètres en 2 minutes ; ces mêmes chevaux, par des temps boueux, n'avaient plus le même train.

Le temps de projection est donc variable ; plus il est long, moins il y a de foulées, et réciproquement le contraire.

Un petit cheval irlandais, appartenant à un de nos amis, M. V.... de Saint-Etienne, nous a souvent passé par-dessus des fossés de trois pieds sans les sauter, mais seulement en les trottant, si nous pouvons nous exprimer ainsi. Le cheval se lançait au grand trot, allongeait l'allure, passait le fossé sans galoper et continuait le trot sans aucun désordre. Le trot raccourci n'est d'abord que le trot ralenti ; en le ralentissant un peut, il devient raccourci, en le ralentissant encore, c'est le passage.

Le passage sur place devient le piaffer ; celui-ci, avec un petit mouvement rétrograde, constitue le trot en arrière.

Depuis le grand trot, allure très rapide, jusqu'au trot en arrière, allure très-lente, le centre de gravité et la base de sustentation ont dû subir bien des changements ; une seule chose n'a pas varié : la légèreté à la main. C'est cette légèreté qui, constamment, a fait connaître au cavalier si la régularité de l'aplomb existait, le plus petit dérangement dans celui-ci étant immédiatement apprécié par la main. L'équilibre a aussi constamment varié suivant le degré de Rassembler donné au cheval, mais l'aplomb, nous le répétons, a dû être maintenu constamment le même ; c'est là une des différences sensibles des deux écoles. — Dans celle de M. d'Aure, l'appui à la main est léger au point milieu de ces allures si diverses du trot, mais en avant ou en arrière de ce point, l'appui à la main augmente. La surcharge a-t-elle lieu en avant, l'appui grandit pour la soutenir ; s'est-elle opérée en arrière, l'appui grandit encore, mais cette fois c'est pour la contenir. M. d'Aure nomme ce va-et-vient des forces, le flux et le reflux.

M. Baucher décentralise ou centralise davantage les forces autour du centre de gravité, agrandit ou diminue la base de sustentation, mais sans jamais surcharger une partie plutôt qu'une autre.

Le Cours d'Hippologie, même tome, même page, nous enseigne :

« Du Trot de Manège. — Le trot de manège est plus raccourci, plus cadencé que « le trot ordinaire, parce que le cheval étant rassemblé par l'action des aides, ses « jarrets engagés sous la masse produisent des mouvements en hauteur, au dépend « de leur vitesse ; il marche plus par l'effort des muscles que par la force inerte ; aussi « se fatigue-t-il plus qu'au trot ordinaire. »

Toute la théorie du Cours d'Equitation se trouve dans ce passage. Le cheval étant acculé, il marche plus par l'effort des muscles que par son poids : de là la fatigue

D'où il résulte que plus on met de poids devant, plus le cheval va vite, et réciproquement le contraire.

L'homme qui bute en courant et qui par suite est forcé de trop s'incliner en avant, va plus vite aussi dans ce moment-là, mais comme il sent bien qu'il va chuter, il fait tous ses efforts pour reprendre l'aplomb perdu, tend ses bras en avant pour se préserver, et après quelques pas rapides tombe sur la face.

Ceci tient à ce que la résultante des forces parallèles de la pesanteur de l'homme, a été dirigée, outre mesure, vers la pointe de ses pieds ; l'aplomb est devenu irrégulier ; l'homme ne pouvant utiliser ses forces et ramener la résultante plus centrale à la base, n'a pu rétablir la régularité de l'aplomb, et la chute en a été la conséquence.

L'homme qui marche à l'encontre d'un vent violent, s'incline aussi pour résister ; s'il est obligé de s'incliner beaucoup, il détruit la régularité de l'aplomb ; il peut cependant continuer de marcher, tout en conservant l'équilibre.

Équilibre et *aplomb* sont choses distinctes *pour les corps animés.*

Le cheval qui marche par la *force inerte* est hors de son aplomb.

Voilà cependant ce que le Cours d'Equitation de M. d'Aure enseigne comme principes.

M. Flandrin, dans sa brochure : *Quelques Observations sur l'état de la Question* (1852), n'admet pas que le cavalier puisse soutenir le cheval.

« PAGE 28. — M. d'Aure paraît, lui, admettre que le cheval, trop faible du
« devant, a besoin d'être soutenu, que ce soutien, le cheval le recherche ; cela lui
« donne confiance, lui procure la vitesse, et que même cette vitesse s'accroît avec
« le soutien que doit lui offrir le cavalier, et qui va quelquefois jusqu'à 200 livres !
« Cette idée, reproduite incessamment, est répétée presque à chaque page, et
« souvent plusieurs fois par page ; c'est, on peut le dire, le *dada* de M. d'Aure.

« Pour clore le débat à l'égard de cette théorie, je me bornerai à la regarder comme
« physiquement impossible et contraire à toute loi naturelle ; je nie de la manière
« la plus formelle qu'un homme supporté par un animal quelconque, puisse le
« soutenir, lui offrir un appui qui l'empêche de tomber, par exemple, lui facilite la
« vitesse, etc., en mettant de côté, bien entendu, ce qui peut naître de l'habitude,
« ce qui est une question tout-à-fait à part. Enfin, je compare à cette question, le
« ridicule de celle qui voudrait, à la manière de paillasse, s'enlever de terre en se
« prenant par les hanches. Je n'ai rien à dire de plus, et dans mon sens, je me trouve
« avoir répondu à plus de la moitié du livre.

Notre réponse, au livre de M. d'Aure est plus longue, nous la croyons aussi plus sérieuse.

En effet, M. Flandrin nie que le cavalier puisse soutenir son cheval, etc., en mettant de côté ce qui peut naître de l'habitude.

Qu'est-ce donc que le dressage d'un cheval, si ce n'est l'habituer à se placer, à agir, selon les différentes actions employées par le cavalier ?

L'Ecole de M. d'Aure habitue le cheval à être *sur la main.*

Le cavalier peut, à volonté, relever l'avant-main ou l'arrière-main de sa monture, il peut même surcharger alternativement ces deux parties, ainsi que le Cours d'Equitation de M. d'Aure nous l'enseigne ; c'est le *flux* et *reflux* de la masse, mais tout cela ne dit pas que le cavalier peut enlever le cheval, le soulever de terre.

La *manière* d'agir *de paillasse* n'est donc qu'une comparaison aussi ridicule, qu'erronée.

Supposons un batelier activant la *nage* de son batelet ; si le passager se place trop à *l'avant*, il fait enfoncer davantage *la proue*, qui *choque* et déplace ainsi une plus grande quantité d'eau, la vitesse de la *nage* est aussi ralentie, parce que la direction de l'action tend à s'abaisser, elle est plongeante ; le centre commun de gravité est trop en avant.

Si le passager se place trop *à l'arrière*, l'effet inverse se produit tout naturellement ; la vitesse de la *nage* sera plus rapide que précédemment, le *choc* et le déplacement de l'eau à *l'avant* étant moindre.

La direction de l'action n'est pas encore horizontale, la vitesse de la *nage*, avec un effort donné, bien entendu, ne sera pas à son maximum ; le centre commun de gravité est trop en arrière.

Il y a donc une place où doit se tenir le passager, s'il veut activer la vîtesse et rendre le travail plus facile au nautonier ; alors le batelet sera *d'aplomb*.

Le passager peut donc à volonté faire varier la position du centre commun de gravité, sans pour cela posséder la faculté d'enlever le bateau, le soulever hors de l'eau.

La position à donner au centre commun de gravité est une chose importante à observer lorsqu'on charge un navire. On l'établit un peu en arrière pour les navires à voiles, parce que la mâture un peu inclinée du côté de la *poupe*, recevant l'impulsion se redresse et fait ainsi plonger davantage l'*avant*, ce qui rétablit l'aplomb.

Le navire n'est plus *acculé* pendant la marche.

Il en est de même pour l'homme à cheval, s'il sait déplacer le centre commun de gravité, il activera ou retardera la vitesse de l'allure, suivant la place qu'il lui aura assigné.

Plus l'homme dirigera le centre commun de gravité en avant, *plus il devra en partie le soutenir* ; il rendra ainsi l'allure plus rapide et la chute plus imminente. La vitesse sera factice, parce qu'elle sera due à une position extrême, anormale, mais elle atteindra ainsi son maximum.

Il y a donc aussi *une place* où le cavalier doit établir le centre commun de gravité, lorsqu'il veut rendre le travail plus facile au cheval, lorsqu'il veut le faire courir *longtemps et vite*, au lieu de le faire courir *quelques minutes seulement et très-vite.*

Il suffira au cavalier d'empêcher le cheval de *s'appuyer sur la main*, la place convenable au centre commun de gravité sera trouvée, l'aplomb sera régulier, la direction de l'action des aides sera ainsi en harmonie avec la direction de l'action du mécanisme du cheval.

C'est bien simple ! conserver la légèreté, tout est dit.

Nous avons indiqué le mécanisme des aides pour *déplacer et soutenir* le centre commun de gravité. Soutenir le centre commun de gravité, n'est-ce pas soutenir un peu le cheval ?

M. Flandrin considère comme physiquement impossible et contraire à toute loi naturelle ; il *nie* formellement qu'un cavalier puisse soutenir son cheval, lui faciliter la vitesse, etc., M. Flandrin est conséquent avec son Cours d'Equitation militaire, ne nous a-t-il pas dit : (Voyez *Centre de Gravité*).

« La théorie qui établit le rapport que le centre de gravité du cavalier doit avoir
« avec celui du cheval, et qui est d'une application rigoureuse sur des corps inertes,
« devient susceptible de modifications si compliquées, lorsqu'il s'agit de deux êtres
« animés, *qu'il paraît inutile de s'y arrêter.*

Parce que les modifications sont compliquées, M. Flandrin ne s'y arrête pas. Qu'est-ce que cela prouve ?

Quoiqu'il en soit, nous cherchons à expliquer de notre mieux, non pour prouver que M. Flandrin a tort, mais bien parce que nous croyons que c'est utile.

L'écuyer représenté dans le Cours d'Hippologie, montant le cheval au trot de manége (page 187), produit un effet de main qui n'a pas son équivalent dans l'effet des jambes : aussi le cheval est-il surchargé dans son arrière-main. Le jarret gauche est au soutien comme si le membre devait travailler sur place, pendant que l'autre membre au soutien, le droit antérieur, va gagner du terrain en avant.

L'encolure un peu trop haute, le nez trop en avant, expriment très-bien cette surcharge de l'arrière-main, que le jarret droit a tant de peine à porter.

On reconnaît cependant quelque chose de l'école de M. Baucher dans ce dessin et la trace de son passage à l'Ecole. En effet, alors que nous étions officier d'instruction à l'Ecole c'était pis encore, et à part ceux de notre excellent professeur, M. Rousselet, les chevaux étaient littéralement assis aux allures lentes ; aussi suffisait-il d'un coup-d'œil sur les membres de ces malheureux chevaux de manège, pour reconnaître l'usure prématurée des membres postérieurs due à cette vicieuse manière de faire.

Le galop et la course ont été traités d'une manière suffisamment étendue précédemment ; passons à l'Ecole savante.

HAUTE ÉCOLE.

Rassembler.

L'opposition graduée des jambes et de la main agira de manière à produire des forces équivalentes pour Rassembler le plus possible le cheval marchant au pas ralenti.

Ce résultat obtenu, les jambes tout en continuant leurs fonctions, pour maintenir le Rassembler, doivent de plus stimuler le lever alternatif des bipèdes diagonaux du cheval.

M. Baucher nous a appris « que le cavalier reconnaîtra que le Rassembler est « complet lorsqu'il sentira le cheval prêt, pour ainsi dire, à s'élever des quatre jam- « bes. C'est qu'en effet l'équilibre du cheval est alors rendu tellement instable, qu'il suffit au cavalier de s'incliner très-légèrement pour conduire la résultante des forces parallèles de la pesanteur dans toutes les directions ; comme aussi, il lui suffit de rétablir la rectitude de la position statique pour immobiliser le cheval.

Comme le dit M. Baucher « c'est le corps qui fixe et arrête les jambes, et non les « jambes qui donnent l'immobilité au corps ; il faut donc commencer par disposer ce « dernier pour que les extrémités ne puissent plus se mouvoir à notre insu.

Le cavalier suivra la progression suivante pour tous les mouvements de Haute Ecole.

1° Rendre très-instable l'équilibre de toute la masse, de l'ensemble de l'homme et du cheval, par le Rassembler.

2° Diriger alors, suivant le mouvement résolu, le sommet de l'édifice dans la di- rection convenable, C'est ainsi que le corps fait marcher les jambes.

Le cheval conduit de cette manière est comme l'indique M. Richard, directeur de l'Ecole des Haras « une machine vivante, dont l'homme est le véritable cerveau, le « foyer de volonté ; quand il est bien dressé, il s'identifie si bien avec le cavalier, « qu'il n'en est plus que les membres.

On pourrait croire que les inclinaisons du cavalier sont très-apparentes ; il n'en est rien lorsque l'équilibre est vraiment instable ; sans cette instabilité les inclinaisons auraient beau être outrées, elles ne donneraient aucun résultat.

L'étude de l'équilibre des corps superposés nous apprend que l'équilibriste qui place, debout, une plume sur le bout de son nez, déplace à tout instant la base de sustentation pour maintenir la plume en équilibre et en empêcher la chute. La plume par ses inclinaisons diverses fait ainsi marcher l'homme qui lui sert de support.

Le même phénomène est produit par le cavalier lorsque le cheval est maintenu au Rassembler.

Effets Diagonaux.

Nous avons vu à l'article Mécanisme des aides, que l'action des jambes du cavalier provoque le mouvement en avant des bipèdes diagonaux : la jambe droite, celui du bipède diagonal gauche et la jambe gauche celui du bipède diagonal droit.

Il en sera de même pour le travail de Haute Ecole, seulement la main devra s'op- poser habilement au mouvement progressif pour l'obliger à devenir ascensionnel.

Pour cela, le cavalier doit accorder le jeu de chaque jambe avec le mouvement du cheval. Ainsi, au moment du poser du membre antérieur droit, la jambe du cavalier, du même côté, se placera un peu plus en arrière et augmentera sa pression pour obliger le bipède diagonal gauche à se lever ; en ce moment, l'action des aides se réglera sur la durée du soutien que conserve ce bipède ; le cavalier ne devra pas trop chercher à le prolonger dès le début ; la base de sustentation donnant un équilibre trop instable à la masse. Aussitôt que ce bipède ou soutien descend pour se mettre à l'appui, il faut replacer la jambe droite, diminuer sa pression et faire agir à son tour la jambe gauche, qui se réglera également sur le membre antérieur gauche du cheval pour fonctionner de même que nous l'avons indiqué pour la jambe droite.

Passage.

Le jeu alternatif des jambes du cavalier, toujours en harmonie avec les membres antérieurs du cheval, doit amener ainsi, peu à peu, le lever et le soutien successif des bipèdes diagonaux.

Le cavalier doit récompenser le cheval en rendant la main aussitôt que celui-ci acquiert de la mobilité dans ses appuis. Progressivement il cherche à régler, à distancer la cadence de cet air qui se nomme Passage. — Le cavalier cherche ensuite à raccourcir cette allure artificielle.

Piaffer.

Lorsque le cheval exécute le passage sans avancer, on a obtenu le piaffer : travail plus difficile que le passage, parce qu'il faut reporter le centre commun de gravité plus en arrière.

Piaffer en arrière.

La main peut même arriver à imprimer un petit mouvement rétrograde sur chaque temps du piaffer : ce qui constitue le trot en arrière.

Piaffer lent. — Piaffer précipité.

Il y a le piaffer lent et le piaffer précipité : l'un et l'autre doivent être produits par la multiplicité des effets d'ensemble et ne jamais être le résultat des mouvements volontaires du cheval, qui souvent manifeste ainsi son impatience.

La souplesse doit être très-grande, l'encolure surtout très-liante ; ce qui permet au cavalier de serrer les mouvements avec les rênes flottantes ; en un mot, c'est un travail de tact, de justesse, qui dénote l'écuyer.

Il est à remarquer que même dans le piaffer, où les mouvements se font sur place, les pieds, dans chaque bipède antérieur et postérieur ne posent pas sur la même ligne, il y a toujours un bipède latéral qui devance un peu l'autre. Nous avons cru remarquer que, généralement, c'était le bipède latéral droit qui devançait le gauche.

Presque tous les chevaux de la cavalerie se trouvent dans des conditions à peu près semblables ; ils sont plus souples à gauche et ont des dispositions à faire le pas à droite plus grand. Ceci tient, selon nous, à la position de la main de la bride prescrite par l'Ordonnance du 6 décembre 1829, qui veut le petit doigt plus rapproché du corps que le haut du poignet, ce qui, raccourcissant plus ou moins la rêne gauche, place un peu le cheval à gauche.

Cette souplesse plus grande à gauche qu'à droite chez beaucoup de chevaux est appréciée de différentes manières ; quelques-uns l'attribuent à la position fléchie à gauche du fœtus pendant la gestation ; d'autres, à l'habitude que l'on a généralement d'aborder les chevaux à gauche, de les tourner de ce côté, de les mener à cette main. Quelle que soit la cause réelle de cette raison d'être, toujours est-il que le cheval assoupli par l'éperon ne se ressent plus de ses habitudes premières, à moins qu'une cause physique (tares, blessures, etc.,) ne la nécessite.

Décomposition des effets diagonaux.

Pour faciliter l'accord des jambes avec les extrémités antérieures du cheval, le cavalier observe la progression suivante :

Il suit de l'œil les mouvements de bascule d'une épaule pendant la marche au pas. Il doit remarquer que, lorsque la pointe de cette épaule se dirige en avant, le membre est au soutien, tandis que lorsqu'elle se porte en arrière, le membre est à l'appui. Il réglera le jeu de sa jambe sur le mouvement d'épaule du même côté, augmentant la pression au moment du poser et la diminuant pendant le soutien. Ce travail préparatoire terminé, le mouvement des épaules étant alternatif, il résulte qu'une jambe augmente sa pression juste au moment où l'autre le diminue.

Lorsque le cavalier se sera perfectionné dans ce mécanisme des aides, il l'appliquera sur le cheval rassemblé.

Travail préparatoire à la Haute École.

Lorsque la mobilité des extrémités du cheval est due à son instinct, lorsqu'elle n'est pas le fait de l'action alternative des aides inférieures du cavalier ; celui-ci doit faire cesser cette mobilité en renfermant le cheval, en augmentant le Rassembler, employant même les éperons.

Dans ce cas, l'action des jambes du cavalier doit être *fixe* et progressivement grandie jusqu'à l'éperon ; la main est également *fixe* et les aides ainsi serrés renferment le cheval de toute part jusqu'à ce qu'il reste immobile ; alors seulement le cavalier relâche les aides en commençant par rendre la main, puis après, un peu, les jambes.

C'est donc par la persistance de *l'effet d'ensemble* que le cavalier, calme, régularise, contient et immobilise le cheval. (Voir *Effet d'ensemble*.)

Lorsque le cavalier veut *reprendre* le cheval, il doit toujours débuter par les jambes ; celles-ci incitent l'impulsion, dont la main s'empare, pour la diriger et la maîtriser.

Pour préparer le cheval à la *haute Ecole*, le cavalier doit multiplier les *arrêts*, soit en marchant à toutes les allures, soit en pirouettant, soit en chevauchant (pas de côté), et chaque arrêt doit être suivi de l'immobilité complète du cheval, toujours due à l'action persistante des aides.

Le cheval étant en place et tenu immobile par l'effet d'ensemble, le cavalier remarquera qu'il lui suffit d'alterner les effets des jambes pour provoquer la mobilité des extrémités du cheval, toujours par paire et en diagonale; comme aussi il suffit au cavalier d'immobiliser l'effet de ses jambes pour fixer celles du cheval au sol.

Le passage fréquent de la mobilité à l'immobilité et *vice versâ* est le premier résultat à chercher et à atteindre pour faire de la haute Ecole.

Ce résultat obtenu, *mais pas avant*, le cavalier, en employant toujours les mêmes procédés et en augmentant progressivement l'action des jambes et des éperons, soit dans leur jeu alternatif, soit dans leur effet fixe, arrivera ainsi à obliger le cheval à marquer de plus en plus *le soutien*, à passer du *piaffer précipité au piaffer lent* et *vice versâ*, ou à rester immobile.

Lorsque le cheval a appris à rester immobile par l'emploi persistant de l'effet d'ensemble jusques et y compris les attaques; le cavalier peut obliger l'animal à se calmer, le contraindre à rester froid, lorsqu'étant en place ou en marche, il se livre à des élans, à des bonds désordonnés, dus, soit à la frayeur, soit à toute autre cause.

C'est ainsi qu'un cavalier empêche le cheval de *caracoler*.

Il est bon, cependant, si le cavalier se sent assez de solidité, de tenue, de laisser quelquefois les chevaux se livrer à quelques sauts de gaîté; c'est un indice de santé, de vigueur.

Ce qui précède nous explique quelques passages de la méthode d'Equitation de M. Baucher. (*Attaques.*)

« Comment! va-t-on me dire, vous attaquez les chevaux sensibles, irascibles,
« pleins d'action et de feu? Les chevaux que leur organisation énergique dispose à
« s'emporter, sans égard pour les freins les plus durs, pour les poignets les plus
« vigoureux? Oui, et c'est avec l'éperon que je modérerai la fougue de ces animaux
« trop ardents, que je les arrêterai court dans leur élan le plus impétueux. C'est avec
« l'éperon, aidé de la main, bien entendu, que je rendrai gracieuses les natures in-
« grates, et que j'arriverai à parfaire l'éducation de l'animal le plus intraitable. Mais
« l'éperon n'est pas propre seulement à modérer la trop grande énergie des chevaux
« d'action; son effet, pouvant également combattre les dispositions qui portent l'ani-
« mal à rejeter son centre de gravité trop en avant ou trop en arrière, c'est encore
« l'éperon que j'emploierai pour rendre impressionnables ceux d'entre eux qui man-
« quent d'ardeur et de vivacité. Dans les chevaux d'action, les forces de l'avant-main
« priment sur celles de l'arrière-main; c'est l'opposé dans les chevaux froids. — On
« conçoit alors la vitesse des premiers; la lenteur, la nonchalance des seconds. »

(Ce passage, emprunté à l'édition de 1842, fait erreur dans les dispositions des forces des chevaux d'action ou des chevaux froids.)

« Il faut enchaîner les forces pour prévenir tout déplacement, séparer le cheval

« *physique* du cheval *moral*, et obliger ses impressions à se concentrer dans le cer-
« veau. Ce sera alors un fou furieux lié des quatre membres pour l'empêcher d'exé-
« cuter ses pensées frénétiques. »

Les moyens enseignés par le *Cours d'Equitation*, de M. d'Aure, pour calmer le cheval, le forcer à rester en repos, diffèrent essentiellement de ceux que nous venons de faire connaître.

Nous lisons à la page 111 de ce *Cours* :

« La cessation des effets des mains et des jambes *tiennent* le cheval au repos. Il ne « se meut que lorsqu'il est sollicité au mouvement par l'une ou l'autre de ces aides. »

C'est un singulier moyen de *tenir* le cheval au repos, que de tout lui rendre ; il doit être très-efficace.

Puis le cheval ne se meut que lorsqu'il est sollicité par les aides du cavalier. Qu'est-ce donc que la fougue, l'ardeur, la peur, le désir, la volonté, enfin ? Ceci n'a pas besoin de réfutation.

Tous les chevaux sont susceptibles d'être *mis* au piaffer, mais tous n'ont pas pour cela la même grâce, le même tride, la même élévation ; ceux de *race* sont toujours les plus élégants et les plus faciles à dresser pour faire de la haute Ecole.

Tact, *patience*, *douceur*, sont les qualités nécessaires pour obtenir le piaffer ; ce serait une grande erreur que d'essayer de la force, des coups, etc.

« Rien n'est assurément plus admirable que de réduire un animal doué d'une « force plus ou moins considérable et d'une agilité plus ou moins grande à une obéis- « sance entière, et de le conduire, peu à peu, malgré lui, et cependant sans con- « trainte, à l'habitude de la finesse et de la précision dans l'exécution ; mais aussi « combien peu d'hommes en ont été véritablement capables. » (Bourgelat.)

Il faut être très-habile dans l'art équestre pour *mettre* le cheval au *piaffer*, et cependant il est très-facile de faire *cadencer* le cheval dressé à cet *air*.

Il résulte que les cavaliers qui peuvent mettre leur savoir-faire en évidence par le dressage d'un cheval *mis* au piaffer, sont nommés, à juste titre, *écuyers* ; les autres, quelques habiles qu'ils puissent être, ne sont encore que des *hommes de cheval*.

L'écuyer fait *des hommes de cheval*. *L'écuyer en chef d'une Ecole*, *l'écuyer professeur* doit faire des *écuyers*. Tous les *cavaliers de régiment* devraient être des *hommes de cheval*.

Le *piaffer* et le *changement de pied au temps* sont le *nec plus ultrà de l'Equitation*.

Moyens de connaître sur quel pied le Cheval galope.

C'est aussi par les mouvements de bascule de l'épaule et par l'ébranlement de l'assiette que le cavalier doit distinguer sur quel pied galope son cheval.

Dans le galop à droite, l'assiette éprouvera un mouvement sensible d'arrière en avant et diagonalement de gauche à droite. Des deux pointes des épaules, la droite sera toujours la dernière à s'abaisser.

Jambette.

Lorsque le cheval est façonné aux effets diagonaux des aides, le cavalier lui fait facilement lever un des membres antérieurs; et, en augmentant le rassembler, il le lui fait étendre de toute sa longueur. C'est l'air de manège appelé *jambette*.

Pas et trot espagnol.

Après avoir appris au cheval ce travail en place, on peut arriver à le lui faire exécuter au pas, puis au trot : c'est le Pas et le Trot Espagnol.

Moyen de rendre un membre antérieur mobile.

En répétant plusieurs fois de suite l'air de jambette du même côté, on arrive à faire *gratter* le sol à volonté.

Moyen d'élargir ou de serrer les mouvements des membres antérieurs.

Pour élargir le mouvement des membres antérieurs, le forcer à se produire plus en dehors, le cavalier fait prendre au cheval l'attitude de jambette, à droite, par exemple, et fléchit alors l'encolure à droite, par l'effet direct et un peu en dehors, de la rêne droite. Le membre antérieur droit, au soutien, suivra le mouvement de la tête; il s'éloignera, il s'élargira, peu à peu, du membre antérieur à l'appui, du gauche.

C'est ainsi qu'on développe les épaules d'un cheval, quand elles sont froides et qu'on élargit les mouvements des membres antérieurs lorsqu'ils sont trop serrés. C'est l'assouplissement des *muscles abducteurs* des bras.

Lorsque le cavalier veut resserrer les mouvements des membres antérieurs, il place le cheval dans la même attitude (*jambette*, à droite), et au lieu de fléchir, de plier l'encolure à droite, il appuie la rêne droite sur elle en l'empêchant de fléchir à droite, par l'effet de la rêne gauche,

L'appui de la rêne droite pousse davantage l'avant-main du cheval sur le membre antérieur à l'appui, le gauche, ce qui rapproche les deux membres. On peut même faire croiser le membre au soutien pardevant le membre à l'appui, en forçant suffisamment le mouvement qui rapproche les membres, l'inclinaison à gauche de l'avant-main.

C'est ainsi qu'on rectifie les mouvements des membres antérieurs du cheval trop ouvert du devant ou d'un cheval *panard*, dont la tendance est tout naturellement de trop élargir ou trop éloigner un membre de l'autre. C'est l'assouplissement des *muscles adducteurs* des bras.

En passant successivement du mouvement qui élargit à celui qui resserre et vice-versâ, on arrivera à faire exécuter au cheval des *ronds de jambes*.

Théorie des effets diagonaux confirmée par la méthode de M. le Professeur Baucher.

Cette théorie des effets diagonaux est en harmonie avec les principes de M. le Professeur Baucher. (*Méthode d'Equitation par F. Baucher*, 9ᵉ *édition*, 1850.

PAGE 247.— « Flexion instantanée et maintien en l'air de l'une ou de l'autre « extrémité antérieure, tandis que les trois autres restent fixées sur le sol.

« Le moyen de faire lever au cheval l'une de ses deux jambes de devant est bien « simple, dès que l'animal est parfaitement souple et rassemblé. Il suffit pour faire « lever la jambe droite, par exemple, d'incliner légèrement la tête à droite, tout en « faisant refluer le poids du corps sur la partie gauche. Les deux jambes du cavalier « seront soutenues avec énergie (*la gauche un peu plus que la droite*), afin que « l'effet de la main qui amène la tête à droite ne réagisse pas sur le poids, et que les « forces qui servent à fixer la partie surchargée donnent à la jambe droite du cheval « assez d'action pour la faire soulever de terre. En répétant quelquefois cet exercice, « on arrivera à maintenir cette jambe en l'air aussi longtemps qu'on le voudra. »

« PAGE 251. —Mobilité continue en place de l'une des extrémités antérieures, le « cheval exécutant par la volonté du cavalier le mouvement par lequel il manifeste « souvent de lui-même son impatience.

« On obtiendra ce mouvement par le même procédé qui sert à maintenir en l'air « la jambe du cheval. Dans le dernier cas, les jambes du cavalier doivent imprimer « un appui continu pour que la force qui tient la jambe du cheval levée conserve bien « son effet, tandis que, pour le mouvement dont il s'agit, il faut renouveler l'action « par une multitude de petites pressions, afin de déterminer la mobilité de la jambe « qui est tenue en l'air. »

Changement de pied d'après M. Baucher.

Lorsque le cheval est mis au Rassembler, les effets diagonaux des aides en harmomonie avec le plus léger déplacement du haut du corps, dirigent la masse du côté de l'inclinaison, en sorte que le cavalier peut, à son gré, fixer les pieds au sol ou les mobiliser dans toutes les directions. C'est ainsi que la direction de l'action du cheval, est modifiée par le changement de direction de l'effet des aides du cavalier.

Changement de pied dit AU TEMPS.

Pour obtenir le changement de pied, le cavalier dirige l'inclinaison de la masse sur des membres au soutien ; ainsi le cheval étant au galop à droite et rassemblé, en inclinant doucement le corps à gauche au moment du Poser du membre antérieur droit, il l'oblige à étendre le membre antérieur gauche, pour étayer la masse et empêcher sa chute, lorsqu'il posera, l'augmentation de la pression de la jambe droite provoque aussi l'extension de ce même membre, et attire le pied droit postérieur sous le centre, lequel marquera le première foulée du Galop à gauche ; le cheval aura changé de pied, puisque l'ordre des foulées des pieds postérieurs sera inversé, la masse roulera sur le bipède diagonal droit (deuxième foulée), et sera étayée par le membre antérieur gauche (troisième foulée), lequel s'est porté en avant pour la recevoir.

Si alors le cavalier incline de nouveau le corps à droite et augmente la pression de la jambe gauche, il oblige le cheval à étendre le membre antérieur droit pour le motif que nous avons déjà indiqué, le pied gauche postérieur sera également attiré sous le tronc et viendra poser le premier ; ce sera la première foulée du galop à droite ; le cheval aura encore changé de pied, puisqu'il y aura eu nouvelle inversion des pieds postérieurs. La masse passera sur le bipède diagonal gauche (deuxième foulée), et c'est le pied droit antérieur qui, cette fois, la soutiendra (troisième foulée). *(Pl. 2, fig. 9.)*

Ces inclinaisons successives du poids se continuant, secondées par les effets des jambes, les changements de pied se continueront de même : on les nomme *au temps*, parce qu'il faut savoir saisir le temps du Poser d'un membre antérieur pour incliner le cheval, juste à ce moment, du côté opposé et l'y pousser avec la jambe, qui, de plus, engage sous le centre le membre postérieur de son côté. *(Pl. 3.)*

Nous ferons remarquer que le cavalier, pour les changements de pied, met l'équilibre de la masse en harmonie avec le jeu des aides ; mais comme la masse est seule déterminante et que le jeu des aides n'est que stimulant, il arrive que le cavalier fait bien plus facilement changer de pied à son cheval, des pieds de devant que de ceux de derrière, ceux-là étant mus par le poids, tandis que ceux-ci ne sont que stimulés par les aides.

Quand le cheval n'est pas suffisamment rassemblé, le cavalier, s'inclinant outremesure, opère le renversement de l'avant-main, ce qui provoque l'inversion des pieds de devant, mais si ses aides inférieures ne produisent pas celle des pieds de derrière, il résulte que le Galop est *désuni*.

Ce fait se produit journellement avec des cavaliers peu habiles, et n'a pas d'autre cause.

Ils opèrent ainsi : Supposons le cheval au galop à droite ; le cavalier force le plus possible l'inclinaison de ce côté, à droite, au point de coucher le cheval, s'il le peut; et aussitôt il *renverse* l'avant-main à gauche, en se penchant en même temps et outremesure de ce côté. Le cheval, menacé d'une chute, *change* des pieds de devant, *s'il ne tombe pas*, mais rarement ceux de derrière opèrent leur changement, parce que le changement ou inversion de ceux-ci est plus spécialement dévolu à l'action des jambes du cavalier.

Plus le cheval sera rassemblé, moins le cavalier devra s'incliner pour entraîner la masse, pyramide dont il est le sommet ; parce que plus cette pyramide aura une base de sustentation petite, plus elle sera facile à mouvoir.

La rapidité du mouvement du cheval est telle, qu'il suffit au cavalier de produire des balancements latéraux pour provoquer les changements de pied *au temps*.

Dans ce travail , le plus difficile de la haute-école , la vitesse de l'allure est presque toujours un peu plus activée ; ceci tient à ce que l'équilibre constamment très-instable oblige le cheval à hâter le Poser de ses supports successifs (1).

Changement de pied dit DU TACT AU TACT.

Le passage fréquent , en ligne directe et par des temps d'arrêt , du Galop sur le pied droit au Galop sur le pied gauche , amènera bientôt à exécuter les changements de pied *du tact au tact*, lesquels doivent se commencer d'abord à l'extrémité d'un changement de main diagonal.

Changement de pied dit AUX DEUX TEMPS.

En perfectionnant les changements de pied *du tact au tact*, ainsi qu'en augmentant le degré du Rassembler du cheval , on arrive à pouvoir faire le changement de pied tous les trois temps , et enfin tous les deux temps. Le cheval doit exécuter très-facilement le changement de pied tous les deux temps , avant que l'on essaie à les lui faire faire tous les temps.

Changement de pied d'après M. d'Aure.

Le *Cours d'Équitation* enseigne des principes autres que ceux-là pour l'exécution des changements de pied. Le cavalier n'a pas à tenir compte de l'ordre du jeu des extrémités antérieures ; il n'est pas nécessaire de saisir l'instant du Poser d'un membre pour incliner la masse du côté opposé juste à ce moment ; il suffit que les aides rassemblent et cherchent à disposer le cheval, puis il n'y a qu'à attendre. . .

PAGE 189. — « *Changement de pied en l'air*. — Lorsque le cheval change de « pied du galop au galop , il y a inversion complète et instantanée dans la répar- « tition du poids de la masse et dans l'ordre dans lequel les jambes se meuvent.

« Lorsque le cavalier veut exécuter un changement de pied en l'air, il a besoin de « concentrer toutes les forces du cheval pour le préparer à une exécution régulière de « ce mouvement. Ainsi , par exemple , le cheval galopant à droite , si l'on veut le « faire galoper à gauche, la main doit augmenter son soutien pour rassembler le « cheval , et les rênes doivent alors agir également , de manière à placer l'encolure « droite et reporter ainsi également le poids de la masse *sur l'avant-main ;* les jambes « du cavalier agiront en même temps avec une égale valeur pour maintenir l'arrière- « main droite.

(1) Nous n'avons vu d'exceptions à cette règle que quelques chevaux dressés par M. le professeur Baucher, entr'autres *Turban*, dont les changements de pied *au temps* s'exécutaient, non-seulement avec une précision admirable, mais même à une allure ralentie. — *Partisan* les exécutait sur place.

« Le cheval étant ainsi placé, on augmentera en même temps les arrêts de la main
« et les actions des jambes en faisant primer les actions qui déterminent le galop à
« gauche. Ces actions de la main et des jambes ne doivent diminuer que lorsque le
« changement de pied est exécuté. Le cheval une fois à gauche, doit être placé et
« maintenu à cette main, principalement d'après les principes que nous avons déjà
« expliqués.

OBSERVATIONS SUR LES CHANGEMENTS DE PIED EN L'AIR.

« Que l'on veuille obtenir un changement de pied en l'air, ou plusieurs de suite,
« il faut toujours que le cheval soit rassemblé et replacé avant d'employer les moyens
« qui déterminent les changements. En agissant ainsi, la répartition du poids de la
« masse s'opère alors par les indications les plus légères ; tandis que, si par avance
« le cheval n'était pas assez maintenu et Rassemblé, il pourrait se désunir ou n'opé-
« rer son changement de pied qu'en se traversant.

« Le cheval qui se traverse dans l'exécution de ce mouvement prouve, ou que son
« éducation est imparfaite, ou qu'il est monté par un cavalier qui ne sait pas faire un
« juste emploi de ses aides.

Ce travail est très-utile, pourvu qu'on n'en fasse pas abus. « Il met l'élève dans le
« cas de sentir les mouvements de son cheval et de calculer ses actions. Tous les che-
« vaux ne sont pas également susceptibles de changer facilement de pied en l'air,
« c'est à l'élève à savoir distinguer les dispositions qui tiennent, soit à la construc-
« tion du cheval, soit à son degré d'énergie. Ainsi, les chevaux d'action qui se ras-
« semblent facilement changent de pied au moyen des actions les plus légères ; il en
« est de même de ceux qui ont de la susceptibilité dans l'arrière-main ; ils changent
« quelquefois de pied plus souvent *qu'on ne le désire*, afin de soulager les parties qui
« souffrent des actions trop dures de la main.

« Chez les chevaux où la masse est très-engagée en avant, qui sont lourds, peu
« sensibles, le changement de pied en l'air est beaucoup plus difficile à obtenir ; on ne
« doit le demander que lorsqu'au préalable on a assez rassemblé le cheval.

« Si l'on voulait exécuter les changements de pied sans suivre ces recommanda-
« tions, on ferait traverser le cheval et brusquer le déplacement de la masse ; il en
« résulterait qu'après avoir fait le changement de pied, l'allure pourrait acquérir
« une accélération que le cavalier ne pourrait pas souvent maîtriser. Aussi, avec de
« semblables chevaux, faut-il se borner à demander le changement de pied. »

Pour que l'action trop dure de la main réagisse sur l'arrière-main, il faut que le
point d'appui, pris par le cheval, soit puissant. Quelle est l'École qui le tolère, le
provoque ?

Tous les chevaux n'ont certes pas la même facilité et ne se prêtent pas aussi complétement aux mouvements complexes de la locomotion, mais tous répondent mieux
aux aides quand ceux-ci sont en harmonie avec les lois physiques. La pesanteur, le
poids mu dans telle ou telle direction, étant seul l'effet déterminant, l'inclinaison

légère du haut du corps remplit très-bien cet effet, et cela beaucoup plus facilement et surtout plus rapidement que les actions de la main et des jambes seules.

Les inclinaisons du cavalier ne doivent pas être outrées ; du reste, elles dépendent du plus ou moins d'instabilité donné à l'équilibre de l'ensemble de l'homme et du cheval. — Avec un cheval parfaitement mis, elles sont presque inappréciables à la vue. Les femmes sont obligées à des balancements plus grands que ceux des hommes ; ceci tient à ce que les aides inférieures secondent moins énergiquement les mouvements.

Changement de pied d'après M. Guérin.

L'École du Cavalier au manège, par M. A. Guérin, capitaine-écuyer à l'Ecole de Cavalerie, nous enseigne une théorie particulière pour le changement de pied ; nous allons en faire l'analyse.

Edition de 1852, page 124, *Changement de Pied sans changer d'allure.*

« Le changement de pied sans changer d'allure n'est, à vrai dire, qu'un nou-
« veau départ, sans interruption du galop ; mais il faut saisir le moment opportun
« pour obliger le cheval à changer la combinaison de ses extrémités sous la masse,
« par une nouvelle répartition de son poids. »

Le changement de pied ne saurait être comparé à un nouveau départ, sans interruption de galop. Dans un départ, le centre commun de gravité est reporté préalablement plus en arrière, ce qui ne pourrait se faire au galop sans ralentir la vitesse de l'allure.

Cette comparaison n'est donc pas exacte.

Il est très-essentiel de saisir le mouvement opportun pour provoquer le changement de pied, mais ce moment n'est pas celui qui est indiqué par M. Guérin ; comme aussi, l'on ne saurait charger un pied postérieur en employant les moyens qu'il prescrit.

(Suite.) « En effet, puisqu'il a été démontré à la troisième Leçon que pour obtenir
« le galop à droite il faut charger le jarret gauche et en provoquer la détente, il
« devient donc nécessaire entre deux temps de galop de faire passer le poids de la
« hanche gauche sur la droite, pour que le jarret droit, chargé à son tour, produise
« en se détendant le galop à gauche. »

Dans le départ de pied ferme, le cavalier a chargé le jarret gauche ; il pouvait le faire, ce membre était à l'appui, la masse pouvait s'incliner et s'appuyer sur lui.

Mais, comment faire passer le poids sur le bipède diagonal gauche (deuxième foulée) qui opère si rapidement sa percussion ; encore n'est-ce pas sur le bipède qu'il faut le fixer, mais sur le jarret seulement.

Il faudra donc pendant le court instant qui s'écoule entre la première et la deuxième foulée, et alors que la masse en mouvement sera en quelque sorte privée de tout appui, la disposer pour l'incliner en arrière et à droite ; ceci est inadmissible. Et pourtant c'est ce résultat qu'il faudrait atteindre pour charger le jarret droit, puis tout ne serait pas dit , car il faudrait alors , par un effet rapide des aides, provoquer sa détente pour projeter la masse en avant. — Cela est-il possible?

Ce poser est sensible à l'assiette , sans doute , mais le mouvement est trop rapide , l'instant trop court pour permettre aux aides du cavalier de disposer le cheval à un nouveau départ. « Or, on sait qu'après avoir été projetée par le jarret gauche et avoir « progressé, la masse, en arrivant sur le sol, est reçue par le bipède diagonal « gauche, puis par la jambe droite de devant ; c'est donc au moment où la jambe « droite de derrière est engagée sous la masse , que le cavalier doit fixer le poids sur « cette partie , pour en provoquer ensuite la détente et obtenir le galop à gauche , ce « qui constitue le changement de pied. »

Admettons que ceci puisse se faire : au moment de l'action des aides pour provoquer la détente du jarret droit, la masse serait donc appuyée sur le membre postérieur droit principalement et sur le membre antérieur gauche , le pied gauche postérieur viendrait de se mettre au soutien, celui antérieur droit irait opérer son poser.

Pour rendre claire notre critique , nous allons étudier successivement le jeu des extrémités dans le commencement d'un pas de galop à droite (1re et 2me foulée), et un pas complet de galop à gauche.

La masse descend , elle s'appuie sur ;

1° Le pied gauche postérieur, — 1re foulée.

2° Le bipède diagonal gauche, — 2me foulée. A ce moment, la jambe gauche de devant lève. — Comment la masse reflue-t-elle sur le jarret droit? Il n'y a pas projection , le cheval est toujours à terre.

1° Le jarret droit , sans avoir quitté le sol , produit sa détente ; il marque ainsi la 1re foulée du galop à gauche.

2° Puis vient le bipède diagonal droit, — 2me foulée.

3° Enfin , le pied antérieur gauche, — 3me foulée.

Voilà un cheval qui a parcouru 5 foulées sans quitter le sol des quatre pieds. — Est-ce possible? (*Pl.* 2, *fig.* 10.)

Si maintenant on suppose que le cheval , étant sur le jarret droit se soit élancé , ce serait pour retomber sur ce même jarret, il aurait , dans ce cas , sauté à cloche-pied.

Est-ce encore possible? (*Pl.* 2, *fig.* 11.)

M. Guerin est dans le vrai lorsqu'il énonce qu'on doit charger le côté gauche du cheval pour le départ à droite; mais il fait erreur, ainsi que nous venons de le prouver, en avançant *qu'entre deux temps de galop* on doit charger le jarret droit pour obtenir le changement de pied, le galop à gauche.

Pour les départs, on doit incliner la masse sur des pieds à l'appui , tandis que pour les changements de pied on l'incline sur des membres au soutien.

Quand on saisit le temps du poser du membre antérieur droit pour provoquer le changement de pied à gauche, en inclinant doucement le corps à gauche, ce pied quitte le sol après avoir opéré sa percussion , tout est en l'air. Le cheval menacé d'une chute en avant et à gauche, dirige ses deux pieds gauches qui étaient en arrière des droits , dans cette direction ; les quatre pieds ont fait leur inversion.

La masse à sa descente s'appuie d'abord sur la croupe, elle devait être soutenue par le pied postérieur gauche, elle le sera par le droit; ces deux pieds ont changé de fonction. Le gauche qui devait la recevoir, ira gagner du terrain en avant, et le droit, auquel revenait cette fonction, la recevra. Le changement de pied sera exécuté. (*Pl. 3.*)

L'homme à pied et en marche agit de même.

Supposons son corps à l'appui sur le pied droit, et le gauche encore en arrière; si celui-ci, au lieu de gagner du terrain en avant du droit, vient se placer à côté de lui et se charge de la masse, c'est le droit, déchargé, qui ira en avant.

Les deux pieds auront donc changé de fonctions, de même que les deux pieds postérieurs du cheval, avec cette différence que le cheval aura fait l'inversion de ses pieds en l'air, et que l'homme l'aura fait en décomposant le mouvement et en s'appuyant sur le sol.

Ces changements de pied que l'imagination croit être très-compliqués, se bornent donc au simple *changement de pas du fantassin*; c'est le même mécanisme.

L'Ordonnance de Cavalerie du 6 décembre 1829 ne fait pas exécuter le changement de pas à l'homme à pied, d'après ces principes, elle fait mieux; c'est en l'air, comme le cheval, que le cavalier à pied doit changer de pas.

Ire Leçon de Cavalier à Pied.

Art. 21. — Le cavalier étant en marche, l'instructeur commande :

  1° Changez le pas,

  2° Marche.

« Au commandement Marche, rapporter à côté du pied qui est en avant celui qui « est en arrière, et repartir du pied qui était en avant. »

C'est bien cela si le pied qui est avant est à l'appui, mais l'ordonnance ajoute :

« L'instructeur fait le commandement Marche à l'instant où le pied va poser à « terre. »

Qu'on se figure deux fantassins placés l'un derrière l'autre, à deux mètres de distance. Tous deux ont le pied droit en avant. Le premier est l'avant-main, le dernier l'arrière-main du cheval, les quatre pieds sont à l'appui.

Le pied gauche de l'homme de derrière représente la première foulée du galop à droite; son autre pied avec celui de gauche de l'homme en avant, constitue la 2me foulée; enfin, le pied droit de celui-ci sera la 3me foulée.

Au moment où cette 3e foulée opère sa percussion, tous les pieds sont au soutien. Si nous inclinons la masse, c'est-à-dire les deux hommes, à gauche, et si nous faisons poser le pied droit de l'homme de derrière (1re foulée du galop à gauche), ce qui s'obtient à cheval par la pression de la jambe droite, la 2me foulée sera marquée par le pied gauche de l'homme de derrière, et le droit de celui de devant; enfin, le pied gauche de devant marquera la 3me foulée.

Cette étude du mouvement du cheval, expliqué par les pieds de deux hommes, peut aussi être rendu par un homme seul. Dans ce cas, l'appui en talons représente l'arrière-main et celui sur la pointe du pied l'avant-main.

Le même mécanisme se reproduit sur une plus petite échelle. Les deux pieds étant placés, le droit un peu plus en avant que le gauche, l'appui sur le talon gauche marquera la 1re foulée du galop à droite, puis celui sur le talon droit et la pointe du pied gauche, la 2e foulée ; enfin, le corps un peu incliné en avant et à droite, mettra le poids sur la pointe du pied droit ; ce sera la 3e foulée.

Si, à ce moment, on incline un peu le corps à gauche, et que l'on entame le pas avec le talon droit, on marquera la première foulée du Galop à gauche ; la deuxième sera constituée par la pointe de ce pied, et le talon gauche qui s'est porté en avant, de manière à dépasser un peu le pied droit ; enfin, la troisième, par la pointe de ce même pied, qui supporte, à son tour le poids du corps. Si donc on incline de nouveau un peu le corps à droite, et que l'on entame le pas avec le talon gauche, l'ordre des mouvements sera le même, mais interverti.

Relation entre le pied de l'Homme et les pieds du Cheval.

On a comparé la marche de l'homme avec celle du cheval, et l'on a dit que l'homme marchait l'*amble*.

On s'est appuyé sur ce que, dans cette allure, deux bases latérales étaient appelées alternativement à supporter le corps.

L'allure défectueuse de l'amble, presque toujours particulière à de mauvais chevaux, ne saurait être appliquée à celle de l'homme ; cela nous répugne comme homme et nous blesse comme cavalier.

On trouve dans le pas d'un homme de quoi satisfaire notre susceptibilité.

On pourrait dire que chaque pied d'un homme marque deux foulées ; l'une en talon, l'autre en pointe ; mais cela ne serait encore que l'amble rompu ou traquenard. Le pied de l'homme étant complet doit nous donner quelque chose de mieux encore.

En effet, lorsque le pied se rapproche du sol, il pose en talon un peu extérieurement, puis l'appui se fait sur la face plantaire, enfin la projection et le lever, sur l'orteil.

Il y a donc trois foulées dans le même ordre que celle du Galop ; de plus, chacune des parties du pied appelées à remplir ces fonctions différentes, se trouvent arrondies de manière à basculer de même que le fait le pied d'un cheval. (*Pl. 1*, *fig. 2*.)

Le pied de l'homme possède donc à lui seul toutes les propriétés des quatre pieds du cheval.

Les pieds de l'homme donnant des résultats inverses, il résulte, puisque l'un galope à gauche et l'autre à droite (*Pl. 1. fig. 1, 2.*), que la marche de l'homme se compose de ce que nous appelons pour le cheval *changement de pied au temps*, le *nec plus ultrà* de l'équitation. (*P. 3.*)

L'homme qui *marque le pas* change de pied au temps sur place. — Nous ne connaissons que *Partisan* qui ait pu imiter ainsi ce mouvement automatique de l'homme. (*Pl. 3.*)

En examinant la semelle d'un soulier, on remarque que les parties externes du talon et de l'orteil sont garnies d'une quantité plus grande de clous pour renforcer la semelle. Cette manière d'être est le fait de l'expérience.

Le pied gauche de l'homme galope à droite, avons-nous dit ; les clous se trouvent donc placés juste comme doivent agir les aides du cavalier sur le cheval. (*Effet diagonal droit*, — recommandé par M. Baucher.) — *Pl. 4. fig. 4.*)

Si les clous avaient été placés le long du bord externe de la semelle, le pied serait forcé de verser un peu en dedans, son appui régulier serait dérangé ; aussi l'expérience a prouvé que ce n'était pas là qu'il fallait planter les clous. (*Effet latéral gauche*, — prescrit par M. d'Aure.)

M. Baucher ne fait usage des aides (rênes et jambes) du même côté, que lorsqu'il veut vaincre les résistances, lorsqu'il veut forcer le cheval à faire, malgré sa volonté, un mouvement.

L'école de M. d'Aure en fait un principe mis en pratique à tout instant pour provoquer un départ, retarder une épaule, comme elle dit, etc...

Nous trouvons dans le pied de l'homme de quoi justifier toute l'école de M. Baucher ; mais comme cela nous entraînerait trop loin, nous nous arrêtons à ceci, le départ au galop à droite, — cette controverse interminable, comme le dit M. de Saint-Ange.

L'homme debout qui a le pied gauche posé un peu en avant du droit, dans la position naturelle et à l'appui sur la jambe droite, remarquera, que pour lever le pied gauche dans la partie antérieure en le faisant basculer sur le talon, l'action de lever ainsi le pied commence par le petit doigt, puis finit à l'orteil, lequel lève le plus haut. Le cheval agit de même pour enlever son avant main, c'est-à-dire qu'il lève d'abord la jambe gauche de devant, puis la droite, laquelle lève également plus haut que la gauche. (*Pl. 2. fig. 8.*) (*Voir du Galop.*)

Si cet homme porte le poids de son corps sur le talon gauche, et porte le pied droit en avant ; s'il marche sur le talon gauche, il remarquera encore que, pour quitter le sol, c'est la partie externe du talon qui lève la première, et celle interne, la dernière, comme fait le cheval pour enlever sa croupe, puisqu'il lève les pieds postérieurs dans le même ordre que ceux antérieurs.

Si nous cherchons dans la partie supérieure du pied les aides régulières qui font fonctionner ces différentes parties, nous remarquerons, pour le départ au galop à droite de ce pied, un gros tendon qui tire sur l'orteil dans la direction externe du talon ; c'est la rêne droite qui prime sur la gauche ; il est tendu comme la rêne directe. — Voilà pour l'avant-main. M. Baucher recommande l'effet de la rêne droite, (*Pl. 4. fig. 7.*), — M. d'Aure, l'effet de la rêne gauche. (*Pl. 4. fig. 6.*)

Si nous voulons savoir quelle est la jambe qui doit agir, nous verrons que c'est celle qui favorise le versement du dedans en dehors du talon ; c'est la jambe droite qui incline doucement la croupe à gauche. —Voilà pour l'arrière-main. M. Baucher prescrit la jambe droite (*Pl. 1, fig. 7.*), M. d'Aure recommande la jambe gauche. (*Pl. 1, fig. 6.*)

Si nous voulons également nous rendre compte de l'emploi que nous devons faire de la masse, nous remarquerons que pour *le départ*, nous portons le poids sur les appuis qui doivent servir à l'enlever de l'avant-main, puis l'ébranler, et enfin la projeter (*Pl. 2, fig. 8.*); tandis que pour appeler à l'appui les parties qui doivent la soutenir, nous inclinons la masse dans leur direction (*Pl. 2. fig. 9.*).

L'école de M. Baucher enseigne les mêmes principes, soit pour le départ, soit pour les changements de pied au galop, ce qui s'obtient par l'inclinaison légère du cavalier (*Pl. 2, fig. 9.*). M. d'Aure ne parle, en aucune manière, de l'inclinaison du corps.

Si l'on applique les autres principes théoriques du *Cours d'Equitation*, de même que ceux de *l'Ecole du Cavalier au Manége*, aux pieds de l'homme, on les voit en opposition complète avec ce que nous faisons tout naturellement.

Nous savons bien que les partisans de ces écoles nous diront que le pied de l'homme n'est pas un cheval... Il n'en est pas moins vrai, pour nous, du moins, que le pied de l'homme réunit toutes les propriétés du cheval le mieux rassemblé, et que ce que nous avons de mieux à faire c'est d'imiter la nature.

En effet, on peut établir cette comparaison: c'est que le pied de l'homme représente un très-petit cheval monté par un très-grand cavalier, que celui-ci fait mouvoir au moyen d'un mécanisme qu'un homme intelligent fera bien d'imiter lorsqu'il voudra diriger sa monture avec régularité.

Les physiologistes les plus remarquables, entr'autres M. le baron Richerand (*Nouveaux Eléments de Physiologie*), ont réfuté les sophismes qu'un grand nombre de philosophes, complètement étrangers aux connaissances anatomiques, avaient fait valoir contre la destination de l'homme à la station bipède.

Ils se sont appuyés sur l'étude du squelette, sur celle comparative des membres entre eux, sur la position des yeux, du nez, de la bouche, etc., pour combattre cette opinion soutenue principalement par Barthez, qui prétend que l'enfant est naturellement quadrupède, et qu'il marcherait à quatre pattes toute sa vie si l'on ne corrigeait cette habitude, qu'il contracte pendant ses premières années.

L'étude du mécanisme du pied de l'homme, comparé à celui des pieds du cheval, au point de vue de l'équitation, vient confirmer, selon nous, le dire de ces savants.

Nous avons cherché à faire reconnaître l'impossibilité de charger un membre postérieur plus que l'autre, le cheval marchant au galop (*Pl. 2, fig. 10, 11.*). Notre maître, M. Baucher, assure qu'il est impossible de remplir cette condition, le cheval marchant même au pas; et cependant dans cette allure, le centre de gravité peut être reporté plus en arrière par un effet de rassembler. —Un écuyer, doué d'un aussi grand talent, émettant de semblables principes, est certainement de bonne foi, car cela ne saurait le faire valoir. Nous partageons les mêmes sentiments.

Les changements de pied par de légers balancements du corps, quoique provoqués par l'effet déterminant de la masse et par les effets réguliers des aides du cavalier, sont bien compris de suite par le cheval rassemblé, mais il faut à celui-ci un certain temps pour l'exécuter.

Ainsi, le cheval étant disposé par l'inclinaison légère du cavalier, juste au moment de la 3e foulée du galop à gauche, qui opère sa percussion et relève l'avant-main, il est lancé en l'air et parcourt plus ou moins d'espace; puis il pose sur le pied gauche postérieur (1re foulée), ensuite sur le bipède diagonal gauche (2e foulée), enfin, sur le pied droit antérieur (3e foulée), qui fait connaître que le mouvement résolu est exécuté (*Pl. 2, fig. 9.*).

Croira-t-on encore à la possibilité de fixer la masse sur un membre, quel qu'il soit, pendant le court instant que dure une foulée? (*Pl. 2. fig. 10, 11.*)

M. Baucher combat ainsi les principes enseignés par M. Guérin.

« Combattons maintenant l'opinion de ceux qui prétendent sentir le mouvement « des extrémités postérieures à l'allure du pas, et qui savent, disent-ils, en pro- « fiter pour *faire partir* le cheval sur le pied droit ou sur le pied gauche, à leur « volonté.

« Les difficultés de l'équitation sont déjà en assez grand nombre, même avec la « connaissance exacte des moyens les plus naturels, sans qu'on les augmente encore « par des données impraticables, qui déroutent entièrement l'élève, et lui font « prendre en dégoût l'exercice auquel il se livre.

« Dans tous les cas, en supposant même un cavalier assez impressionnable pour « sentir l'instant du poser de la jambe gauche de derrière, peut-on croire qu'il sera « assez prompt dans ses mouvements pour fixer tout le poids de la masse sur cette « partie, et enlever le cheval au galop sur le pied droit? Tandis que l'animal con- « serve son action pour se continuer à l'allure du pas, pense-t-on qu'il soit possible « de donner la position exigée, pour passer à celle du galop dans un aussi court espace « de temps? Si cet intervalle imperceptible n'est pas saisi assez rapidement pour « produire son miraculeux effet, le cheval partira faux ou désuni, puisque la jambe « droite reprendra aussitôt son appui et le poids qui lui est assigné, afin d'entretenir « la mobilité des autres jambes. C'est au cavalier lui-même à provoquer ce point « d'appui, par l'inclinaison lente et progressive qu'il donnera à cette masse avant « de l'ébranler; cette translation de poids fixera la partie qui sert de base, et, une « fois déterminée, elle laissera facilement aux autres jambes la légèreté et l'activité « nécessaires. C'est le corps qui fixe et arrête les jambes, et non les jambes qui don- « nent l'immobilité au corps; il faut donc commencer par disposer ce dernier, pour « que les extrémités ne puissent plus se mouvoir à notre insu. Ceci revient à dire « qu'il n'y a pas de mouvements de jambes sans un mouvement préalable du corps, « et qu'en conséquence, il ne faut pas attendre le cheval, mais bien le prévenir. » (*Dictionnaire raisonné d'Équitation, par M. Baucher, édition 1851, page 166.*)

Si nous nous sommes un peu étendu sur le mécanisme du changement de pied, c'est que ce mouvement, l'un des plus compliqués, résume à lui seul, en quelque sorte, tous les principes d'une école.

Si les explications que nous donnons de l'École de M. Baucher, ne sont pas suffisamment lucides, saisissables, la faute est en nous-même : c'est que nous n'avons pas su mieux dire. D'ailleurs, nous ne sommes pas professeur (1). Cependant, quand nous comparons les mécanismes des aides de ces divers auteurs, d'abord entr'eux, ensuite avec celui si net, si précis de M. Baucher, nous ne pouvons nous empêcher d'admirer ce dernier, et nous lui donnons la préférence.

En effet, celui de M. Baucher nous indique la marche à suivre, quand et comment il faut agir ; pas une action, pas un mouvement qui n'ait sa raison d'être. Si le cavalier ne réussit pas de suite, il sent bien qu'il est seul fautif ; il persévère alors et comme le succès l'accompagne toujours, il est constamment encouragé.

Que dire des autres théories préférées à celle dont nous nous déclarons hautement l'enthousiaste partisan.

Celle du Cours n'entre pas dans les détails, n'indique pas l'instant, ne donne pas une idée suffisamment claire du mouvement automatique et des actions qu'il faudra faire pour le seconder ; puis c'est presque toujours un effet de force qu'il faut produire. L'homme intelligent use de son intellect plutôt que de sa force. Et cependant cette Ecole a aussi ses partisans.

Nous avons également signalé quelques passages des théories professées à l'Ecole de Cavalerie : l'une, équestre, développant davantage ses principes que celle du Cours d'Equitation, il est vrai, indiquant à quel instant il faut faire telle ou telle chose pour obtenir tel ou tel résultat ; ce serait un peu mieux que celle-ci, si c'était juste.

L'autre, hippique, n'est pas tout-à-fait ce que nous espérions ; elle s'est, selon nous, écartée de son but, l'équitation, par conséquent de l'étude des mécanismes. Tout ce qui concerne la mécanique animale doit être exact.

Toutefois, empressons-nous de rendre justice à l'auteur du *Cours d'Hippologie* ; nous sommes dans l'admiration de son immense savoir, et si quelques parties du Cours sont un peu en désaccord avec notre manière de voir et de sentir, nous devons recon-

---

(1) Il y a eu une époque où un officier supérieur de cavalerie nous avait proposé à l'École Royale de Cavalerie, comme lieutenant-écuyer. — Voici la lettre que voulut bien nous écrire, à ce sujet, le Colonel, M. Deshaye, lequel eut pour nous pendant notre séjour à l'Ecole, comme officier d'Instruction, une grande sollicitude.

Ecole Royale de Cavalerie.

Saumur, 13 janvier 1847.

« Avant même la vacance de l'emploi de lieutenant-écuyer à l'Ecole, je vous avais proposé au Général, mon cher
« Monsieur Raabe, pour remplacer M. C..., depuis je suis revenu à la charge et je crois que vous êtes l'un des candidats
« portés pour cet emploi.

« Cependant je ne dois pas vous dissimuler que votre *amour* pour d'autres principes d'Equitation que ceux qui sont
« professés à l'Ecole pourra bien être un obstacle à l'obtention de cet emploi devenu vacant.

« Cette question ayant été agitée en Conseil d'Instruction, vous a été défavorable, sous le point de vue de la né-
« cessité de n'avoir à l'Ecole que des officiers qui professent franchement les principes adoptés par le Gouver-
« nement.

« Personnellement, vous pouvez être sûr, mon cher Monsieur Raabe, que c'est avec le plus grand plaisir que je
« vous verrais des nôtres.

« Recevez l'assurance de mes sentiments affectueux et dévoués.
Signé : Colonel **DESHAYE.** »

naître que c'est lui qui nous a, en grande partie, inculqué les connaissances qui nous mettent à même de raisonner sur l'équitation. Nous lui en témoignons notre reconnaissance.

MM. de St-Ange et Rousselet, écuyers à l'Ecole de Cavalerie, ont toujours eu pour nous, la plus grande bienveillance ; nous en conservons un sentiment de gratitude.

Il est évident, comme l'annonce le Cours d'Hippologie, tome 1er, page 40, que le point de départ d'une saine Equitation est dans la connaissance du mécanisme.

« La connaissance du mécanisme de l'action musculaire nous a conduits à ces deux « axiômes de l'équitation, applicables à la conduite du cheval :

« 1° Que la position du cheval déterminée par l'action musculaire, engendre né- « cessairement le mouvement qui lui correspond ;

« 2° Que les forces inertes (masse) et musculaires sont les deux agents dont dis- « pose le cavalier pour conduire le cheval. »

M. Baucher enseigne que l'action des aides en harmonie avec la masse, doit donner la position préparatoire au mouvement, doit disposer le cheval, mais que les aides ne sont pas déterminantes.

Que la masse seule inclinée dans telle ou telle direction est l'agent actif de la loco-motion. (*Pl. 2, fig. 9.*)

M. d'Aure prétend que les aides déterminent le mouvement chez le cheval, et quant à la masse, le cavalier ne la déplace par aucun mouvement du corps.

M. Baucher, pour déplacer la masse facilement, rend l'équilibre très-instable en rétrécissant sa base de sustentation sans altérer l'aplomb du cheval. (*Pl. 1, .fig.*7.)

M. d'Aure déplace la masse par des effets de force, de la main principalement, ce qui dérange constamment l'aplomb.

M. Baucher rétrécit la base de sustentation par les éperons, secondés de la main ; il centralise ainsi les forces.

M. d'Aure rétrécit aussi la base de sustentation, mais postérieurement seulement. Les forces sont refluées sur l'arrière-main, aux allures lentes ; elles passent forcément en avant aux allures vives ; il y a constamment flux et reflux.

L'Ecole de M. Baucher copie le mécanisme de l'homme.

L'Ecole de M. d'Aure en indique un qui n'est fondé sur aucun principe naturel.

Ce n'est donc pas sans fondement que nous persistons à dire que la pratique ins-tinctive des écuyers célèbres n'a pas été formulée à titre de principes dans son Cours d'Equitation.

Revenons à la haute Ecole.

Courbette.

Pour faire exécuter la courbette, le cheval doit être préalablement Rassem-blé au plus haut degré, puis la main, par un demi-temps d'arrêt, fait refluer une partie de la masse d'avant en arrière ; les membres postérieurs, maintenus sous le centre par une pression constante des jambes du cavalier, se trouvent ainsi surchar-gés. — Cette position donnée, vient *l'action* pour déterminer le mouvement. On nomme *action* une puissance plus ou moins énergique des aides, basée sur la difficulté à vaincre.

Dans le cas qui nous occupe, ce sont principalement les aides inférieures qui doivent provoquer le mouvement ; on les seconde en appliquant un petit coup de cravache sur l'épaule, la main reste fixe pour obtenir l'enlever ; aussitôt elle rend afin de ne pas obliger le cheval à se cabrer, et les jambes augmentent leur pression pour provoquer la détente des jarrets, qui, très-engagés sous le tronc, fonctionnent alors, pour ainsi dire, de bas en haut.

Galop en arrière.

C'est d'après ces moyens que l'écuyer habile peut obtenir à chaque descente de l'avant-main, à l'aide d'un demi-temps d'arrêt, un petit mouvement rétrograde, d'abord des extrémités antérieures, puis de colles postérieures. — La succession de ces diverses courbettes avec un reculer très-lent constitue le galop en arrière, parce que l'ordre des foulées des extrémités sur le sol est à peu près semblable à celui qu'elles exécutent dans le galop.

Le galop en arrière n'est donc point une allure rapide, comme on paraît généralement le croire, mais bien une difficulté équestre exécutée presque sur place.

M. Flandrin pensait-il différemment lorsqu'ils nous disait : «Que l'idée seule de reculer au galop était capable de faire rougir nos cavaliers militaires jusque derrière « le blanc des yeux. » Il suffirait, à la rigueur pour satisfaire la susceptibilité de M. Flandrin de changer le nom de cet *air*.

Il ne faut demander ce travail qu'au cheval dont l'éducation ne laisse plus rien à désirer ; de plus sa conformation et son arrière-main surtout doivent être vigoureusement constituées : ainsi les hanches seront longues, les jarrets bien soudés, la culotte musclée et les reins courts et énergiques.

Pirouette ordinaire au galop.

La pirouette au galop se demande à peu près comme la courbette, seulement l'enlever du devant obtenu, la main le dirige sur la courbe qu'il doit parcourir, la jambe du dehors soutenant énergiquement le cheval.

Passade.

Le cavalier qui fait parcourir à son cheval une ligne droite au galop et qui peut revenir sur cette ligne, à l'aide d'une demi-pirouette, en répétant plusieurs fois cet aller et ce retour, exécute la passade ; il peut même à la fin de chaque demi-pirouette, provoquer un changement de pied, ce qui dénote un talent véritable et un cheval parfaitement mis.

Passage balancé.

Le cheval peut à la fois exécuter plusieurs air de haute École : ainsi le cheval étant au passage, l'écuyer lui fait tenir les hanches sur la ligne courbe, la tête tournée en dedans ou en dehors du cercle, et, pendant le mouvement d'appuyer, il peut faire balancer le cheval par un effet de main portée alternativemet de droite à gauche, et *vice versâ*. La difficulté de ce mouvement compliqué consiste en ce que la main, tout en provoquant le Balancer, doit cependant laisser gagner plus de terrain au cheval du côté vers lequel il appuie que du côté opposé. Elle doit aussi provoquer le Balancer à droite et à gauche juste au moment des posers successifs des pieds gauche et droit antérieurs.

L'Ordonnance prescrit de commander *Marche* à l'instant où le pied gauche va poser à terre, pour faire exécuter un *A droite* en marchant, au cavalier à pied; et celui-ci doit partir du pied droit dans la nouvelle direction, sans perdre la cadence du pas.

Ces principes sont les mêmes que ceux que nous venons d'enseigner pour la main du cavalier, quand il veut faire balancer le cheval.

L'épaule en dedans au galop.

L'Ecole allemande considère le *renvers* comme le *nec plus ultrà* de l'Equitation : c'est galoper en cercle sur le pied du dehors, en tenant une demi-hanche la tête tournée en dedans du cercle.

Lorsque ce mouvement est exécuté par plusieurs cavaliers et que l'écuyer prescrit d'étendre le bras droit vers le centre, cette figure prend le nom du *Serment des chevaliers de la Table-Ronde*.

Au cirque, c'est un moulinet face en dedans, car on peut aussi le faire face en dehors, ce qui s'appelle le Rond.

Ce travail est facile avec le cheval assoupli et rassemblé; aussi la figure des Chevaliers de la Table-Ronde fait partie de tous nos carrousels militaires. — Le *nec plus ultrà* de l'équitation allemande est donc atteint par nos cavaliers de régiment. — Cela s'applique, bien entendu, aux hommes et aux chevaux instruits d'après la nouvelle Ecole.

Passer de l'épaule en dedans à l'épaule en dehors.

Le moulinet peut non seulement changer le côté de son appuyer, mais il peut aussi changer de cercle en dehors, ce qui forme un 8; le cheval galopant toujours par le travers (de côté).

Variation de la base de sustentation.

Les mouvements sur place demandent une très-grande précision dans le mécanisme des aides. — Nous allons en faire connaître quelques-uns.

Balancé des épaules dit PAS DE BASQUE.

Pour rendre les épaules mobiles, les membres postérieurs restent à l'appui, l'avant-main est un peu allégée et l'effet diagonal droit provoque le lever du membre antérieur droit; dès que ce membre lève, la main incline doucement l'avant-main à droite, le membre au soutien pose à droite; aussitôt l'effet diagonal gauche provoque à son tour le lever du membre antérieur gauche; la main, cette fois, incline la masse à gauche et le pied gauche au soutien va poser à gauche. L'écartement des posers des pieds antérieurs est augmenté progressivement.

Le cheval se balançant des épaules seulement, imite assez, avec ses extrémités antérieures, le Pas de Basque de nos danseurs.

Balancé des hanches.

Pour rendre les hanches mobiles, le mouvement est l'inverse de celui ci-dessus. Les membres antérieurs sont à l'appui et tenus immobiles par la main; les jambes se poussent alternativement la croupe à chaque foulée des pieds postérieurs dont l'écartement est augmenté petit à petit. Les jambes doivent être prestes dans leurs mouvements, soit comme moteur, soit comme régulateur. — Pour faciliter ce travail, le cavalier exécutant la pirouette renversée, cherche à arrêter le déplacement de la croupe, aussitôt qu'elle a parcouru deux ou trois pas de côté; progressivement le cheval ne doit en exécuter que deux, puis un, et enfin se balancer des hanches. Il est très-important, pour la réussite de cet air, que le cavalier puisse maintenir l'immobilité par le resserrement des aides; aussitôt qu'il déplace la croupe, il cherche à la fixer pour la déplacer de nouveau dans le sens contraire et la rendre encore une fois immobile avant de recommencer, et ainsi de suite.

Pirouette renversée sur trois jambes.

Les pirouettes s'exécutent par un effet diagonal; on provoque le lever d'un membre antérieur, et par l'action des jambes, on fait tourner la croupe autour des épaules, un effet de Rassembler maintenant constamment le membre au soutien étendu.

Dans le principe, il faut faire tourner la croupe du côté où le membre antérieur est au soutien; il est beaucoup plus difficile de la faire tourner du côté opposé. Dans ce mouvement l'avant-main est surchargée.

Pirouette ordinaire sur trois jambes.

En chargeant la croupe, par un effet de main, on obtient le mouvement inverse; la croupe servira de pivot et les épaules seront toujours dirigées sur la courbe du côté où le pied antérieur est levé. — Cette dernière pirouette exige un Rassembler plus complet que la précédente.

Extension de l'avant-main.

Tous les cavaliers savent faire camper leurs chevaux du devant; à cheval, la cravache donne facilement ce résultat.

Rapprochement de l'arrière-main.

Le cheval étant ainsi campé, la main fixe l'avant-main et les jambes ramènent les membres postérieurs très en avant, les éperons les attirent; l'éperon droit, le membre postérieur droit, l'éperon gauche, le membre postérieur gauche.

Rassembler complet et extension de l'avant-main partant du Rassembler.

Les quatre pieds ainsi réunis, la main rend et la cravache provoque de nouveau l'extension de l'avant-main.

Rapprochement de l'avant-main.

Attirer la croupe sur l'avant-main est plus facile que de faire reculer l'avant-main sur la croupe : dans ce nouveau cas, ce sont les jambes qui fixent les membres postérieurs et la main qui ramène l'avant-main ; le cavalier favorise le mouvement en se redressant.

Rassembler complet.

Les quatre pieds de nouveau réunis, il s'agit d'obtenir l'extension de l'arrière-main, ce qui est une des grandes difficultés.

Extension de l'arrière-main partant du Rassembler.

Pour cela, il faut tenir les extrémités antérieures en place par un effet de jambes, et la main doit faire reculer les membres postérieurs. Il faut donc bien combiner la force d'avant en arrière que produit la main pour opposer une force moindre d'arrière en avant au moyen des jambes. Les jambes n'ont pas toujours à agir également ; car si le cheval porte le pied droit antérieur un peu en arrière, dans ce cas, c'est à la jambe gauche du cavalier à s'y opposer, sans, pour cela, arrêter le mouvement rétrograde.

Mobilité d'un bipède diagonal.

Afin de faciliter l'étude de ce travail, il faut perfectionner le mouvement en avant et en arrière, imprimé à un bipède diagonal, le cheval étant en place ; ce qui doit se commencer le cheval non monté. Le cavalier, placé en avant de la tête du cheval, lui faisant face et tenant une rêne dans chaque main, attire un peu le cheval ; celui-ci avance un bipède diagonal, que le cavalier s'empresse d'arrêter en faisant l'opposition de main nécessaire ; après un moment d'immobilité, le cavalier fait reculer ce même bipède en l'arrêtant aussi juste à l'instant où il est de nouveau à l'appui. Il y a donc un bipède diagonal qui reste immobile pendant que l'autre avance et recule alternativement d'un pas. On peut aussi faire avancer ou reculer successivement les deux bipèdes diagonaux en mettant un arrêt plus ou moins long entre chaque foulée. On remarquera que les foulées du pas en avant se font successivement, celle du membre antérieur la première, parce que ce membre a quitté le sol avant celui avec lequel il forme le diagonal. Tandis que les foulées du pas en arrière se produisent simultanément dans l'avant-main et l'arrière-main. — S'il arrive que cette régularité cesse d'exister, c'est que l'aplomb est devenu irrégulier ; que la mâchoire s'est contractée, et que la tête s'est élevée. Il faut donc, avant de persévérer, retrouver la souplesse.

De ces manières d'opérer du cheval, il résulte que le Reculer doit être une allure à deux temps, et non à quatre comme le pas, et que si les battues du bipède diagonal qui gagne du terrain en arrière, ne sont pas simultanées, le cheval étant monté, il faut, par un nouvel effet d'ensemble, rétablir l'harmonie dans l'aplomb de la masse, avant de continuer le mouvement rétrograde.

Nous pourrions encore indiquer quelques mouvements plus ou moins compliqués, mais il suffira de ceux que nous venons d'analyser pour démontrer que toutes les actions du cavalier doivent être réfléchies, exécutées avec justesse, avec précision, afin d'être comprises par le cheval, et que celui-ci doit être constamment souple, liant, pour se mouvoir suivant les différentes impressions qui lui sont transmises.

Ce n'est donc pas par des moyens exceptionnels empruntés au charlatanisme que l'on amène le cheval à exécuter tous ces airs, qui semblent au vulgaire tenir du merveilleux, mais bien par un travail intelligent, réfléchi et logique. Il ne faut pas croire que le cheval ainsi dressé ne soit bon que pour le cirque : on peut parfaitement l'employer et pour l'équitation militaire et pour la chasse ; on peut même l'atteler à une voiture légère ; partout sa facilité de conduite en fera un instrument docile, exact et agréable.

Action progressive des aides.

Dans tous ces mouvements de haute-école, l'action des aides doit suivre la progression suivante :

1° La pression des jambes provoque l'impulsion ;

2° La main fait opposition à cette impulsion, la régularise ;

3° De l'opposition progressive des jambes et de la main, mais produisant toujours des forces équivalentes, résulte le Rassembler, lequel est plus ou moins complet, suivant le mouvement à exécuter ;

4° La main donne alors la position, le cavalier place la masse suivant le mouvement résolu ;

5° Enfin, vient l'action donnée par une puissance plus ou moins énergique des aides en raison de la difficulté à vaincre.

Comme toujours, le cavalier doit maintenir le cheval en main, léger, par l'éperon au besoin. — Sans légèreté pas de souplesse ; sans souplesse pas de Rassembler possible, sans Rassembler, la masse ne peut être mobilisée à volonté.

M. Baucher peut faire exécuter à son cheval des mouvements qui paraissent impossibles et qui cependant sont obtenus constamment par l'emploi raisonné, intelligent et non brusque des aides.

En voici quelques-uns :

Galop sur trois jambes.

Ronds de jambes.

Jambes de devant croisées en dedans.

Elévation avec temps d'arrêt de chaque jambe de derrière.

Balancé du derrière et Piaffer du devant au Reculer.

Extension des jambes de devant et flexion des jambes de derrière.

Piaffer balancé du derrière et dépité du devant.

Extension en dehors des jambes de devant, alternées en reculant.

Balancé latéral au Piaffer, avec un mouvement régulier d'avant en arrière et d'arrière en avant.

On lit dans le *Dictionnaire raisonné d'Equitation*, par F. Baucher, Edition 1851, page 11 :

« En présentant la nomenclature de toutes ces difficultés, qui grandissent l'équita-
« tion et que j'ai exécutées en public, les amateurs me feront le reproche de ne pas
« faire connoître les moyens par lesquels on obtient tous ces mouvements ; mais ce
« n'est pas possible, puisqu'ils constituent la poésie de l'équitation, et que pour
« devenir poète équestre, il faut de l'imagination, du sentiment et du tact ; c'est
« assez dire que leur exécution forme une équitation qui devient personnelle, qui
« ne peut être le partage que de l'homme studieux auquel il suffit de savoir
« qu'une chose est faisable pour qu'il l'entreprenne et la conduise sûrement à bonne
« fin ; il cherchera et deviendra innovateur à son insu, toute définition l'embrouille-
« rait plutôt qu'elle ne lui servirait. Je ne donnerai donc qu'un seul principe géné-
« ral, c'est qu'il ne faut commencer ces difficultés qu'après avoir complètement
« terminé l'éducation du cheval. »

Nous avons cherché à seconder notre maître, M. Baucher, en faisant connaître, autant que cela nous a été possible, le mécanisme qui s'applique à la haute-école.

Nous nous estimerons heureux si le peu de clarté que nous avons tâché d'apporter dans notre livre met en évidence la vérité des principes équestres de l'habile et inimitable écuyer, aujourd'hui le vrai prince de la science équestre.

Nous pensons également être resté dans le vrai, dans l'analyse que nous avons faite des principes équestres que nous a enseignés M. Baucher.

Paris, 11 juillet 1852.

Mon cher Capitaine,

Votre réponse à la brochure de M. d'Abzac est pleine d'excellentes raisons, etc., etc.

La méthode est destinée à faire le tour du monde ; on a traduit mes ouvrages en italien, espagnol, allemand, hollandais, et j'en ai reçu, il y a deux jours, une édition anglaise imprimée à Philadelphie.

Continuez, mon cher Capitaine, à mettre en pratique les principes que vous avez si bien retenus, et soyez certain que vous n'éprouverez pas de désillusion.

Adieu, mon cher Raabe, croyez à l'attachement sincère de votre professeur et ami.

Signé : BAUCHER.

A Monsieur Raabe, Capitaine au 6ᵐᵉ de Dragons.

TROISIÈME PARTIE.

ÉQUITATION MILITAIRE.

Manière d'arriver à l'uniformité.

Les principes ci-après varient suivant tous les auteurs :
 La position du cavalier à cheval,
 La position de la main de la bride,
 Les mouvements de la main de la bride,
 La connaissance des effets du mors de bride ,
Qu'on nous permette d'émettre , à ce sujet , nos idées :

La décomposition des mouvements nous a amené à faire le maniement des armes d'une manière à peu près uniforme. Nous avons cherché à appliquer à l'Equitation cc mode d'enseignement.

Ce travail peut se faire dans les chambrées ; il prépare le cavalier à l'instruction à cheval. Si nous commençons par des mouvements gymnastiques, c'est dans le double but d'assouplir le corps et les membres et de subordonner le mouvement à la volonté.

Ces exercices mettant en évidence la difficulté des mouvements diagonaux et surtout latéraux ; apprennent aux cavaliers à mesurer leurs exigences quand ils seront à cheval ; car nous avons prouvé , par maints exemples , qu'il existait une corrélation réelle entre la conformation de l'homme et celle du cheval. Toutefois nous ne faisons nullement de ces assouplissements une question *sine quâ non* de succès.

GYMNASTIQUE

ou

Assouplissement du Cavalier à pied.

MOBILISATION DE LA TÊTE.

Tourner la tête sans que le tronc participe au mouvement.

MOUVEMENTS CONTRARIÉS.

MEMBRES SUPÉRIEURS.

Mouvements Simples.

Fléchir un bras et en même temps étendre l'autre.

Cet exercice gymnastique doit se faire, en prenant toutes les directions et sans déplacer les pieds.

Mouvements Composés.

Décrire un cercle dans la ligne verticale avec un bras, d'avant en arrière, pendant que l'autre bras décrit un cercle semblable, d'arrière en avant.

Même mouvement, les cercles se décrivant dans la ligne horizontale.

MEMBRES SUPÉRIEURS ET INFÉRIEURS RÉUNIS.

Mouvements simples ou diagonaux.

Décrire un cercle dans la ligne horizontale avec un bras dans un sens, et en même temps décrire un cercle semblable, mais dans le sens contraire, avec le pied qui lui est opposé.

Mouvements composés ou latéraux.

Même mouvement, avec le bras et le pied du même côté.

Pour faciliter ces exercices gymnastiques, on décompose les cercles; on commence par exécuter en même temps et en sens inverse, un quart de cercle, un demi, etc., etc. (1).

---

(1) Nous dirons à ceux qui prétendraient que ces mouvements sont trop difficiles à exécuter que nous avons un de nos camarades et frère d'armes, qui, par le seul fait de sa volonté, est arrivé par l'exercice, à faire mouvoir par l'action musculaire une de ses oreilles.

PREMIERS PRINCIPES D'ÉQUITATION.

Travail à pied préparatoire à celui à cheval.

Les cavaliers sont à pied, en petite tenue, placés sur un rang, à trois mètres l'un de l'autre.

A Cheval.

1 TEMPS.

Au commandement à *Cheval*, porter le pied droit à 2/3 de mètre du pied gauche, les bras restant pendants, les talons sur la même ligne, les pieds un peu moins ouverts que l'équerre.

La position des pieds doit être rigoureusement observée (Pl. 1, fig. 1.).

Position du cavalier à cheval.

1 TEMPS, 2 MOUVEMENTS.

1° A la dernière partie du commandement, qui est *Cheval*, fléchir les jarrets en restant dans l'aplomb régulier, jusqu'à ce que la pointe des genoux se trouve perpendiculairement au-dessus de la pointe des pieds.

2° Se relever.

La pointe du genou et celle du pied doivent être placées sur la même verticale et constamment dans la même direction. Les pieds de l'homme à cheval sont ainsi dans la même situation que lorsque l'homme est à pied.

A cheval, le cavalier doit serrer son cheval depuis les genoux jusqu'aux talons, suivant son obéissance; l'enveloppe étreint ainsi le cheval au-dessous de son plus grand diamètre et assure la tenue.

Deux choses assurent la solidité du cavalier ;

    L'Enveloppe,

    L'Equilibre,

Pour fortifier l'enveloppe, on exerce les cavaliers en place.

On glisse entre les jambes du cavalier et le corps du cheval, deux musettes vides ; le cavalier, en serrant les flancs de son cheval, doit s'opposer à ce que ces musettes soient arrachées, ce que l'instructeur essaie en y mettant de la modération.

On habitue ensuite les cavaliers à s'incliner à droite et à gauche, sans le secours des mains ; ils doivent pouvoir ramasser avec une main une musette remplie de sable et la hisser sur le pommeau de la selle avec facilité.

Pour habituer les cavaliers à rester en équilibre, il faut leur apprendre à se tenir au petit trot sans le secours des jambes. Pour cela, on leur prescrit de relever les genoux et d'écarter un peu les cuisses, de manière à rester à l'appui sur les ischions, n'ayant recours aux jambes que lorsque l'équilibre est altéré. Le corps doit rester droit.

Lorsque le cavalier reste d'aplomb au grand trot, les genoux étant en l'air, c'est le moment de lui enseigner à *conduire* le cheval, parce qu'il n'a encore appris qu'à se *placer* et à se *tenir*.

Cette manière d'opérer pour *solidifier* la tenue, n'est pas nouvelle ; les notes d'un ancien élève de M. d'Auvergne, dont nous avons cité quelques fragments, contiennent:

« Le cavalier qui serre les cuisses, se met nécessairement hors de la selle, son
« enfourchure s'éloigne indispensablement du siège, et, faute d'y être continuelle-
« ment reposé, chaque action du cheval lui donne un coup et l'éloigne davantage, il
« faut donc qu'elle ne désempare jamais le siège, et le cavalier y parviendra, si dans
« les commencements on le fait d'abord marcher au pas, puis au trot, *les jambes*
« *en quelque façon ouvertes, etc.* »

MANIEMENT DES RÊNES DU BRIDON.

CHAQUE CAVALIER EST MUNI D'UNE COURROIE, POUR REMPLACER LES RÊNES DU BRIDON.

Manière de tenir les rênes du bridon dans chaque main.

Le cavalier tient une rêne du bridon dans chaque main, l'extrémité supérieure sortant du côté du pouce, les doigts fermés, le pouce alongé sur chaque rêne, les mains à hauteur des coudes dans la direction des épaules. — (Les poignets à 16 centimètres l'un de l'autre font ouvrir les coudes, voûter le dos, creuser la poitrine et baisser la tête ; ils doivent être dans la direction des épaules, ce qui produit des effets contraires.)

Manière d'alonger les rênes.

Rapprocher les mains l'une de l'autre sans les renverser ; saisir la rêne gauche avec le pouce et le premier doigt de la main droite, à trois centimètres au-dessus du pouce gauche ; entr'ouvrir la main gauche et faire couler la rêne jusqu'à ce que les deux pouces se touchent, refermer ensuite les doigts et replacer les mains.

Alonger la rêne droite de la même manière et par les moyens inverses.

Manière de raccourcir les rênes.

Rapprocher les mains l'une de l'autre sans les renverser ; saisir la rêne gauche avec le pouce et le premier doigt de la main droite, de manière que les pouces se touchent ; entr'ouvrir la main gauche, élever la main droite et laisser couler la rêne jusqu'à ce que les pouces se trouvent suffisamment éloignés l'un de l'autre (3 centimètres environ), refermer ensuite les doigts et replacer les mains.

Raccourcir la rêne droite de la même manière et par les moyens inverses.

Ajuster les rênes du bridon.

On ajuste les rênes en employant les moyens indiqués pour les alonger ou les raccourcir.

Croiser les rênes dans la main gauche.

Renverser un peu le poignet gauche, les ongles en-dessous, en l'amenant vis à vis du milieu du corps; entr'ouvrir la main, y placer la partie de la rêne qui est dans la main droite, refermer la main gauche et laisser tomber la main droite sur le côté.

Séparer les rênes.

Saisir avec la main droite la partie de la rêne droite qui est dans la main gauche et replacer les mains.

Croiser les rênes dans la main droite et séparer les rênes.

Mêmes principes moyens inverses.

Le travail en bridon, une rêne dans chaque main, place le cavalier *carrément* à cheval; on a recours à cette manière de tenir les rênes toutes les fois que la *position* est dérangée.

Lorsque le cavalier a acquis assez de solidité, on lui fait croiser souvent les rênes, dans l'une et l'autre main; on veille à ce que l'épaule, du côté opposé à la main qui tient les rênes, ne reste pas en arrière; le cavalier doit rester carrément à cheval sans le secours des deux rênes;

Le travail en bridon est obligatoire pour commencer l'éducation du cavalier, mais il n'en est pas de même pour l'éducation du cheval.

Le mors du bridon contribue beaucoup à faire prendre au cheval une mauvaise position de tête; lorsque celle-ci est placée verticalement, l'appui des canons du mors de bridon a lieu *sur les barres*; mais lorsque la tête est placée un peu horizontalement, lorsque le cheval *porte le nez au vent*, l'appui se fait plutôt sur la commissure des serres. Le cheval préfère cette dernière position, sans doute qu'ainsi l'action du mors du bridon lui est moins douloureuse; mais alors la *conduite* devient irrégulière, le cheval fausse sans applomb, il prend une position anormale; car ce n'est pas ainsi que le cheval place naturellement la tête.

L'état de repos du cheval, qu'elle que soit d'ailleurs sa conformation, n'est pas d'avoir le *nez au vent*, puisque cette position ne peut exister sans la contraction des muscles extenseurs de l'encolure; forces musculaires inutiles pour la locomotion.

Le cheval se soustrait à la domination du cavalier en portant le nez au vent; c'est là la vraie raison pour laquelle il en agit ainsi; le cavalier ne peut alors arrêter les déplacements du cheval, le maintenir dans une position; le cheval peut désobéir.

Lorsqu'au contraire tous les déplacements, qui ne sont que des désobéissances, peuvent être empêchés, le cheval se soumet à la domination du cavalier; celui-ci doit s'empresser de récompenser à propos et immédiatement chaque acte d'obéissance qui replace le cheval dans la bonne position, celle où il est léger à la main et mobile aux jambes.

Nous avons indiqué au chapitre *Education et dressage du jeune cheval*, l'utilité des rênes du filet de la bride.

APERÇU DU MÉCANISME DES AIDES.

De l'usage des Rênes.

Les rênes légèrement tendues servent à disposer le cheval aux mouvements qu'il doit exécuter, à le diriger, le ralentir, l'arrêter et le faire reculer; elles servent encore à mobiliser ou immobiliser l'avant-main et à *grandir le cheval de devant*; leur action doit être progressive et succéder à celle des jambes; c'est ainsi que la main maîtrise et régularise l'impulsion du cheval.

De l'usage des Jambes.

Les jambes serrées sur les flancs suivant la sensibilité et la *mobilité* du cheval, servent à provoquer le mouvement; elles servent encore à mobiliser ou immobiliser l'arrière-main et à *grandir le cheval du derrière*; leur action doit être progressive et toujours précéder celle des rênes; c'est ainsi que les jambes provoquent l'impulsion du cheval.

De l'effet des Rênes et des Jambes.

RASSEMBLER LE CHEVAL.

En serrant les jambes suivant la sensibilité et la *mobilité* du cheval, et en tirant progressivement sur les rênes, on *prévient* le cheval, on le rassemble.

Tous les mouvements à faire exécuter au cheval, *sans aucune exception*, sont précédés de cet *effet d'ensemble* des aides.

Le cavalier tire ou tend les rênes en portant les coudes plus en arrière et sans arrondir ni élever ou baisser les poignets.

Pour produire un *effet d'ensemble*, le cavalier commence par serrer les jambes, ensuite il tend légèrement et progressivement les rênes.

Pour *rendre* au cheval, lui donner de l'aisance, du repos, le cavalier commence par cesser de tendre les rênes, ce qui s'appelle : *rendre la main*, ensuite il relâche les jambes, mais en les laissant *adhérentes* aux flancs du cheval, ce qui s'appelle *les jambes près*.

Pendant les repos, en place et en marchant, le cavalier *abandonne* les jambes, elles tombent alors naturellement et s'éloignent *plus ou moins* des flancs du cheval, ce qui ne doit pas exister pendant le travail pour éviter de *surprendre* le cheval, de produire des à-coup.

MARCHER.

En augmentant l'action des jambes et en diminuant celle des mains, le cavalier provoque le cheval au mouvement en avant.

RALENTIR, ARRÊTER ET RECULER.

En augmentant encore l'action des jambes et en augmentant aussi progressivement celle des mains, le cavalier forme un *temps d'arrêt*, ce qui ralentit l'allure. En répétant cette action avec un peu moins de force, le cavalier forme un *demi-temps d'arrêt* qui arrête le cheval.

En réitérant les *demi-temps d'arrêt*, il le fait reculer.

TOURNER.

1° *Les rênes étant séparées, une dans chaque main.*

En tirant un peu sur la rêne droite et en rendant d'autant la rêne gauche, le cavalier *plie l'encolure* du cheval à droite;

En augmentant en même temps l'action des jambes et en plaçant *la gauche plus en arrière que la droite*, il fait tourner le cheval à droite.

Le tourner à gauche s'exécute suivant les mêmes principes et par les moyens inverses.

2° *Les rênes étant croisées dans une main.*

En portant plus ou moins la main qui tient les rênes du côté droit sans la baisser ni l'élever et la traverser, le cavalier *fait appuyer la rêne gauche sur l'encolure*;

En augmentant en même temps l'action des jambes et en plaçant *la droite plus en arrière que la gauche*, il fait également tourner le cheval à droite.

Le tourner à gauche s'exécute suivant les mêmes principes et par les moyens inverses.

3° *Les rênes étant séparées une dans chaque main ou croisées dans une main.*

Lorsque le tourner s'exécute à une allure *allongée ou rapide, pas, trot ou galop*, la jambe *du dehors est toujours placée plus en arrière* que celle *du dedans*, quelque soit l'usage des rênes.

MOUVEMENTS PRÉPARATOIRES DE LA MAIN DE LA BRIDE.

Position du poignet gauche.

Étendez le bras gauche.

1 TEMPS, 2 MOUVEMENTS.

A la dernière partie du commandement, qui est *Gauche*, étendre le bras gauche et la main de toute leur longueur, en avant dans la direction et à hauteur de l'épaule gauche, la main placée de champ, les doigts joints et alongés;

(*Le bras, l'avant-bras et le dos de la main doivent représenter une ligne droite, le dos de la main doit toujours être placé selon une ligne verticale. — Ces deux lignes constituent le principe qui fixe la position de la main de la bride d'une manière uniforme et régulière pour la conduite du cheval.*)

2° Fermer les doigts également, le pouce sur la seconde jointure du premier doigt.

Flexions du poignet sur l'avant-bras.

Flexion à droite (ou à gauche).

1 TEMPS, 2 MOUVEMENTS.

1° A la dernière partie du commandement, qui est *droite*, fléchir le poignet à droite sans l'élever ni le baisser ;

2° Replacer le poignet.

Flexion en haut (ou en bas)

1 TEMPS, 2 MOUVEMENTS.

1° A la dernière partie du commandement, qui est *Haut*, fléchir le poignet en haut, sans le porter à droite, ni à gauche ;

2° Replacer le poignet.

Position de la main de la bride.

1 TEMPS, 4 MOUVEMENTS.

1° A la dernière partie du commandement, qui est *Bride*, étendre le bras gauche et la main de toute leur longueur, comme il est prescrit ;

2° Fermer les doigts comme il est prescrit ;

3° Retirer le coude en arrière, près du corps, la main à hauteur du coude ;

4° Porter doucement la main vis à vis et à 16 centimètres du milieu du corps, — position de la main de la bride.

La partie extérieure de l'avant-bras gauche et le dos du poignet, placés verticalement, doivent se trouver sur la même ligne horizontale. (Le petit doigt ne doit pas être plus près du corps que le haut du poignet. — Voir *Ajustez les rênes.*)

Des mouvements principaux de la main de la bride.

Principes communs à tous les mouvements

Pour la main. { Agir sans brusquerie, Ne pas l'élever ni l'abaisser, Serrer les doigts également.

Pour le poignet.   Ne pas le fléchir en dedans, en dehors, en haut ou en bas.

Mouvements pour la direction de la marche.

Pour fixer une limite, les déplacements ne doivent pas dépasser dix centimètres environ.

Pour marcher en avant (à droite ou à gauche).

1 TEMPS, 3 MOUVEMENTS.

1° A la dernière partie du commandement, qui est *Avant*, porter un peu la main en arrière, pour aider aux jambes à rassembler le cheval ;

2° Porter la main un peu en avant pour indiquer la direction ;

3° Reprendre la position de la main de la bride.

Mouvements pour ralentir, arrêter et reculer.

Pour ralentir (arrêter et reculer).

1 TEMPS, 3 MOUVEMENTS.

1° A la dernière partie du commandement, qui est *Ralentir*, porter la main un peu en arrière pour aider aux jambes à rassembler le cheval ;

2° Porter de nouveau la main un peu en arrière pour aider aux jambes à former un demi-temps d'arrêt ;

3° Reprendre la position de la main de la bride.

(Le cavalier forme plusieurs demi-temps d'arrêt, s'il est nécessaire, et s'empresse de reprendre la position de la main de la bride aussitôt que le cheval a obéi.)

Mouvement pour reposer ou récompenser le Cheval.

Remise de main.

Rendez la main.

1 TEMPS, 2 MOUVEMENTS.

1° A la dernière partie du commandement, qui est *Main*, baisser la main de la bride et l'avancer jusqu'à l'encolure ;

2° Reprendre la position de la main de la bride.

MANIEMENT DES RÊNES DE LA BRIDE.

Chaque cavalier est muni d'une paire de rênes de bride, qu'il tient dans la main gauche, à la position de la main de la bride. Le petit doigt entre les deux rênes, ainsi que le passant-coulant placé à 1/3 de mètre du passant fixe.

Ajuster les rênes.

Ajustez vos rênes.

2 TEMPS.

1° A la première partie du commandement, qui est *Ajustez*, tenir les jambes près, saisir les rênes avec le pouce et le premier doigt de la main droite, au-dessus et près du pouce gauche ; les élever perpendiculairement, en glissant la main droite jusqu'au bouton, les derniers doigts ouverts, les ongles en avant ; entr'ouvrir les doigts de la main gauche, le pouce élevé pour égaliser les rênes, fermer un peu les jambes pour contenir le cheval et lui faire prendre légèrement l'appui du mors ;

2° A la dernière partie du commandement, qui est *Vos Rênes*, fermer la main gauche ; laisser tomber les rênes et la main droite sur le côté, et relâcher les jambes.

L'instructeur fait exécuter le mouvement homme par homme. Le mouvement terminé, il rapproche les deux extrémités et tend les rênes en avant de l'homme, pour s'assurer si elles sont égales en longueur.

Presque toujours, la rêne gauche est plus courte et plie un peu l'encolure de ce côté ; il doit rectifier cette vicieuse manière d'ajuster les rênes. C'est le fait de la position du poignet, lorsque le petit doigt est plus rapproché du corps que les autres ; même avec le poignet placé comme nous l'indiquons, la rêne gauche a une tendance à être plus courte que l'autre.

Prendre les rênes dans la main droite.

Prenez les rênes-dans la main droite,

1 TEMPS, 2 MOUVEMENTS.

1° A la dernière partie du commandement, qui est *Droite*, saisir les rênes de la main droite à pleine-main, les ongles en dessous, au-dessus et le plus près possible de la main gauche, de manière que les deux pouces se touchent, l'extrémité des rênes sortant de la main droite du côté du petit doigt ;

2° Laisser tomber la main gauche sur le côté.

Ajuster les rênes, celles-ci étant dans la main droite.

Ajustez vos rênes,

1 TEMPS, 2 MOUVEMENTS.

1° A la dernière partie du commandement, qui est *vos rênes*, prendre les rênes dans la main gauche, les ajuster comme il est prescrit, la bride étant dans la main gauche, reprendre ensuite les rênes dans la main droite ;

2° Laisser tomber la main gauche sur le côté.

(Toutes les fois que l'on veut changer les rênes de main, la main qui tient les rênes doit rester fixe.)

Les rênes étant dans la main gauche : Descente de main.

Descendez la main,

1 TEMPS, 4 MOUVEMENTS.

1° A la dernière partie du commandement, qui est *la main*, entr'ouvrir la main gauche, saisir le passant-coulant des rênes avec le pouce et le premier doigt de la main droite dans la main gauche ;

2° Le faire glisser le long des rênes perpendiculairement jusqu'au bouton fixe,

3° Abandonner les rênes de la main gauche, qui se place sur le côté ;

4° Descendre le bouton fixe avec la main droite jusque sur le cou du cheval.

(Le cavalier doit reposer ainsi son cheval, toutes les fois que l'on fait : Repos. Pendant les repos, lorsque le passant-coulant des rênes de la bride n'est pas réuni au passant-fixe, il empêche l'extension de l'encolure et fatigue ainsi inutilement le cheval.)

Manière d'apprendre aux Cavaliers à graduer les effets de la main de la bride.

Le cavalier ayant les rênes dans la main gauche, l'instructeur saisit leurs extrémités, les rapproche à 18 centimètres environ l'une de l'autre, et les tend de telle sorte, qu'elles soient un peu moins élevées que la main de la bride du cavalier.

Selon la force de tension opérée sur les rênes par l'instructeur, le cavalier apprend à résister avec la main de la bride, d'une manière ferme, douce ou légère, comme aussi à passer subitement d'un effet puissant à un effet très léger et réciproquement à faire des effets inverses.

L'instructeur veille à ce que le cavalier cesse de tirer à lui, aussitôt qu'il cesse lui-même de tirer de son côté ; la main de la bride devant empêcher la tête du cheval d'aller au-delà, mais non ramener en deçà.

Les tensions opérées par l'instructeur représentent les résistances ou appuis que fait ou prend le cheval lorsqu'il est monté ; c'est ainsi qu'on arrive à préparer la main de la bride à la gradation et à l'habileté qu'elle doit avoir dans les différents effets qu'elle aura à produire.

Manière de se servir de la bride et du filet en même temps.

Les rênes de la bride étant dans la main gauche, pour prendre le filet dans les deux mains, saisir les rênes du filet avec les deux premiers doigts et le pouce de chaque main.

Les rênes du filet doivent être tendues directement et n'agir que pour faire les oppositions latérales. Ainsi, la croupe ne cédant pas à une jambe, c'est à la rêne du filet du même côté (rêne directe) à détruire la résistance.

La main de la bride sert aux effets d'ensemble des aides, au ralentissement et à l'arrêt surtout.

THÉORIE PRATIQUE DU MORS DE BRIDE.

De ses effets sur le cheval.

Le cavalier, à la position du cavalier à pied, tient dans les dents, en travers de la bouche, une tige de bois de 20 centimètres de longueur, aux extrémités de laquelle se trouve un anneau ; à chaque anneau est bouclée une rêne.

L'instructeur se place à un pas derrière l'élève, fait agir doucement les rênes isolément dans toutes les directions, nécessitées par la conduite, puis simultanément.

Il donne les explications les plus simples possibles, pour éclairer l'intelligence des cavaliers.

Nous savons que cette théorie nouvelle heurtera de vieilles habitudes ; mais le raisonnement, surtout le premier essai, l'auront bientôt justifiée.

C'est la manière pratique la plus simple, la plus exacte pour faire connaître les effets du mors ; comme aussi la plus facile à expliquer.

On a tant écrit sur les effets du mors de bride, sans pouvoir s'entendre, que nous avons cru devoir opérer ainsi pour éviter toute erreur ; l'expérience, les faits nombreux nous ont prouvé depuis longtemps l'exactitude de ce mécanisme comme enseignement.

Manière d'accrocher la gourmette.

La cavalerie n'a pas pas une manière uniforme d'accrocher la gourmette du mors de bride.

Les uns accrochent la gourmette de façon qu'elle soit en contact, dans toute sa longueur, avec la barbe du cheval, sans comprimer les canons du filet, qui est alors complètement libre, quels que soient les mouvements du mors de la bride.

Dans ce cas, l'esse et le crochet de la gourmette sont *au-dessus* des anneaux du filet.

D'autres, l'accrochent de manière à comprimer les canons du filet lorsque le mors de la bride fonctionne parce qu'ils sont interposés entre la barbe et la gourmette. — Dans ce cas, l'esse et le crochet de la gourmette sont *au-dessous* des anneaux du filet.

Le mors du filet complètement libre a trouvé beaucoup de partisans ; il est même obligatoire en certains lieux.

On s'appuie sur ce que le mors de bride est aussi complètement libre et que l'action de la gourmette n'est pas altérée, puisqu'aucun corps étranger n'est interposé entre la barbe du cheval et cette gourmette.

Nous ne sommes point de cet avis.

Le vrai moyen d'avoir le mors de bride complètement libre c'est de supprimer le mors du filet. Si donc nous le conservons, voyons les deux systèmes :

Si l'on met un filet au cheval, c'est, assurément, avec l'intention de pouvoir s'en servir au besoin et surtout dans le cas où les rênes de bride feraient défaut.

Supposons un cheval qui s'emporte, le cavalier tire sur les rênes du filet ; un des deux systèmes — celui que nous préférons — lui permet d'agir puissamment sur la commissure des lèvres ; l'autre fait agir le filet sur la gourmette, surtout lorsque le cheval porte le nez au vent, et, dans ce cas, les efforts du cavalier sont en grande partie annihilés.

Cette erreur, qui s'est propagée, provient de ce que l'action du filet a été étudiée sur des chevaux en place et non en action.

Il est encore d'autres inconvénients, dont voici le plus important :

Le mors du filet complètement libre vient constamment s'interposer entre les barres du cheval et le mors de la bride, ce qui est très-grave, puisqu'ainsi le mors de bride, qui était doux, devient, par là, très-dur.

Le mors du filet, soutenu par la gourmette, près de la commissure des lèvres, ne pouvant descendre plus bas, reste par-dessus le mors de la bride et se place sur la liberté de langue.

MÉCANISME DES AIDES.

Le mécanisme des aides, le cheval bridé, est indiqué au chapitre : *Conduite d'après les principes de M. Baucher.*

BRIDE ANGLAISE.

Manière de tenir les rênes.

Même position de la main de la bride ; la couture qui réunit la partie supérieure des rênes du filet, tenue dans la main gauche.

Ainsi la rêne gauche du filet entre dans la main gauche du côté du petit doigt et en sort du côté du pouce. Le cavalier saisit à pleine main, les ongles en-dessous, les rênes du filet qui sont sur le cou du cheval, puis ajuste les rênes de la bride, comme il a été indiqué.

Nous avons l'habitude de tenir toujours ainsi nos rênes, même à la manœuvre.

Le filet abandonné sur l'encolure, peut, lorsque les rênes sont longues, s'embarrasser, soit dans un étrier lâché, soit même dans les jambes du cheval, d'où il peut résulter quelque accident.

Progression à suivre dans l'Instruction du cavalier.

Lorsque les cavaliers ont appris à pied, la position du cavalier à cheval et le mécanisme du maniement des rênes du bridon, on leur en fait faire l'application sur le cheval.

On leur apprendra à monter et à sauter à cheval, descendre et sauter à terre, *se placer* à cheval, selon la position apprise et à *tenir* aux trois allures, sur les lignes droite et courbe, *sans faire aucun autre mouvement que le changement de main au pas et au trot.*

Les repos sont employés à étudier les différentes parties du harnachement et l'extérieur du cheval.

L'Instruction doit être très-progressive ; elle doit passer du *facile* au *difficile* ; ainsi, les premières leçons, le cheval étant *en marche*, commenceront *les étriers chaussés sans éperons*. On ne quittera les étriers qu'au fur et à mesure des progrès, lorsque *l'assiette* sera bien établie et la *solidité* suffisante.

Pendant le temps où les cavaliers acquièrent à cheval et en bridon la *position* et la *tenue* en exerçant l'*enveloppe* et l'*équilibre*, ils apprendront, dans les chambres ou corridors, le mécanisme du maniement de la bride, pour être en état d'en faire une bonne application, lorsqu'ils seront aptes à apprendre la *conduite*.

Selon nous, l'on n'attache pas assez d'importance dans la cavalerie, à l'étude du mécanisme des rênes du bridon et de la bride, et l'on perd un temps précieux en faisant cette étude, de prime-abord à cheval.

La *position* varie aussi à l'infini, quoique les professeurs et les instructeurs débitent, à haute voix, le *même littéral*.

Avec l'application des principes du mécanisme de la Position, telle que nous l'indiquons, les cavaliers acquièrent vite et d'eux-mêmes, le sentiment de la bonne ou mauvaise position, cette dernière étant *hors de l'aplomb régulier* et fatiguant beaucoup plus que celle où le corps reste dans la rectitude.

Une partie des premières leçons, le cheval *étant bridé*, doit être consacrée à exercer les cavaliers aux assouplissements de la mâchoire et de l'encolure du cheval *non monté*.

Les cavaliers apprennent ainsi à se rendre compte des résistances *à la main* que peut présenter le cheval ; ils perfectionnent ainsi le *tact* de la main, laquelle a déjà été exercée à graduer ses effets.

Les cavaliers prendront les éperons pour monter le *cheval bridé* ; ils apprendront de suite à s'en servir *comme d'une aide* d'abord sur le cheval en place, puis en marchant.

Les premières leçons, *le cheval monté*, doivent surtout être consacrées au *travail en place*.

Les *flexions d'encolure* donnent une idée de l'effet particulier à chaque rêne.

Les *pirouettes renversées* font connaitre l'effet particulier à chaque jambe.

Le *ramener* indique *l'effet d'ensemble, l'accord* qui doit exister entre l'action des jambes et celle de la main.

La marche, le ralentissement, l'arrêt et le reculer, apprennent aux cavaliers à faire *primer l'action des aides* inférieures, sur celle des aides supérieures, et réciproquement à produire l'action inverse.

La marche circulaire servira à *plier* le cheval, suivant la courbe qu'il doit parcourir.

Les *pirouettes ordinaires* achèveront de décomposer le travail de deux pistes ; elles obligent le cavalier à donner *deux directions simultanées* à l'action de ses aides, le *cheval étant en place* ; l'une pour maintenir la croupe à l'état de *pivot*, l'autre pour diriger les épaules sur la ligne circulaire.

Les *pas de côté*, réunion des pirouettes renversées et ordinaires, commenceront sur la ligne diagonale , parce qu'ainsi le mouvement est plus facile à l'homme et au cheval. Ce travail de deux pistes oblige le cavalier à donner aussi simultanément deux directions à l'action de ses aides, mais cette fois *le cheval est en marche*, l'une pour le mouvement en avant, l'autre pour le mouvement latéral.

Lorsque les Pas de deux pistes se feront avec facilité sur la ligne oblique, ils seront exécutés sur les lignes droite et courbe, la tête du cheval tournée en dehors d'abord , puis en dedans. Ce travail façonne l'homme et le cheval aux conversions à pivot fixe, parce qu'il faut *appuyer* et *converser* simultanément au deuxième rang.

Le *pas allongé* fera saisir au cavalier la différence sensible qui résulte chez le cheval, de sa marche dans l'*aplomb régulier*, ou lorsque cette régularité s'altère.

Le *rassembler*, en place d'abord , puis au pas , habituera le cavalier à se servir de ses aides, de manière à produire des *forces équivalentes* , sans pour cela, que les jambes et la main produisent des *forces égales*.

Le travail *au trot* suivra la même progression qu'au pas ; le cavalier s'attachera surtout à conserver le cheval souple et léger.

Le *galop* sera presque le résultat naturel du trot rassemblé, et non le fait de l'accélération de l'allure du trot poussée à des limites extrêmes.

L'Instructeur aura soin de *grandir* peu à peu, la vitesse des allures lentes , et de *diminuer* au contraire *très-progressivement* celle du galop.

Ce sont les fréquents changements d'allure qui apprendront au cavalier à ralentir les allures vives.

Les *voltes et les demi-voltes à toutes les allures* rendront les chevaux plus agiles, et seront pour les cavaliers le travail préparatoire de l'école des tirailleurs.

Les *départs au galop*, sur l'un ou l'autre pied, *le cheval marchant au pas, puis de pied ferme* , persuaderont le cavalier que , le cheval part de tel ou tel pied par suite de *la position* qui lui est donnée, et non parce que l'on fait usage de telle ou telle aide.

Les *changements de pied* s'exécuteront à l'extrémité du changement de main diagonal, le cheval passant au pas pour reprendre la nouvelle main et l'autre pied, parce que c'est le moyen qui facilite le plus ce travail compliqué.

Alors le cavalier pourra exécuter de *fréquents départs* au galop sur la ligne droite, en changeant le pied à chaque départ , et continuant de marcher à la même main , pour arriver enfin à *changer de pied du tact au tact*.

Le changement de pied *du tact au tact* sera commencé sur la ligne diagonale d'abord, puis sur celle courbe, en changeant de cercle en dehors, et enfin sur la ligne droite.

Les *arrêts aux allures vives* confirmeront le cavalier dans le mécanisme de ses aides ; ils habituent les hommes et les chevaux aux fonctions des *pivots fixes* du travail d'ensemble

Le *travail individuel* devra terminer toutes les leçons , il se compliquera au fur et à mesure des progrès.

Enfin, *les sauts d'obstacles, les courses rapides* achèveront de parfaire le cavalier, dont l'instruction sera continuée par l'*escrime à cheval*, le maniement des armes à feu, le *tir à la cible*, *la course des têtes*, et complétée par le travail militaire, dit *travail d'ensemble*.

Cette instruction, plus complète que celle prescrite par l'Ordonnance du 6 décembre 1829, n'exigera cependant pas un nombre de leçons plus grand que celui fixé par elle. (120).

Des cavaliers instruits d'après ces principes deviendront *hommes de cheval*, avant d'être *des soldats*, et ils n'en seront que meilleurs *hommes de guerre*.

Les plus habiles apprendront à se perfectionner en dressant les jeunes chevaux, et l'instruction acquise sera alors à hauteur des exigences et des besoins d'une bonne cavalerie.

Pour obtenir de semblables résultats, il faut nécessairement modifier les principes équestres de la cavalerie française, ceux-ci sont trop ingrats, et le dégoût qui s'empare de nos jeunes officiers, même les plus zélés, les mieux disposés et les plus avides de connaître la science équestre, nous en donne la preuve la plus concluante.

DES DEUX SYSTÈMES D'ÉQUITATION.

Le Cours d'Equitation de M. d'Aure, page 20, fait l'éloge d'un ancien colonel de cavalerie qui proscrivit les airs de manège et les stigmatisa du nom de *gambades*, parce qu'ils sont, disait-il, inutiles à l'homme de guerre.

Nous opposerons à l'opinion de cet officier supérieur, celle de M. le chevalier Chatelain, écuyer, aussi officier supérieur de cavalerie qui, dans son Traité d'Equitation (1817, page 12), dit :

« *Le Passage*, par exemple, rend noble et relevée l'action d'un cheval qui est à
« la tête d'une troupe. En dressant un cheval à aller de côté, on lui apprend à se
« ranger sur l'un ou sur l'autre talon, soit à la tête ou dans le milieu de l'escadron,
« quand il en faut serrer les rangs, et dans quelque occasion que ce soit. Par le
« moyen des *voltes* on gagne la croupe de son ennemi et on l'entoure diligemment.
« Les *passades* (demi-voltes), servent à aller à sa rencontre ou à revenir prompte-
« ment sur lui.

« Les *pirouettes* et *demi-pirouettes* donnent la facilité de se retourner avec plus de
« vitesse dans un combat, et si les airs relevés n'ont pas un avantage de cette nature,
« ils ont du moins celui de donner à un cheval la légèreté dont il a besoin pour
« franchir les haies et les fossés ; ce qui contribue à la sûreté et à la conservation de
« celui qui le monte.

« Enfin, il est constant que le succès de la plupart des actions militaires est dû à
« l'uniformité des mouvements d'une troupe, laquelle uniformité ne vient que d'une
« bonne instruction ; et qu'au contraire, le désordre qui se met souvent dans un
« escadron est causé ordinairement par des chevaux mal dressés et mal conduits. »

De pareilles réflexions ne suffisent-elles pas pour détruire quelques critiques mal fondées.

Les détracteurs de la nouvelle Ecole publient aussi, que par cela même qu'elle donne une plus grande domination à l'homme sur le cheval, celui-ci sera constamment enfermé dans les aides et toujours astreint à conserver une position artificielle : qu'ainsi, les chevaux maintenus, ramenés et rassemblés, feraient l'étape au *passage* ; cela est aussi judicieux que la supposition d'un fantassin, qui ayant appris à valser, ferait la route en tournant sur lui-même.

Est-il besoin de dire qu'en Equitation , les exigences varient selon mille circonstances qu'on laisse à l'appréciation et au tact du cavalier qui agit suivant qu'il est en route , à la promenade , à la chasse, à la manœuvre, au manège, au repos, en marche de jour ou de nuit ; dans de bons ou de mauvais chemins ; qu'il monte des chevaux frais ou fatigués , bons ou mauvais , etc.

Est-ce que dans toutes ces circonstances si diverses , l'homme et le cheval ne se prêtent pas un concours mutuel : l'homme en soutenant, serrant ou relâchant ses moyens d'action , — le cheval, soit par l'adresse de son pied, soit en guidant son maître, quand celui-ci, dans l'obscurité, n'aperçoit même plus les oreilles de sa monture ? En vérité , ceux qui ont pu penser que le cheval cesserait d'être, par cela même que les moyens de domination du cavalier sont plus puissants, plus rationnels, ont eu là une singulière idée.

Quelques dandys , ne montant jamais que des chevaux de louage , lesquels ont l'intelligence de raidir leur encolure, pour résister aux terribles effets de main de la plupart de ces cavaliers , s'étonnent en montant un cheval souple et bien mis , qu'au moment où les éperons se font sentir, le cheval reste immobile. Cela n'est pas extraordinaire ; n'est-il pas certain que si le dressage a eu lieu sous une bonne direction , la main aura pour mission de faire reculer, et les jambes celles de faire avancer. Bien que le cheval soit façonné à recevoir l'éperon , est-ce que jamais celui-ci doit perdre son effet d'impulsion ? Si dans ce moment la main vient arrêter, il est tout simple que l'immobilité en soit la conséquence.

Examinons la *critique de M. le vicomte d'Aure* :

Observations sur la nouvelle méthode d'Equitation , 1842. — PAGE 19. — « Il
« est nécessaire, sans doute, de savoir réveiller l'apathie de certains chevaux , comme
« de savoir calmer ceux qui sont trop énergiques ; mais ceci s'obtient par des moyens
« simples et parfaitement connus ; or, l'équitation ne consiste pas à savoir faire
« piaffer tous les chevaux. Il en est beaucoup qui piaffent sans avoir besoin de la
« nouvelle méthode ; les uns , parce qu'ils ont une surabondance d'action ; les autres,
« parce que quelques souffrances excitent leur sensibilité ; mais à quoi sert de faire
« piaffer ceux qui veulent rester tranquille? Quelle peut être l'utilité d'une semblable
« allure? Pourquoi provoquer un cheval à dépenser en parade des actions qui peuvent
« être employées d'une façon beaucoup plus utile ?

« Laissons ces moyens aux maquignons, qui savent aussi bien faire piaffer un
« mauvais cheval pour le faire valoir ; mais plus discrets, ils ne disent pas que tous
« les chevaux piaffent et ne se vantent pas des moyens qu'ils emploient. Pour ma
« part, je préfère les chevaux qui ne piaffent pas, et j'estime beaucoup plus les hom
« mes qui les empêchent de piaffer. »

Pour faciliter cet examen , nous l'avons divisé en demandes et en réponses.

DEMANDES.

Quels sont les moyens simples et parfaitement connus pour calmer les chevaux qui sont trop énergiques?

L'Equitation ne consiste pas à savoir faire piaffer tous les chevaux.

Les chevaux piaffent pour deux causes différentes :

Par surabondance d'action.

Parce que quelques souffrances excitent leur sensibilité.

A quoi sert de faire piaffer ceux qui veulent rester tranquilles?

Quelle peut être l'utilité du piaffer?

RÉPONSES.

Nous l'avons dit : les oppositions des jambes et de la main agissant avec persévérance et ne se relâchant que lorsque le cheval commence à se calmer.

Tous les déplacements du cheval, quelles que soient leur direction, leur force, leur variété, doivent être arrêtés par l'action intelligente, rapide, forte ou faible des aides du cavalier.

Selon M. d'Aure, ce n'est pas cela, car nous lisons dans le *Cours d'Equitation*, page 111 :

« La cessation des effets des mains et des « jambes *tiennent* le cheval au repos. Il ne se « meut que lorsqu'il est sollicité au mouvement « par l'une ou l'autre de ces aides.

Si, qui peut plus, peut moins. Le piaffer est selon nous, la pierre de touche qui dénote l'Ecuyer, quand il est le résultat de son travail et qu'il a été obtenu sans le secours des piliers.

Si l'énergie des forces musculaires est alliée à la surabondance d'action, c'est le fait de ces chevaux d'élite, dont nous parlions plus haut, qui font la réputation de leurs cavaliers.

C'est que l'énergie des forces musculaires n'est pas en rapport avec l'instinct; mais ce n'est pas dû à une souffrance. L'on peut dire de ces chevaux que la lame use le fourreau.

Le cheval ne doit pas avoir de vouloir; s'il en est autrement, c'est qu'il n'est pas mis complétement ou qu'il est mal monté.

Nous l'avons dit : à faire aimer le cheval, de là sa conservation, et par suite, économie pour l'Etat.

Le piaffer sert encore à prouver les moyens pratiques du véritable écuyer.

Il serait à désirer, dans l'intérêt de la science équestre, que le professorat à l'Ecole de Cavalerie ne fût accordé qu'à ceux qui, ayant la prétention d'être écuyer, la justifieraient ainsi.

DEMANDES.	RÉPONSES.
Pourquoi provoquer un cheval à dépenser en parade des actions qui peuvent être employées d'une façon beaucoup plus utile ?	User des forces du cheval, mais non en abuser, doit être le guide de tout cavalier. L'action de parader est une affaire de jeunesse, de gloriole quelquefois ; souvent c'est une manière gracieuse et convenable de rendre hommage à la personne que l'on aborde. Pendant le défilé de la cavalerie, tous les cavaliers cherchent à montrer la perfection de leur savoir. En Russie, ceux des cavaliers qui montrent cette perfection par l'exécution de certains airs de haute-école, reçoivent de la part de l'Empereur, les mêmes honneurs que les Etendards · l'Empereur les salue.
Laissons ces moyens aux maquignons, qui savent aussi bien faire piaffer un mauvais cheval pour le faire valoir ; mais, plus discrets, ils ne disent pas que tous les chevaux piaffent, et ne se vantent pas de moyens qu'ils emploient.	Confondre le *piaffer* et le *caracoler*, est une erreur qui a échappé à l'auteur, ou qui est le résultat d'un parti pris.
M. d'Aure préfère les chevaux qui ne piaffent pas.	C'est une préférence facile à satisfaire ; il suffit d'empêcher les chevaux qui piaffent naturellement de le faire.
M. d'Aure estime les hommes qui empêchent les chevaux de piaffer.	M. d'Aure a raison, car ces hommes-là ont du savoir ; mais il ne suffit pas d'estimer ses élèves.

Quelques Observations à M. Flandrin.

M. Flandrin écrivait en 1844 : (*Quelques Observations à M. Baucher sur les essais de sa Méthode à Saumur, et sur sa Méthode elle-même*, page 21.)

« Le vice radical de votre système est patent, ce système, beaucoup trop exclu-
« sif, inapplicable à un cheval de guerre, est inexplicable par les lois naturelles de
« l'anatomie et de la mécanique, les seules bonnes cependant à consulter dans un
« exercice où la physique joue le principal rôle. »

Probablement que M. Flandrin a voulu nous dire qu'il ne savait pas expliquer le système : tout nous le fait croire, mais cela ne prouve point que ce système ne soit explicable par d'autres que lui.

Le *Cours d'Equitation militaire de* 1830, dont M. Flandrin se dit un des principaux rédacteurs, nous a laissé des souvenirs assez curieux et presque risibles ; nous avons voulu en extraire un petit passage !

« *Des chevaux demi-sauvages.*— (Tome II, page 198.)— Généralement petits en
« Norwège, ils se battent hardiment contre les ours. »

Apprenez donc l'histoire naturelle dans le Cours d'Equitation militaire autrefois
en usage à l'Ecole de Cavalerie.

Le *Cours d'Hippologie* de M. de St-Ange, tome II, page 44, nous apprend qu'on
peut faire manger au cheval des feuilles et des jeunes pousses d'arbres; voir même,
en cas de disette, des marcs de raisin, de la drêche, etc.

L'ancien *Cours d'Equitation militaire* était bien *plus complet*, tome II, page 20.

« Moyens dont on se sert ou dont on peut se servir pour nourrir les chevaux, soit
« par suite *d'habitudes locales* soit comme *ressources.*

« Enfin, reste à parler des moments de pénurie extrême, où l'on est forcé d'essa-
« yer du tout, plutôt que de laisser périr les chevaux. On a vu, dans ces cas déses-
« pérés, prolonger leur existence en leur donnant *des planches et des madriers*
« *réduits en copeaux*, dont on conçoit l'effet en leur qualité de substance végétale,
« ou encore, en mélangeant quelques restes d'aliments à de la *terre glaise*; celle-ci
« non pour nourrir, bien entendu, mais dans l'intention d'occuper les sucs gastriques,
« de les absorber, et de les empêcher, comme dans les cas de mort par inanition, de
« corroder la membrane interne, et même de la percer. Mais à quelles extrémités ne
« faut-il pas être réduit pour songer à *l'emploi de semblables ressources ?*

M. Flandrin a publié, en 1852, une autre brochure sous la rubrique consacrée :
Quelques Observations sur l'état de la Question. M. Flandrin affectionne particulièrement ce titre, il le répète à plaisir ; et, il faut l'avouer, il a raison en vérité,
car, de cette manière, on ne prend pas ces écrits au sérieux, et on peut leur passer
certaines excentricités malséantes de ton, de forme, de langage et de style, qu'on ne
pardonnerait jamais dans un livre quelque peu grave.—Critiquez, mais soyez impartial, et si vous avez les moyens de ne pas l'être, du moins soyez convenable et
décent.

Nous allons nous permettre de relever divers passages *de ce libelle*, non dans
l'ambitieuse intention d'attirer sur nous la vengeance de son auteur, mais dans
l'espoir qu'il pourra en ressortir une vérité utile pour la science équestre.

Et tout d'abord, disons que, lorsque nous nous trouvons en opposition de principes
avec un auteur, quel qu'il soit, nous ne croyons pas qu'il soit nécessaire d'être brutal
et irrévérencieux à son égard. Ainsi, nous ne nous permettrons jamais de dire d'un
auteur, *le Monsieur Flandrin dont il est question*, comme le fait M. Flandrin à la
page 6 de ladite brochure, à propos de l'honorable personne de M. de Saint-Ange. Ce
n'est pas poli, et, de plus, ce n'est pas généreux après les relations d'intimité qui
ont existé entre le prétendu maître et le soi-disant adjoint.

En effet, de quel droit et pourquoi M. Flandrin prend-il cette tournure désagréable
et méprisante à l'égard d'un professeur entouré d'une estime aussi générale et aussi
méritée que M. de Saint-Ange. Ancien officier de cavalerie dans l'armée du roi de
Naples Murat, qu'a-t-il à se reprocher ? Rien.—C'est uniquement parce qu'il s'est
permis de faire un Cours d'Hippologie sans le consentement et la collaboration de

M. Flandrin. Le crime est digne d'une aussi haute colère ; aussi est-elle désordonnée et furieuse ; c'est un torrent aveugle qui ne reconnaît aucun obstacle et qui brise, sans discernement, vérités et erreurs.

En somme, le nouveau Cours est bon, et c'est ce qui cause l'énorme fureur de M. Flandrin.

Mais revenons à notre discussion.

Comme M. Flandrin, nous pensons que l'Ecole de Cavalerie n'a besoin de prendre conseil de personne, pour savoir quelle doit être la direction exacte à donner à son instruction et surtout en ce qui regarde l'équitation.

C'est pour cela qu'elle a évité de conseiller M. Flandrin, et c'est encore ce qui cause cette grande colère. Aussi, nous qui sommes de sang-froid, mettons-nous le doigt sur quelques-unes des erreurs du nouveau livre.

Nous signalons quelques anomalies dans les allures des chevaux représentées par les gravures, non avec une pensée méchante, mais uniquement en vue de l'art et par amour pour la vérité. Aurons-nous mieux réussi que M. Flandrin ? Nous le croyons : car, nous avons fait une chose utile et qui prouvera que nous nous sommes occupé *réellement* de la question.

Regardez plus attentivement les chevaux, M. Flandrin, et un peu moins les cavaliers !

Nous lisons encore dans cette brochure, page 44 : « La position du cavalier dans « ces gravures, est un peu celle de M. Baucher, avec le c.. en porte-manteau, comme « disent certains plaisants. Cette tournure particulière n'est pas sans imitateurs, à « présent encore, mais c'est un procès que nous instruirons à la première occasion « dans l'article subsidiaire de la position et de la tenue que nous comptons publier « incessamment.

Précédemment M. Flandrin n'était que malséant ; dans ce passage, non seulement il tourne au trivial, mais il est de plus impoli : on parle ainsi dans son manège à ses palefreniers ; quand on ne se respecte pas soi-même, mais on ne l'écrit pas, ou si on l'écrit, on ne le fait pas imprimer. Avons-nous en conséquence à discuter avec ces plaisants ? Non, nous prenons ces plaisanteries pour ce qu'elles valent : encore une fois, ayez de l'esprit, mais restez dans les bornes de la convenance et de la galanterie.

Nous attendrons, du reste, l'instruction du fameux procès annoncé, et surtout l'application pratique par l'auteur, avant de nous prononcer. Jusque là, qu'il nous soit permis de rester dans l'erreur. Et puis, l'homme et les hommes attaqués pour cette position se défendent assez eux-mêmes.

La fin de la brochure couronne l'œuvre : « *Avis. Je viens faire appel à tous mes « anciens élèves, afin qu'ils me soient en aide dans la tâche que je poursuis.* »

Nous regrettons bien sincérement de ne pas avoir eu l'honneur d'être un élève de M. Flandrin, nous aurions répondu à son appel, nous lui serions venu en aide dans ses travaux, car, nous avons la hardiesse de penser que *ce cri d'alarme* part du cœur et que M. Flandrin a bien franchement besoin de secours. Nous désirons qu'il en trouve. Applaudissons toutefois à cette noble ardeur, dans l'intérêt de la science et des vérités à venir.

Enfin, page 29, M. Flandrin dit : « Je laisse dormir, jusqu'à nécessité du contraire, « mes notes plus détaillées sur l'ouvrage... » Nous attendrons aussi avec impatience le réveil annoncé de ces notes endormies, nous verrons, nous en sommes convaincu, jaillir la lumière, comme au soleil d'Austerlitz, jaillit la victoire.

Plaise à Dieu !

Nous disons que la nouvelle Ecole fait aimer le cheval ; c'est un fait que nous avançons, parce qu'il nous est prouvé par une longue expérience.

M. le général Létang fait ressortir ainsi combien il est avantageux de faire aimer le cheval par son cavalier.

« En effet, plus le cavalier s'attacherait à son cheval, plus il lui prodiguerait des « soins, et plus il en assurerait ainsi la conservation. Le Gouvernement serait donc « intéressé à provoquer lui-même cette affection du cavalier pour sa monture, et « c'est à quoi il réussirait facilement en accordant, comme autrefois, des primes, etc. »

Selon nous, les primes ne produisent jamais que des résultats très-insignifiants ; nous pensons qu'il vaudrait mieux établir des récompenses plus militaires ; au lieu de primes, ce serait des *prix* (montres, cravaches, pistolets), qui seraient décernés aux plus habiles cavaliers ; vainqueurs dans les carrousels, lesquels seraient rendus obligatoires dans tous les régiments.

On devrait même inscrire *à l'ordre et sur le livret de l'homme*, la date, le genre de prix et pourquoi il a été décerné.

Il pourrait y avoir des prix pour tous les grades de la troupe.

Pour les cavaliers, prix du tir à la cible à cheval ;

Pour les brigadiers, prix de la course des têtes.

On compléterait la course de l'ordonnance en y introduisant le galop et la volte aux deux mains, ainsi que l'arrêt, le cheval marchant au galop. Ce dernier travail rentre particulièrement dans les fonctions des pivots, fonctions dévolues aux brigadiers ;

Pour les sous-officiers, prix des bagues, du javelot, des têtes et prix principal dit d'équitation. Ce dernier seul serait inscrit sur le livret.

Ces exercices seraient un puissant stimulant pour nos cavaliers, ils entretiendraient leur émulation et leur feraient acquérir des talents qui sont nécessaires à ceux qui font profession des armes.

Il est certain que le cavalier qui sait se servir de ses armes, manier son cheval avec adresse, aura toujours une supériorité marquée. L'homme le plus brave et le plus intrépide est à demi-vaincu, s'il ne sait pas bien manier son cheval, *il faut être homme de cheval, avant d'être homme de guerre.*

« C'est ainsi qu'on propagerait dans la cavalerie française le goût du cheval qui « n'est pas poussé généralement assez loin, cette indifférence du cavalier pour le « cheval, etc. »

Nous pourrions citer un certain nombre de chevaux de troupe rendus faciles et agréables par le fait du dressage selon la nouvelle école, qui sont constamment recherchés par des officiers de tous grades, de même que par les simples cavaliers. Il est constant qu'un des plus puissants moyens pour faire aimer le cheval, c'est de le présenter agréable, sûr, facile et *sachant faire le beau*.

Il est à remarquer que le cheval *assoupli et mis en main*, n'a pas besoin d'être *niclé* pour porter la *queue en trompe*; aussi cette dangereuse mutilation est-elle rejetée avec raison par les praticiens des principes de la nouvelle école d'équitation; elle n'est admise que par l'infériorité équestre, laquelle cherche à atteindre par ce moyen ce qu'elle ne sait donner : *l'élégance, la grâce, la beauté.*

« Qu'on fasse donc naître et qu'on développe, autant que possible, *le goût, l'amour*
« *du cheval,* et non-seulement le trésor y gagnera, *mais on aura aussi rendu le*
« *service plus facile dans tous les grades.*

(De la Cavalerie française et de la nécessité de lui adjoindre
des irréguliers, etc., par le général LÉTANG.)

Des militaires de tous grades, de toutes armes, de tous âges, de toute conformation, pleins d'indifférence jusqu'alors pour l'équitation, quelle qu'elle soit, sont devenus zélés et de plus de bons praticiens aussitôt que leurs chevaux, façonnés par eux-mêmes, d'après les nouveaux principes, et en très-peu de temps, perdaient les habitudes désagréables qui avaient causé cette indifférence.

Les moyens employés dans l'école de M. Baucher sont faciles, raisonnés et donnent des résultats prompts et encourageants; plusieurs années d'expériences sur un grand nombre d'hommes et de chevaux nous ont convaincu que la nouvelle méthode d'équitation s'applique particulièrement aux besoins de la cavalerie, soit pour le travail individuel, soit pour celui d'ensemble; elle offre toute sécurité et permet d'utiliser de très-médiocres chevaux.

Cette méthode offre plus d'avantages pour le cheval que celle indiquée par le cours, parce que le cheval n'a jamais à dépenser que les forces nécessaires au mouvement, la régularité de l'aplomb étant toujours maintenue et les contractions musculaires pour les résistances étant annulées.

Quand il y a raideur, les forces de résistance étant indépendantes de celles que le cheval doit déployer pour le mouvement, augmentent considérablement la somme de forces nécessaires au cheval pour obéir à la volonté du cavalier. C'est de cet excès que résulte une plus grande activité dans la circulation, puis la transpiration, puis la fatigue, enfin l'usure prématurée de l'animal, qui n'est pas assoupli.

Nous l'avons dit dans nos précédents ouvrages; le progrès véritable dans toutes les sciences est lent, lors même qu'il n'est pas contrarié par l'esprit de parti.

Nous prêtons notre concours impartial à cette nouvelle méthode, qui est le progrès, en essayant de nouveau, dans ce livre, de la rendre accessible aux besoins de la cavalerie, aux élèves et aux praticiens consciencieux.

Est-il juste de dire, d'une école qui a rendu lucides toutes les questions obscures jusqu'alors, qu'elle n'est qu'un moyen d'éteindre toute l'énergie naturelle du cheval, pour la remplacer par une action et des mouvements factices n'ayant de valeur que pour le cirque.

Affecter du mépris pour la véritable science , au lieu de chercher à s'éclairer , est le partage d'une inqualifiable insousiance ou de la jalousie. Tel homme peut être un praticien hors ligne et n'être qu'un professeur ordinaire. A la tête du manége de l'école de la cavalerie française doit se trouver un homme réunissant tous les mérites , possédant toutes les qualités.

L'école de la cavalerie française , même sous une nouvelle direction n'a rien fait jusqu'à présent qui puisse nous ramener à elle. Cependant , elle n'a pas seulement mission de faire des officiers instructeurs militaires , mais aussi des officiers professeurs d'équitation , des écuyers militaires.

Le mode de répandre, dans tous les corps, nne instruction puisée à une source unique est bon; mais il faut pour cela que cette source soit vraiment le centre d'où rayonne la science militaire et hippique.

La sience militaire progresse réellement , tandis que la science hippique stationne , se traîne dans la routine , dans l'erreur , si toutefois elle ne rétrograde pas.

L'école de cavalerie qui devrait être le foyer de toutes les sciences qui concourent au progrès de notre cavalerie , qu'est-elle ?— Que produit-elle ? rien. Aussi malgré des défenses jalouses, la nouvelle école d'équitation s'y crée des partisans , parce qu'elle donne au cavalier des encouragements , résultat du succès ; des jouissances , résultats de la facilité de la conduite du cheval : parce que la vérité est toujours acclamée par le savoir, la loyauté , la jeunesse. — Le goût éclairé des officiers sait parfaitement choisir entre toutes, la méthode qui est empreinte au plus haut degré du cachet de la grâce française , alliée à la vigueur exigée par l'équitation militaire.

La France est habituée à marcher la première partout : elle doit rester à sa place, en avant du premier rang et ne rien devoir aux pays étrangers.

Monsieur l'écuyer commandant de l'Ecole Impériale de Cavalerie , nous apprend dans la lettre , déjà citée, adressée à M. le général Daumas , non-seulement , qu'il veut emprunter aux arabes leur mode d'Equitation , mais il nous fait aussi connaître que l'art équestre n'a plus d'interprête :

« L'art équestre , art si noble , si utile , si indispensable pour mettre en valeur « la production chevaline , n'est plus ni honoré , ni pratiqué dans notre pays. Les « écoles chargées de transmettre autrefois les bonnes et anciennes traditions n'exis- « tent plus. Nous n'avons plus ces anciennes académies dirigées par des hommes de « pratique , d'expérience, dont les conseils et l'exemple profitaient non-seulement « au gentilhomme destiné à la carrière des armes , mais encore à l'homme du « peuple , etc.

« De tout ce passé , il n'existe plus rien , l'art équestre , sous le point de vue de « son utilité réelle , n'a plus d'interprête.

Qu'est-ce donc que l'Ecole de la Cavalerie française ? Notre jugement sur cette Ecole serait-il moins sévère que celui de son Ecuyer-commandant ?

« (Suite). On ne peut donner le titre d'Ecuyer à ces hommes qui n'exigent du « cheval que des excentricités , et qui , au lieu de songer à leur conservation , ne « travaillent qu'à les ruiner.

Si ceci est à l'adresse de notre professeur, **M. Baucher**, nous répondrons : que la ruine des chevaux de cet Ecuyer est si peu rapide , que *Partisan*, qui certes a le plus travaillé des chevaux de manège à grande réputation , se portait à merveille et se maniait très-bien il y a deux ans. Depuis nous ne l'avons pas revu. — *Partisan* était alors âgé de 25 à 27 ans , et n'avait pour toute tare qu'un éparvin assez léger, que nous lui avons toujours connu. On sait qu'à l'écurie , *Partisan* avait le *tic de l'ours*.

Ce fait répond-il assez victorieusement ?

« (Suite). Si , d'un côté, les principes sages et raisonnés de l'art équestre se sont « effacés dans notre pays , etc.

Il fallait faire revivre ces principes dans le Cours d'Equitation , pour les propager et surtout ne pas les abandonner si facilement pour admettre ceux des cavaliers d'Afrique.

« (Suite). Il y a quelquefois des révolutions heureuses , celle que doit faire votre « livre est de ce nombre. La question chevaline tout entière , depuis si longtemps « dans l'ornière , doit enfin en sortir. Ce sont les hommes pratiques qui nous « manquent, etc.

Nous sommes parfaitement d'accord avec M. d'Aure , et reconnaissons aussi que la question chevaline, *celle équestre surtout* , *tout entière depuis si longtemps dans l'ornière* , *y est encore* , c'est malheureusement vrai ; mais à qui la faute?

Sérieusement , croit-on que les hommes pratiques manquent ? Non certes.

Mais sont-ce bien des hommes pratiques ceux-là , qui , pour être professeurs d'Equitation à l'Ecole de Cavalerie , n'ont qu'à faire preuve d'une mémoire heureuse, en récitant bien *le littéral*.

Nous l'avons dit , l'Ecole de Cavalerie sait se créer de bons Professeurs d'Instruction militaire , elle doit pouvoir aussi se créer *des militaires* bons Professeur d'Equitation ; si elle ne le fait pas , la faute en est nécessairement au manque de science équestre de son personnel.

On est forcé de croire que ce résultat n'a pu encore être obtenu , puisque nous voyons des *Ecuyers civils* apprendre à monter à cheval aux officiers de la cavalerie française. Quelle amère dérision !!!

Nous ne sommes pas de l'avis de ceux qui pensent qu'il est obligatoire à la cavalerie, d'aller chercher des éléments de perfectionnement en dehors de ses cadres, d'admettre dans ses rangs des étrangers à l'armée. Nous regrettons de voir un pareil système se propager et grandir tous les jours.

Quand un homme de génie , crée, invente, trouve une idée , qui peut avoir une portée utile pour la Cavalerie, rien de mieux que de lui donner largement les moyens de faire valoir, connaître , propager, transmettre ses procédés, plusieurs fois , s'il est nécessaire ; en cela , on ne remplit qu'un devoir. La récompense doit être en rapport avec le service rendu à la science , au pays , mais donner à un homme non militaire, un commandement militaire , jamais.

Lorsqu'il nous sera prouvé que nous sommes dans l'erreur, nous en concluerons que nous sommes en décadence, jusque-là, qu'il nous soit permis de conserver nos convictoins.

Comment! la cavalerie française, qui devrait être la plus habile, la plus savante, comme elle est la plus brave cavalerie du monde, ne saurait se suffire à elle-même ? *Se créer des Ecuyers*, comme elle se crée des instructeurs ?

L'Administration de la Guerre, sous le règne de Louis-Philippe, a *payé* Monsieur Baucher des peines que cet Ecuyer s'était donné pour son service, lorsqu'elle fit expérimenter son système d'Equitation ; mais elle ne le récompensa nullement pour le Pas immense que ses découvertes firent faire à l'art équestre.

S. M. l'Empereur Napoléon III, juste appréciateur du véritable mérite, vient de réparer tout récemment l'oubli de l'ancienne administration de la guerre envers M. Baucher.

Cette justice rendue par S. M. I., à un homme justement estimé, a été applaudie, non-seulement par tous les hommes de cheval, mais aussi, par tous les cœurs généreux et honnêtes.

Dans une Ecole équestre, *la théorie et la pratique* du professeur en chef, doivent être en parfaite harmonie, sans cela point de succès, point de résultats sérieux.

La théorie développe les principes et indique la gradation à suivre ; sans progression, pas d'instruction.

La pratique s'acquiert par l'usage ; c'est la facilité habituelle d'opérer.

Il y a harmonie entre ces deux sciences distinctes, lorsque le mécanisme de la deuxième est l'exécution exacte des préceptes de la première.

Selon nous, cette harmonie n'existe pas à l'Ecole Impériale de la Cavalerie française.

Cette opinion n'est point isolée, beaucoup d'officiers la partagent. Depuis que M. d'Aure a la direction en chef du manège de l'Ecole de Saumur, une grande partie des élèves de cette école nous ont assuré que le Cours d'Equitation ne rendait pas la pensée de cet Ecuyer, dont l'exécution pratique, loin de faire usage d'effets de force, ne se servait, au contraire, que *d'effets moelleux*, que MM. les officiers qui avaient été les collaborateurs de M. d'Aure n'avaient pas su saisir, exprimer, etc.

Mais alors, *s'il en est vraiment ainsi*, on a eu tort de surprendre la religion de S. E. le Ministre de la Guerre, qui certes, n'aurait pas déclaré classique et rendu obligatoire dans les Régiments et Ecoles de la Cavalerie française, un livre renfermant des principes tronqués et surtout d'une infériorité équestre aussi évidente.

M. le major en retraite, L. Merson, un des rédacteurs assidus des articles du *Moniteur de l'Armée*, nous dit, dans le numéro du 11 avril 1853, à propos de l'Ecole impériale de cavalerie, que « si l'on peut juger de la science et des doctrines des maî- « tres par leurs livres, nul n'était plus capable de diriger le manége de Saumur que « M. d'Aure. »

Oui certes, on peut généralement juger des doctrines d'un maître par le livre qui les renferme ; mais quant à la science pratique, comme c'est une affaire de coup-d'œil, de tact, en un mot, de *pratique*, nous ne voyons pas de quelle utilité peuvent être les livres pour former le jugement. La théorie, c'est le livre ; la pratique, c'est l'homme. Aussi, c'est ce qui nous met en opposition complète avec M. le major ; car, n'ayant jamais douté de la science pratique de M. d'Aure, nous nous trouvons très-peu convaincu par sa doctrine, c'est-à-dire par son livre. Il est facile d'expliquer cela : M. le major qui ne voit pas et ne sent pas comme homme de cheval, ne juge que d'après le livre, d'après les doctrines écrites; nous, qui croyons sentir, nous jugeons d'après le savoir faire, d'après les résultats obtenus. Or, les doctrines écrites sont erronées, les résultats obtenus sont bons souvent : la théorie et la pratique sont donc en contradiction, l'homme et le livre ne parlent pas le même langage. Et M. le major ose nous dire que nul n'était plus capable de diriger le manége de Saumur que M. d'Aure. Oh !....

Nous espérions en lisant cet article que M. le major nous ferait connaître la différence des procédés ou moyens pratiques actuels de M. d'Aure avec les routines de la vieille école. Notre attente a été déçue. M. d'Aure est, à la fois, selon M. le major, le La Guérinière et le d'Abzac de notre époque. Pour lui, il réunit en même temps et la haute science théorique et pratique de La Guérinière et l'admirable exécution du vieux d'Abzac. — M. le major, sacrifié ici au veau d'or, il encense. Et puis, de quelle vieille école veut-il donc parler? Serait-ce de celles des Frédéric Grison, des La Broue ou des Pluvinel ! Alors se présente pour nous un grave embarras. En effet, M. d'Aure simplifie les moyens pratiques des anciens, il régularise les allures, il possède le cheval, tout en lui laissant son énergie naturelle et en l'aidant à la développer. Or, pour régulariser les allures, est-il nécessaire de les fausser, en forçant le cheval à sortir de l'aplomb régulier, en surchargeant son avant-main, au point que les poignets les plus énergiques ne peuvent plus le dominer ; (pag. 157 du *Cours d'équitation*). Et c'est là l'auteur dont vous vantez les doctrines au point de les mettre à la hauteur de celles des La Guérinière et des d'Abzac !

Vous dites en même temps qu'il est nécessaire de *posséder le cheval*. Il y a là une confusion, un cahos d'idées, un accouplement indigeste de mots à effets. Quelle est l'école qui possède le mieux le cheval, nous nous servons de vos propres expressions, de celle qui est obligée de n'employer que des hercules pour cavaliers ou de rendre *tout* pour mettre le cheval dans la nécessité de se ralentir instinctivement, ou de celle qui n'a besoin que de femmes et d'enfants intelligents pour *faire briller un cheval, quel qu'il soit, partout*, même dans des ballets équestres.....?

Heureusement pour leur renommée, La Guérinière et d'Abzac ne disaient ni ne faisaient de pareilles choses.

Sans doute, il ne faut pas *priver le cheval de son énergie naturelle*. Il est même de première nécessité de savoir l'aider à se développer, mais avant tout aussi, *il faut être maître de cette énergie quand il est besoin*, afin qu'elle soit constamment et toujours à l'entière disposition du cavalier. Et n'est-il pas ridicule à certaines gens de prétendre que, parce que le cavalier domine, maîtrise et régularise l'énergie naturelle du cheval, cette qualité précieuse est par cela même annulée et anéantie ? A quoi serviraient donc l'entraînement , la gymnastique, la voltige, le piston régulateur de la chaudière de la machine à vapeur ?

Enfin, M. le major avance que l'équitation qui est bonne pour faire du spectacle n'a pas d'utilité dans nos usages habituels. Pour répondre à cette pensée qui n'a même pas le mérite d'être neuve, nous nous contenterons d'envoyer M. le major aux pages 12 et 13 du *Traité d'équitation* de M. le chevalier Chatelain , aussi officier-supérieur de cavalerie, et nous ajouterons les questions suivantes : Qu'est-ce que l'école des tirailleurs , le maniement du cheval pendant le combat individuel , les arrêts d'un régiment marchant au galop , etc...? qui peut plus peut moins.

Voilà les vrais principes, dit en terminant M. le major , et il n'est pas besoin d'être écuyer de profession , un instructeur de Saumur , pour les comprendre et les apprécier. M. le major a raison , pour comprendre ces principes et les apprécier comme il le fait , il faut nécessairement ne pas être écuyer ni instructeur ; s'il en est autrement, on se trouve évidemment en opposition avec le jugement de M. le major.

On lit à la page 23, de la brochure : *Observations sur la nouvelle Ecole d'Equitation , etc.,* par M. le vicomte d'Aure :

« Si l'Ecole de Saumur, sous la Restauration , n'avait pas dédaigné les préceptes
« de nos anciens maîtres ; si au lieu de tout militariser, jusqu'aux écuyers , elle se
« fut entourée des lumières qu'elle pouvait puiser à Versailles ; si elle eut créé une
« pépinière *d'écuyers civils* , Saumur serait aujourd'hui imbue des principes exacts
« et purs de *notre équitation française*. Elle eut été chargée de les transmettre à
« l'avenir, etc. ..

Quels étaient les préceptes de ces anciens maîtres ?

L'Ecole de Versailles n'ayant pas laissé *un* principe écrit , nous devons penser que M. d'Aure , élève de cette Ecole , a eu l'intention de formuler les préceptes des anciens maîtres , dans son Cours d'Equitation. L'Ecole de Saumur a eu , selon nous , bien raison de les dédaigner.

M. d'Aure , écuyer civil , voudrait qu'une *Ecole militaire* , se créât une pépinière de professeurs *écuyers civils*. Pourquoi ?

Les principes exacts et purs de l'Equitation française , ou si l'on aime mieux , les principes de l'Ecole de Versailles , étaient-ils seulement déterminés , y avait-il une tradition ? une manière d'enseigner , enfin une méthode quelconque ? Ce qui est obligatoire dans la cavalerie pour rendre uniforme l'enseignement.

Un élève de cette Ecole célèbre , M. E....., encore un capitaine de cavalerie , en retraite à Toul . que nous consultions à ce sujet , nous a assuré que lorsqu'il faisait une faute , commettait une erreur, M. l'Ecuyer-professeur lui retirait ses éperons pour *un ou deux mois* , etc .., et cependant cet élève se disait très-habile.

Ainsi, il était persuadé qu'il fallait toujours employer l'éperon vigoureusement : « Un bon coup d'éperon , disait-il , vaut mieux que dix mauvais. »

N'ayant pas connu personnellement l'Ecole de Versailles , nous n'émettrons aucune opinion ; mais voici celle d'un des petits antagonistes de l'Ecole de M. Baucher, et grand admirateur de cette Ecole de Versailles.

Traité raisonné d'Equitation, par A. Aubert, page 256. « Malheureusement,
« dans les plus beaux temps de l'Equitation, il y a eu beaucoup de bons praticiens
« que l'on pourrait comparer aux *ménétriers* ; il y a eu aussi des auteurs et des
« écuyers très versés dans les hautes sciences, mais tous n'avaient pas passé leur vie
« à cheval, et ont manqué parfois de pratique dans l'exécution. Les uns et les autres,
« loin de s'entendre et de s'aider pour propager les lumières, ont toujours fait deux
« classes séparées. D'ailleurs, les distinctions de rang et de position dans le monde,
« bornèrent singulièrement les relations entre les hommes qui, bien qu'élèves à la
« même Ecole, naissaient les uns pour commander, les autres, pour obéir. C'est, je
« pense, à cet état de choses, que *les principes des meilleurs écuyers de Versailles*
« *n'ont jamais été bien déterminés*. Quand des hommes d'un grand talent meurent
« sans avoir laissé d'écrits, ceux qui se disent leurs élèves de prédilection et les
« possesseurs de leurs secrets, interprètent souvent les leçons du grand maître chacun
« à leur manière. Tout donne lieu à des discussions d'amour-propre, chaque principe
« d'art devient une chose personnelle, et tout tombe dans le chaos. Dans cinq cents
« ans, on pourra savoir positivement en quoi consistent aujourd'hui les principes de
« l'Ecole de Saumur ; parce que ces principes sont consignés dans des livres, qui sur-
« vivront aux hommes qui les professent.

« Quelques années seulement se sont écoulées depuis la perte du commandant du
« manège de Versailles, M. le vicomte d'Abzac, et la réputation de cet écuyer fut
« colossale.

« Qui oserait aujourd'hui, faire l'analyse claire, positive, irrécusable, des prin-
« cipes de M. d'Abzac, *quand on voit ses élèves suivre une marche si diamètrale-*
« *ment opposée ?*

« D'où je conclus, qu'il n'y a de véritable Ecole, que *l'Ecole écrite*, si l'on veut
« l'établir d'une manière positive et durable. »

Il faut croire que nous ne possédons pas encore *les principes exacts et purs de*
l'Equitation française !

La lumière se fera bien quelque jour !!!

De tout temps, les éperonniers et selliers ont profité de la frivolité de notre caractère et de l'ignorance de la plupart des cavaliers, pour changer la forme du mors de
bride. L'attrait de la nouveauté et l'inexpérience des acheteurs sont habituellement les
seuls garants de succès de ces inventeurs.

Chaque fois qu'apparaît un nouveau mors, il s'annonce par un Rapport émanant
le plus souvent d'un écrivain, rarement d'un écuyer. Nous devons excepter *les notes*
sur le mors *Lycos*, dont il n'est plus question, quoiqu'il fut cependant tant vanté par
M. Franconi.

Selon l'usage, le nouveau mors, dit Régulateur, est aussi l'objet d'un rapport
en date du 17 mars 1852. C'est M. le vicomte de Montigny, ex-professeur à l'Ecole
des Haras, aujourd'hui écuyer civil à l'Ecole Impériale de Cavalerie, qui cette fois,
s'est chargé de patroner ce mors incomparable.

Le Rapport de cet écuyer fait un tel éloge de ce mors. « Page 8. Il résulte des

« diverses expériences que j'ai faites, une somme d'avantages si grande, si incon-
« testable, etc., » qu'il est à présumer que M. le vicomte de Montigny, dans l'intérêt
« de la Cavalerie, cherchera à la doter de cet instrument ; surtout depuis que ce
mors est perfectionné par cet écuyer, ainsi qu'il nous l'apprend lui-même.

« Page 15. M. Casimir Noël de Meaux (c'est l'inventeur), a bien voulu se rendre
« à quelques-unes de mes observations et modifier à certains points, son idée pri-
« mitive : ainsi, il a reconnu avec moi, *l'utilité d'une muserolle*, afin de fixer et
« de centraliser l'effet du mors et lui donner par lui-même, une action précise et
« immédiate. »

La muserolle ! quelle perfection !!!

Quoique M. d'Aure soutienne que la souplesse donnée à l'encolure, ôte au cheval
sa puissance d'action, son perçant, etc, M. de Montigny soutient le contraire.

« Page 11. La force de contraction qu'un cheval apporte pour se débarrasser du
« mors, ou pour en contre-balancer la puissance, amène de proche en proche, la
« même contraction dans toute la région cervicale, et s'étend jusqu'aux reins et aux
« hanches, si donc nous parvenons, par un moyen quelconque, à détruire cette
« force, *réluctante inutile*, et qu'il ne faut pas confondre avec celle qui donne le
« mouvement et l'impulsion énergique, si nous la combattons victorieusement à son
« point de départ, il nous restera peu de chemin à faire pour neutraliser les autres
« contractions et ramener les forces vers leur centre.

Nous pensons que M. de Montigny a raison, seulement nous n'employons pas le
mors régulateur perfectionné par la muserolle pour détruire, comme le dit cet écuyer,
la force *réluctante*.

M. de Montigny nous fait connaître, dans son rapport, les différentes expériences
qu'il a faites avec ce mors, il est étonné des *résultats inouis* qu'il en a obtenus.

« Le premier cheval auquel je l'appliquai fut *Lancastre*, étalon de pur sang,
« *assez bien mis*, mais faible d'arrière-main, puissant d'avant-main, *raide d'enco-*
« *lure* et qui, en dépit d'un *dressage raisonné*, était *toujours resté lourd et inerte*
« *sur la main;* en sorte qu'il fallait beaucoup de tact et de puissance des jambes
« pour *équilibrer ses forces*, etc.

Un cheval raide d'encolure, lourd et inerte sur la main, n'a jamais été *un cheval
assez bien mis*. De quel *dressage raisonné* a-t-on fait usage pour obtenir de si
beaux résultats ?

« L'arrêt se fit sans *acculement*, *sans que le cheval se jetât sur les épaules* ou
« se mît sur les reins. Satisfait autant *qu'étonné* de ce succès, etc.

Sans que le cheval se jetât sur les épaules, à propos d'acculement !!!

Puis vient *Auriol*, autre pur sang, destiné au manège, *tout-à-fait mis*, et qui
refuse cependant le saut de la barre, *parce qu'il souffre de l'arrière-main*, etc.
« Lorsqu'on lui eut mis le mors Régulateur, il se borna à montrer un peu d'hésita-
« tion, mais au seul soutien de la main fixée dans le sens du mouvement, il se
« décida *sans défense* et sauta aux deux mains plusieurs fois de suite.

Le cheval ne refusait donc pas le saut parce qu'il souffrait de l'arrière-main,

comme le dit le rapport ; mais bien parce qu'il n'était pas *tout-à-fait mis*, quoique
le rapport le dise.

« Un autre pur sang arabe, *Ben-Phrigian*, tenait aux chevaux et à l'écurie il se
« refusait *opiniâtrement* de sortir seul de la cour, ses défenses étaient de reculer, de
« faire des demi-tours et de se coucher sur la jambe. — *A peine* l'eut-on fixé sur le
« mors, que ces difficultés cessèrent. On n'eut besoin que de porter la main à droite
« ou à gauche pour lui marquer des oppositions , on le maintint bientôt sur la ligne
« et sans avoir recours aux attaques d'éperons ou de cravache, on le décida à *marcher*
« *franchement;* depuis cette première leçon , le cheval sort de son écurie *sans diffi-*
« *cultés* et se laisse mener seul où l'on veut.

Les refus opiniâtres de *Ben-Phrygian* n'ayant pu être vaincus par MM. les Ecuyers
de l'Ecole des Haras, et étant si facilement levés par ce mors de bride extraordinaire,
faut-il en conclure que ce mors a plus de mérite et de savoir-faire que ces Messieurs ?
Est-ce ce que M. de Montigny veut nous apprendre ?

Il y a encore *Nérestan*, dont le dressage laisse aussi un peu à désirer, « il avait
« toujours refusé de sauter la barre, et après des luttes longues et fatigantes pour
« ce cheval , *j'avais renoncé* à en exiger ce service.

« J'essayai donc du mors Régulateur, doutant, dans cette circonstance, de son
« efficacité, lorsqu'à *mon grand étonnement*, le cheval fixé sur la main et dominé
« par des oppositions, dès les premiers demi-tours, se décida à venir à la barre et à
« la franchir plusieurs fois *sans faire la moindre résistance.*

M. de Montigny joue de malheur, et ce mors *nous étonne* aussi de plus en plus !!!
L'inventeur nous explique , plus loin, qu'il n'y a rien de merveilleux dans ce fait.

M. de Montigny nous apprend comment opère ce mors vraiment miraculeux :
« Cette pression exercée au moment où le mors fait bascule , a pour effet immédiat ,
« de décontracter et de relâcher la mâchoire inférieure ou *grand maxillaire.*

Selon le Cours d'Hippologie de M. de St-Ange , le grand maxillaire serait la base
de la machoire supérieure et non inférieuré , le petit-maxillaire serait la base du bout
du nez, et le maxillaire proprement dit , serait la base de la mâchoire postérieure.
Ceci n'est qu'un détail.

Malgré les *résultats inouis* obtenus par M. de Montigny, à l'aide de ce mors , cet
Ecuyer reconnaît « que lorsqu'il s'agit de défenses très-sérieuses , ce mors perd une
« partie de son efficacité entre les mains d'un cavalier médiocre (quel dommage !) et
« que sa présence seule dans la bouche du cheval, ou son emploi par un homme
« même passablement solide et adroit, ne suffisent point pour triompher aussitôt des
« difficultés. Si l'Ecuyer trouve dans le mors régulateur un *secours* précieux et éner-
« gique , il faut que de son côté , il tâche d'en tirer tout le parti possible , autant
« pour prévenir les défenses que pour s'en rendre maître.

Nous doutons qu'un véritable écuyer ait jamais recours à un *secours* pareil ; mais il
paraît que cette réticence de l'auteur du Rapport, n'est pas du goût de l'inventeur, car
M. Casimir Noël de Meaux a soin d'ajouter au texte même de M. de Montigny, comment il faut tenir la main pour triompher du cheval : « Pour cela , dit-il, il faut

« simplement tenir la main fixée, la rendre immobile. (C'est bien simple, en effet).
« Avec cette position, l'effet de bascule exerçant un léger frôlement, répété sur les
« arcades dentaires, se produit de lui-même et alternativement.

« Cet effet de bascule qui se conserve par la main fixée, met aussitôt le cheval dans
« la main et démontre *clairement* et *positivement* qu'il est *physiquement* et *mathé-*
« *matiquement* impossible au cheval *de se défaire de lui-même* dès que sa colonne
« vertébrale, etc.

Dès l'instant qu'il nous est prouvé aussi *lucidement* que le cheval *ne peut se dé-*
faire de lui-même, nous sommes forcé de le croire.

Tout cela est vraiment par trop curieux, et nous devons aussi être grandement
étonné du concours, prêté en cette circonstance, par M. de Montigny, écuyer civil,
à M. Casimir Noël de Meaux, l'inventeur du mors.

L'inventeur de ce mors vraiment extraordinaire, crée une méthode d'Equitation
nouvelle, tout aussi extraordinaire que le mors.

« Notice sur la bride à mors Régulateur, combinée d'après une découverte physio-
« logique.

« On peut donc, ainsi que je l'ai proposé à la Société protectrice des Animaux,
« prendre un certain nombre de jeunes chevaux, et les faire diriger immédiatement
« par *les plus ignorants en Equitation*.

Voilà qui est avantageux pour les ignorants en Equitation.

« Avec cette innovation, *un cavalier sera plus tôt formé qu'un fantassin*.

Quel immense progrès pour les troupes à cheval, surtout avec la nouvelle position
de la main de la bride.

« En tenant la main *fixée sans rendre et sur la ceinture même*. » Ce doit être
aussi commode que gracieux.

« *De l'Equitation*, enseignée en *vingt-cinq minutes* avec la bride à mors Régu-
« lateur, *sans gourmette et à rênes croisées*.

Nous ne sommes plus étonné, s'il faut moins de temps à M. Casimir Noël de Meaux,
pour former un cavalier, qu'un fantassin ; peste, vingt-cinq minutes !!!

Le mors n'a pas de gourmette, dit l'inventeur, il n'a que le *cuir sous barbe* qui
limite l'effet de bascule du mors. Que fait de plus la gourmette ordinaire ? Le point
d'appui du mors, sera plus éloigné du point de la résistance, que dans le mors en
usage ; voilà tout. (Ce n'est pas nouveau.)

« Que l'on veuille bien adopter, nous dit l'inventeur, comme règle générale, etc.

« Avec la bride à mors Régulateur, qui donne aux chevaux *une même bouche*,
« aux cavaliers *une même main*, il faut opposer aux résistances du cheval, une
« *main fixe et immobile* ; c'est par la main tenue fixée, que l'on évite les contractions
« inopportunes des muscles de la mâchoire et non pas en rendant la main.

On pourrait fixer les rênes après la selle, ce serait un bon moyen de fixité et d'immobilité.

« Car si, avec ce mors, on rendait sur les résistances, *l'on rentrerait alors dans*
les conditions de la bride ordinaire, etc., *l'effet serait nul*.

Raison de plus pour accepter la fixité et l'immobilité du point d'attache des rênes après la selle.

« Il faut donc fixer la main *sans rendre*, *et sur la ceinture même*, etc....

Nous persistons à préférer l'autre mode de fixité, car la main *collée à la ceinture* n'est pas assez immobile.

« Résumé de la méthode :

» Ainsi en fixant la main et en *laissant* au poids du corps la facilité de *son appui* « *direct*, le résultat sera immédiat.

L'appui direct du poids du corps de l'homme à cheval, c'est l'*assiette*. — C'est très-heureux que M. Casimir Noël de Meaux nous *la laisse*.

Puis viennent les rênes croisées, vieille idée rejetée avec raison.

La rêne croisée tendue met en désaccord la direction donnée à la tête du cheval, pour le mouvement ; avec la position forcée que reçoit la masse.

La rêne gauche, croisée sous l'encolure et allant s'attacher à la branche droite du mors, fléchit un peu l'encolure à droite et tire le poids à gauche en inclinant l'avant-main du cheval de ce côté. Cet effet est irrationnel.

Nous ne suivrons pas plus loin M. Casimir-Noël de Meaux, il n'est pas assez sérieux dans ses écrits, pour que nous puissions faire une analyse de sa méthode ; nous renvoyons donc le lecteur aux nombreux ouvrages de cet inventeur.

Un dernier passage ! il nous éclaire sur les résultats obtenus par M. de Montigny à l'aide du mors régulateur

« Mais le cheval est dressé, non pas parce que sa bouche est faite, mais bien parce « que sa bouche étant faite, c'est-à-dire ayant par elle-même la faculté de céder « moëlleusement et d'une manière progressive à l'obstacle de la main tenue fixée, les « forces du cheval n'ont plus qu'un seul appui, le seul utile, celui donné par la « nature.

« Ceci explique *clairement* ce que les expériences faites au haras du Pin, mars « 1852 (celles faites par M. de Montigny), peuvent avoir de surprenant, — surtout « le résultat *inespéré* de l'étude tentée sur *Nerestan*, cheval de demi-sang.

« Voici le passage du rapport sur cette expérience (nous la connaissons) : c'est que, « une fois soumis au mors régulateur, ce cheval a tout *simplement* pu reprendre *au* « *centre* le véritable point d'appui de ses forces. Le merveilleux n'est plus, dès que la « cause apparaît. Aux pag. 9, 10, etc., du *cheval dompté et dressé par lui-même*, « on connaîtra toutes les expériences faites sur *Lancastre*, *Auriol*, *Ben-Phrigian*. »

Malgré ses succès, le mors régulateur ne sera jamais mis en usage que par les personnes auxquelles M. Casimir Noël de Meaux donne l'avis suivant :

« *Avis aux jeunes cavaliers.*

« L'équitation est certainement aujourd'hui un besoin général, et l'on veut monter « à cheval autant que possible sans étude et à l'abri du danger. Avec la bride à mors « régulateur, rênes croisées, *quelques minutes* suffiront pour donner la science de

« la direction sans erreur possible, et *assez de solidité pour que la sécurité soit com-*
« *plète.* Avis aux parents. Je puis donner cette preuve et ces indications. »

Nous espérons que le mors régulateur, perfectionné par M. de Montigny (la muserolle), s'accommodera des principes d'équitation des Arabes, alors l'Ecole de cavalerie
ne laissera plus rien à désirer.

Serait-ce en employant ces principes équestres divers (*Cours d'équitation, Equitation des Arabes, mors régulateur, etc., etc.*) que MM. les écuyers civils de l'Ecole
impériale de cavalerie comptent reconstituer la vieille école française, dont ils se
croient les représentants? nous ne le pensons pas ! !

Sont-ce là les éléments de perfectionnement qui doivent régénérer la science de notre cavalerie? nous ne le croyons pas ! !

Nous avons fait l'analyse des deux systèmes d'équitation : de celui de M. d'Aure et
de celui qu'il appelle « faux à tous égards » (*Cours d'équitation*, pag. 146).

Maintenant que la question est plus éclairée, que les deux théories sont en présence, quelle sera l'issue de la lutte ?

L'une de ces écoles en harmonie avec les lois du mouvement et de la physiologie,
secondant le cheval dans ses actions, sans le gêner, et sachant utiliser ses moyens,
fait ressortir des qualités brillantes qui seraient restées inconnues.

Dans cette école, le cavalier heureux et fier de la grâce et surtout de la docilité de
son cheval s'attache à lui et aime l'équitation.

L'autre école, contraignant toujours le cheval, faussant son aplomb, constamment
en opposition avec les lois du mouvement, sans harmonie, obscure, abuse des moyens
du cheval, annihile ses belles qualités, qualités qui existent, mais qu'elle nie par
cela même qu'elle ne les voit pas. Elle n'ose entrer en lice avec sa rivale, qu'avec des
chevaux d'élite; d'où il résulte qu'il revient plus de mérite au cheval qu'au cavalier.

Dans cette école, le cavalier, bientôt découragé, ne considérant l'équitation que
comme une nécessité et le cheval comme un moyen de transport, ne monte plus à cheval que quand il y est obligé. — C'est l'histoire de la plupart des officiers de la cavalerie française.

Notre jugement est tout fait : aussi n'hésitons-nous pas à renvoyer à son auteur
l'imputation portée contre l'école de M. Baucher. C'est l'école de M. d'Aure qui contient des *principes faux à tous égards.* Nous croyons l'avoir prouvé. Cet écuyer n'a
donné aucune preuve sérieuse à l'appui de son imputation, car des diatribes ne sont
pas des preuves : on doit flétrir les premières et se rendre à l'évidence des secondes.

Honneur donc à M. Baucher ! qui par son génie, par la puissance de son raisonnement et par ses incessantes recherches, a reconstitué la science équestre.

Quant à nous, imbu de principes équestres erronnés, puisés à l'Ecole de cavalerie, c'est à M. Baucher, notre professeur et notre ami, que nous devons le peu de
savoir que nous possédons. Qu'il reçoive donc ici le témoignage de notre profonde reconnaissance et de notre entier dévoûment.

POST-FACE DE L'AUTEUR.

Notre ouvrage était sur le point d'être livré à la publicité, lorsque le *Moniteur de l'Armée*, du 1ᵉʳ décembre 1853, est venu nous apprendre que le Cours d'Equitation de M. d'Aure, mis au nombre des livres classiques à l'usage de l'arme de la cavalerie, par décisions ministérielles des 9 avril et 7 juin 1852, venait d'être rectifié et modifié cette année par le Conseil d'Instruction de l'Ecole de cavalerie et une commission spéciale réunis à cet effet. Des *suppressions*, des *transpositions* et des *changements d'expressions* auraient été faits, dit-on, dans cet article, dont voici la copie.

Moniteur de l'Armée, 1ᵉʳ décembre 1853 :

« Le *Cours d'Equitation*, de M. d'Aure, écuyer en chef de l'Ecole Impériale de
« Cavalerie, qui, d'après une décision ministérielle du 2 décembre 1850, fut mis en
« essai momentané à ladite Ecole, a été examiné et par le Conseil d'Instruction de
« l'Ecole et par une Commission spéciale réunie à Paris, au ministère de la guerre,
« le 12 janvier 1852. Cette Commission, après avoir ordonné des suppressions, des
« transpositions et des changements d'expressions, a demandé au ministre qu'il fut
« adopté pour l'instruction des troupes à cheval.

« Le ministre, en réponse à cette demande, a décidé, le 9 février 1853, que ce
« livre serait mis à l'usage des troupes à cheval, après toutefois qu'il aurait subi les
« rectifications et modications demandées par la Commission ; enfin, une autre déci-
« sion, du 7 août même année, ordonne que le format sera in-18 pour les régiments.

« Néanmoins, malgré ces diverses décisions, et quoique M. d'Aure se fût conformé
« aux ordres ministériels, en faisant les rectifications demandées et faisant réimpri-
« mer son ouvrage dans le format in-18, des libraires ont vendu à divers régiments,
« comme *Cours*, approuvé par le ministre, celui mis en essai en 1850 et ayant le
« format in-8°.

« Afin que les régiments ne soient pas victimes d'une semblable surprise, l'éditeur
« du *Cours* rectifié nous prie d'inviter les conseils d'administration des corps de ca-
« valerie qui auraient pu acheter cet *in-octavo*, dont la pagination est tronquée, qui
« n'est pas rectifié et n'est pas revêtu du rapport de la commission, de vouloir bien
« les renvoyer, place de la Madeleine, n° 8, bureau du *Journal des Haras*, à
« M. Danthès, qui expédiera en échange, et sans rétribution, l'ouvrage rectifié
« in-8°. »

Tout en regrettant que notre travail soit terminé et que nous ne puissions plus revenir sur l'ouvrage de l'écuyer M. d'Aure, devenu seulement classique et adopté pour

l'instruction des troupes à cheval, par décision ministérielle du 9 février 1853, nous nous permettrons d'adresser des reproches à M. le gérant-responsable du *Moniteur de l'Armée*, qui nous a induit en erreur, en nous annonçant qu'un Cours d'Equitation avait été rendu classique par décisions ministérielles des 9 avril et 7 juin 1852, lorsque, au contraire, le deuxième article transcrit ci-dessus, nous apprend que ce même Cours a été mis en essai à l'Ecole de Cavalerie, par une décision ministérielle du 2 décembre 1850, examiné par le Conseil d'instruction de l'Ecole et par une Commission spéciale réunis à Paris le 12 janvier 1852, et enfin n'a été rendu classique que le 9 février 1853 seulement.

Néanmoins, pour l'édification de nos lecteurs, nous ferons remarquer que le Conseil d'instruction de l'Ecole et la Commission spéciale ayant été réunis à Paris le 12 janvier 1852, rien ne pouvait s'opposer à ce que cet ouvrage fût rendu classique par des décisions des 9 avril et 7 juin de la même année, ce que nous annonçait le *Moniteur de l'Armée*, dans son numéro du 26 janvier 1853 ; nous le répétons donc, nous renvoyons à M. le directeur-gérant du *Moniteur de l'Armée* toute la responsabilité qui pèse sur lui dans cette occasion.

Nous ajouterons, toujours pour l'édification de nos lecteurs, que notre travail était terminé le 1er avril 1853 et avait été envoyé à un typographe de Paris, qui, après l'avoir lu et nous avoir demandé la suppression ou la rectification de plusieurs passages de notre manuscrit, a fini par nous le renvoyer, sans vouloir l'imprimer, au mois de juin, c'est-à-dire, deux mois après l'avoir reçu. Loin de nous l'idée de croire et penser que la discrétion du typographe n'a pas été celle que nous devions attendre de lui, mais nous laissons à nos lecteurs, le soin de juger la chose comme ils l'entendront, en comparant les dates, et surtout en voyant que le format d'un ouvrage rendu classique le 9 février 1853, a été changé par une décision du 7 août même année, c'est-à-dire deux mois après le renvoi de notre manuscrit.

Ceci dit, sans nous occuper du travail fait par le Conseil d'instruction de l'Ecole de Cavalerie et de la Commission spéciale, nous allons dire encore quelques mots sur l'esprit qui nous anime et le but vers lequel tous nos efforts ont été et sont encore dirigés.

En 1845, alors que la méthode de M. Baucher était expérimentée dans toute la cavalerie, nous fîmes paraître un livre sous le titre de *Manuel équestre*, dans lequel nous nous attachâmes à ne donner que des principes qui devaient ramener, dans la bonne voie, les expérimentateurs qui s'en étaient écartés.

Messieurs les instructeurs de tous grades trouvèrent nos principes fort bons ; aussi notre livre fût-il recherché par eux ; il n'en fût pas de même pour Messieurs les savans, qui, néanmoins, le jugèrent digne de leurs critiques.

Loin de nous décourager et toujours poussé par le désir de faire progresser une méthode à laquelle nous reconnaissions déjà une grande supériorité, et cédant aussi aux nombreuses demandes qui nous étaient adressées, nous publiâmes, deux ans plus tard, une brochure autographiée, intitulée : *Résumé de la nouvelle Ecole d'Equitation*, dans laquelle nous fûmes heureux de prouver à nos critiques, que loin de nous formaliser de leurs observations, nous en tenions, au contraire, bon compte.

Ce deuxième essai fût mieux prisé par Messieurs les savants, mais, par contre, il fût moins recherché par les instructeurs ; aussi une partie de la 4° édition dort-elle encore sur les rayons de M. Dumaine.

Le livre que nous faisons paraître aujourd'hui n'est que la continuation de la même pensée ; il met de plus en présence les deux systèmes d'Equitation, qui divisent encore le monde hippique. Tout en cherchant à mettre en évidence la supériorité que nous reconnaissons à l'un des deux, nous avons été forcé de faire la critique de l'autre.

Ceci a paru dangereux pour nous à plusieurs, et si nous écoutions les conseils de quelques personnes, nous ne devrions pas livrer notre ouvrage à la publicité, car il ponrrait nous attirer, disent-elles, de nouvelles vicissitudes.

Nous espérons mieux des lumières et de la justice des hommes appelés à nous juger.

En faisant la critique du livre de M. d'Aure, nous pensons faire quelque chose d'utile pour l'art équestre, rien de plus ; et ainsi que nous l'avons hautement déclaré dans notre Avant-Propos, nous ne sommes nullement animé d'un esprit de parti, ou d'un vulgaire motif de rivalité.

Nous ne faisons donc qu'essayer de faire progresser la science hippique, celle équestre surtout ; du moins c'est là notre unique pensée. Nous savons depuis longtemps combien de difficultés se présentent pour faire triompher une idée, lors même que l'on prouve, par des faits nombreux, sa justesse et la facilité de son exécution ; notre persévérance ne s'est pas ralentie pour cela, parce que nous sommes persuadé que la vérité se fera jour tôt ou tard, malgré toutes les entraves apportées pour retarder son développement.

Toutes les industries ne progressent-elles pas autour de nous ? Toutes les sciences ne marchent-elles pas ? Comment donc admettre que la science équestre seule est à son apogée, que, seule, elle n'a plus rien à acquérir, que, seule, elle a atteint les dernières limites de la perfection !

Nous savons très-bien que les rivalités, les jalousies, le mauvais vouloir, frappent toujours celui qui brise la routine. Dans l'état militaire surtout, l'homme qui ose faire prévaloir un principe non réglementaire, qu'il sait utile, bon, excellent et supérieur à ce qui existe, doit s'attendre à tout ; mais convaincu du service qu'il rend à son pays, il persévère et marche en avant, sans s'occuper de ce qui peut se passer derrière lui, et s'il trouve des déboires, des ennuis, des injustices sur sa route, il en est largement récompensé par la satisfaction que lui donne un travail copsciencieux et utile, et par les jouissances inappréciables que procure à tout cavalier non prévenu, sérieux, réfléchi, expérimenté, la mise en pratique des principes de la nouvelle Ecole d'Equitation, principes perfectionnés par M. Baucher et très-supérieurs par leur résultat à tous ceux admis et enseignés avant l'arrivée de ce célèbre écuyer.

FIN.

Fig. 1.

O.   Centre de gravité.

A.B.C. Limite de l'aplomb régulier.

D.E.F. Limite de l'aplomb irrégulier.

P G. P'G'. Pied gauche.

P D. P'D'. Pied droit.

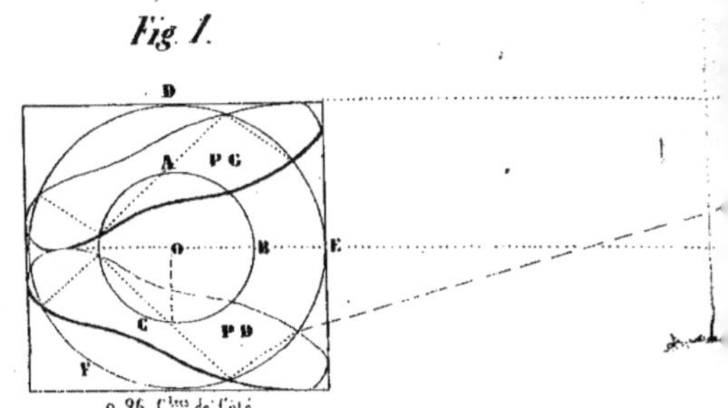

LE CHEVAL EN POSITION

Statique.

Dynamiqu

COURSE

Position qu'occupe le centre de gravité d'après le cours d'hippologie. Tome 1er page 180.

O.   Centre de gravité.

A.B.C. Limite de l'aplomb régulier.

D.E.F. Limite de l'aplomb irrégulier.

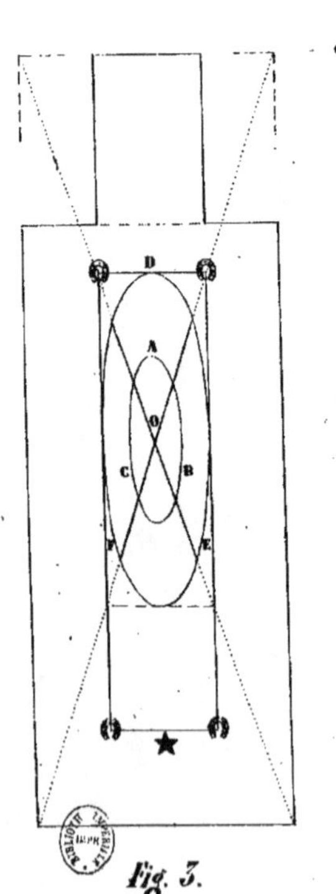

RECULER

Position qu'occupe le centre de gravité d'après le cours d'équitation page 135.

Fig. 3.

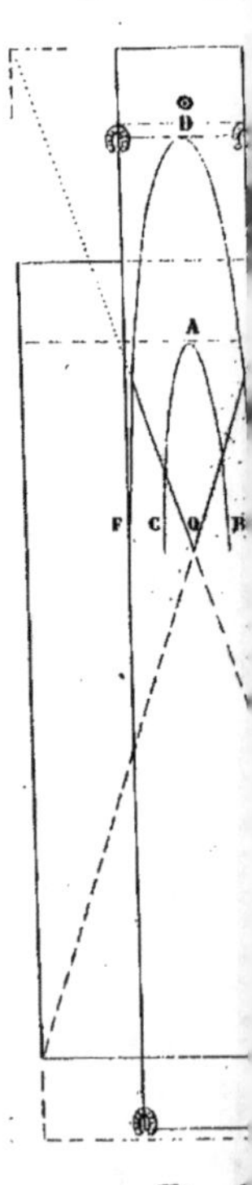

Fig. 4.

Pl.

Fig. 2.

P'G'

ø 65 Cen^tres

B
A
P'D'
D
C

V

Relation en
et les
Gal
A.   1ere
B.C. 2me
D.   3me
D.E. Pre

AIDES

Direction de leurs forces

M   N

M.P. Rêne gauche.
N.L. Rêne droite.
R.R. Résultante.

R.S. Jambe gauche.
T.U. Jambe droite.
R'R'. Résultante.

P' P L V'

R
R'
S U
R
R T

DEPART AU GALOP

Action des Aid

Cheval non rassemblé.   Ch

M   N

P' L

S U
R T

que.

4.

Fig. 5.   Fig. 6.

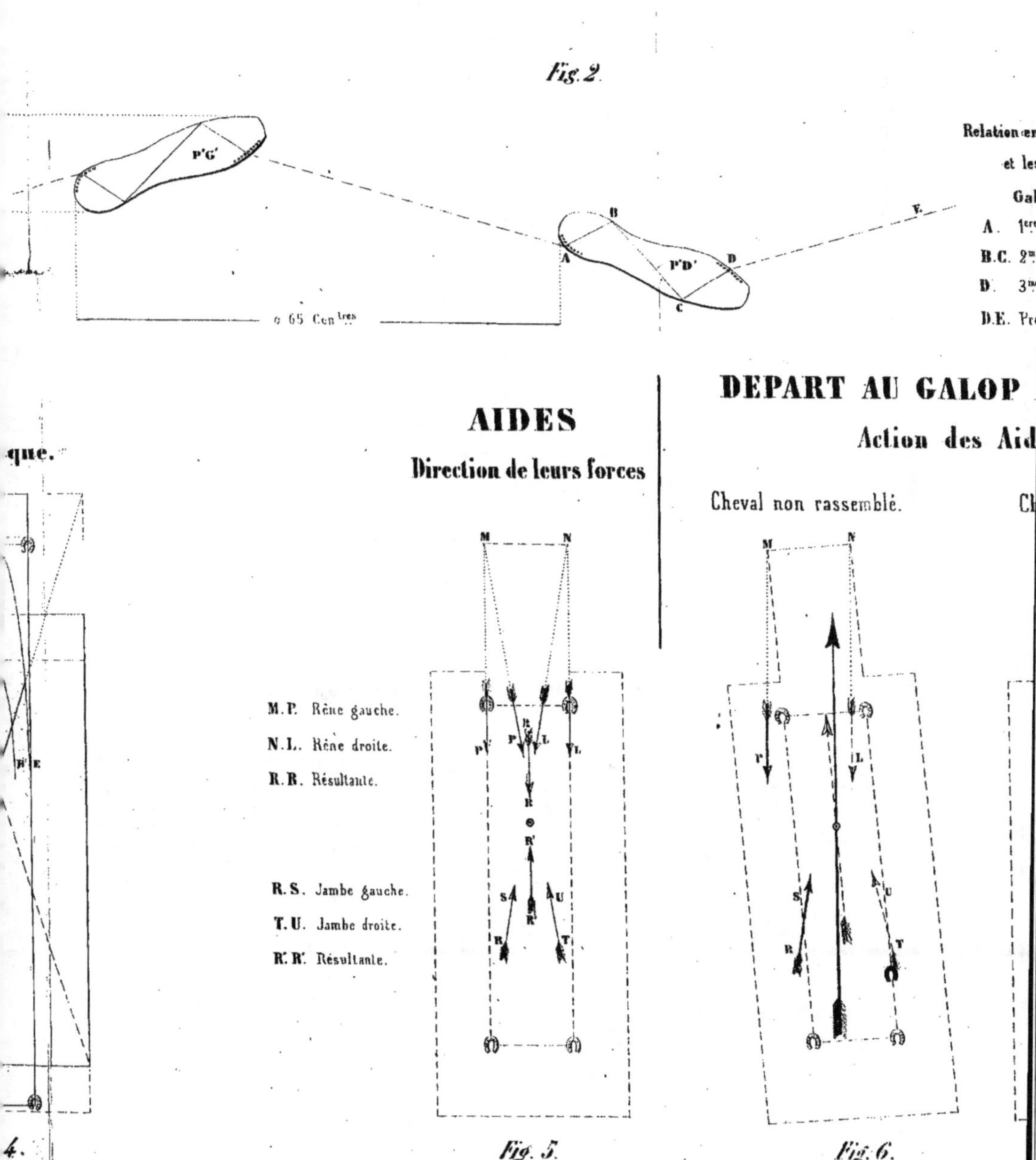

DÉPART AU GALOP A DROITE

Fig. 8.

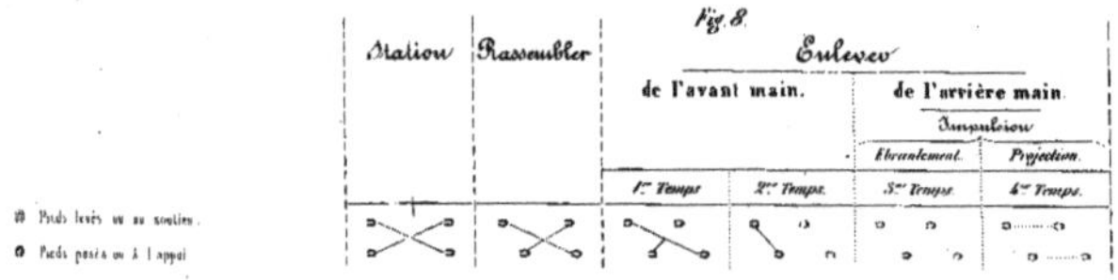

Station	Rassembler	Enlever			
		de l'avant main.		de l'arrière main.	
				Impulsion	
				Ébranlement.	Projection.
		1.er Temps	2.me Temps.	3.me Temps.	4.me Temps.

Fig. 9.

DU CHANGEMENT DE PIED.

Action de la Masse et des Aides pour disposer le Cheval
au changement de pied avec indication des temps d'exécu.n
du Cavalier et du Cheval.

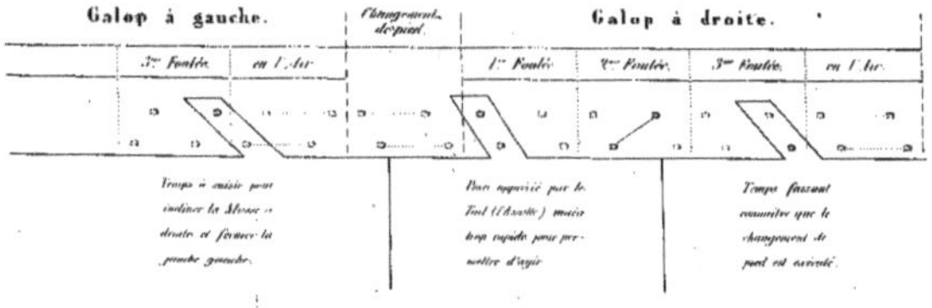

Galop à gauche.		Changement de pied.	Galop à droite.			
3.me Foulée.	en l'Air.		1.re Foulée.	2.me Foulée.	3.me Foulée.	en l'Air.

Temps à saisir pour
incliner la Masse à
droite et former la
jambe gauche.

Pas exprimé par le
Trot (l'Amble) mais
trop rapide pour per-
mettre d'agir.

Temps faisant
connaître que le
changement de
pied est arrivé.

CHANGEMENT DE PIED D'APRES L'ECOLE DU CAVALIER AU MANEGE

Fig. 10.

Cinq foulées sans quitter le sol.

Galop à droite.			Galop à Gauche		
1.re Foulée.	2.me Foulée.	3.me Foulée à deux droite et à l'aide du galop à gau.	2.me Foulée.	3.me Foulée.	en l'Air.

Temps de préparation pour disposer le Cheval au départ à gauche, exécuté
pendant le court instant du poser d'un pied postérieur.

Fig. 11.

Autre changement de pied; la 3.me foulée marquée par un pied postérieur.

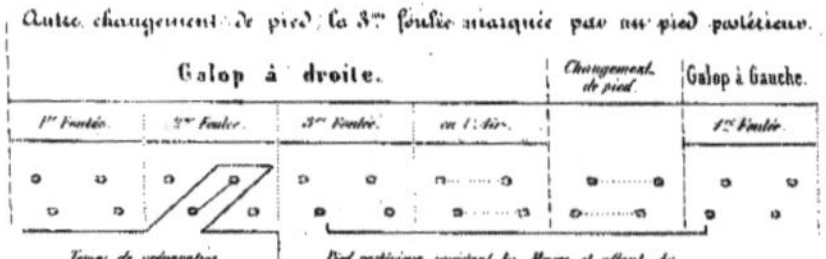

Galop à droite.				Changement de pied.	Galop à Gauche.
1.re Foulée.	2.me Foulée.	3.me Foulée.	en l'Air.		1.re Foulée.

Temps de préparation.

Pied postérieur projetant la Masse et allant la
reprendre à la descente.

Légende :
* Pieds levés ou au soutien.
* Pieds posés ou à l'appui

VARIATION DE LA BASE DE SUSTENTATION

O Pieds levés en outre
⊕ Pieds posés ou à l'appui
A. Centre de gravité

Station — **Rassembler** — **Départ** — **Pas complet de Pas** — **Trot cadencé** — **Passage** — **Piaffer**

	Départ		Pas complet de Pas			Trot cadencé		Passage		Piaffer	
	1er Mouv.t	2me Mouv.t	1er Temps	2me	3e	4me	1er Temps.	2me Temps	1er Temps	2me Temps	1er Temps	2me Temps

Pas complet de grand trot — **Pas complet de galop à droite** — **Changement de Pied** — **Pas complet de galop à gauche** — **Changement de Pied**

Pas complet de grand trot				Pas complet de galop à droite				Pas complet de galop à gauche			
1er Temps	en l'Air.	2me Temps	en l'Air	1re Foulée	2e Foulée.	3me Foulée	en l'Air	1re Foulée	2me Foulée.	3me Foulée.	en l'Air

Pas complet de galop raccourci à droite. — **Changement de pied au temps sur place** — **Pas complet de galop allongé à droite** — **Réunion des Pieds par bipède antérieur et postérieur.**

Pas complet de galop raccourci à droite				Changement de pied au temps sur place								Pas complet de galop allongé à droite			
1re Foulée.	2me Foulée	3e Foulée.	en l'Air	1re Foulée du galop à gauche	2me Foulée	3me Foulée.	en l'Air	1re Foulée du galop à droite	2me Foulée.	3me Foulée.	en l'Air	1re Foulée	2me Foulée	3me Foulée.	en l'Air

Premier pas complet de course à droite — **Maximum de vitesse de la course.** — **Dernier pas de la course**

Premier pas complet de course à droite			Maximum de vitesse de la course			Dernier pas de la course			
1re Foulée	en l'Air.	2me Foulée.	1re Foulée	en l'Air	2me Foulée	1re Foulée.	en l'Air.	Réunion des Pieds par bipède diagonal.	2me Foulée

7m 32 pour un Cheval de 1m 60 de taille.

Pas complet de galop à droite — **Saut au galop à droite**

Pas complet de galop à droite				Saut au galop à droite							
1re Foulée.	2me Foulée.	3me Foulée.	en l'Air.	1re Foulée.	Préparation au Saut	Enlever.	Saut	Descente.	2me Foulée	3me Foulée.	en l'Air.

3m 68 m.

Pas complet de galop à droite. — **Préparation au trot.** — **Pas complet de grand trot** — **Pas complet de trot**

Pas complet de galop à droite.					Pas complet de grand trot				Pas complet de trot	
1re Foulée	2me Foulée.	3me Foulée.	en l'Air.	Préparation au trot.	1er Temps.	en l'Air	2me Temps	en l'Air	1er Temps.	2me Temps

2m 40.

Pas complet de pas — **Arret** — **Station.** — **Pas de route d'après le cours d'Hippologie**

Pas complet de pas				Arret	Station.	Pas de route d'après le cours d'Hippologie		
1er Temps.	2me Temps.	3me Temps	4me Temps.			N.o 1.	N.o 2	N.o 3.